개발자, 웹 디자인에 뛰어들다

Web Design for Developers

개발자, 웹 디자인에 뛰어들다

초판 1쇄 발행 2012년 3월 29일 **지은이** 브라이언 호건 **옮긴이** 이준하 **펴낸이** 한기성 **펴낸곳** 인사이트 **편집** 김승호 **표지출력** 경운출력 **본문출력** 현문인쇄 **용지** 세종페이퍼 **인쇄** 현문인쇄 **제본** 자현제책 **등록번호** 제10-2313호 **등록일자** 2002년 2월 19일 **주소** 서울시 마포구 서교동 469-9번지 석우빌딩 3층 **전화** 02-322-5143 **팩스** 02-3143-5579 **블로그** http://blog.insightbook.co.kr **이메일** insight@insightbook.co.kr **ISBN** 978-89-6626-024-9 책값은 뒤표지에 있습니다. 잘못 만든 책은 바꾸어 드립니다. 이 도서의 국립중앙도서관 출판시도서목록(CIP)은 e-CIP홈페이지(http://www.nl.go.kr/ecip)와 국가자료공동목록시스템(http://www.nl.go.kr/kolisnet)에서 이용하실 수 있습니다.(CIP제어번호: CIP2012001317)

개발자, 웹 디자인에 뛰어들다

브라이언 P. 호건 지음   이준하 옮김

인사이트
insight

차례

3부 사이트 만들기 125

옮긴이의 글 ────────────

사람이 살아가는 공간이라면 어디든, 서로에 대한 이해 부족으로 갈등이 생길 수 있다. 이를 해결하기 위해 훈련을 하기도 하고 책에서 지식을 얻기도 한다. 갈등이 일어나는 상황은 여러 가지겠지만 공통적으로 이런 관계를 개선하기 위해서는 나와 상대를 이해하려는 마음이 필요하다.

이런 시각에서 보면 개발자와 디자이너의 관계 역시 흔한 인간 관계 중 하나다. 당연히 문제가 생길 수 있고 이를 해결할 수 있는 방법도 있어야 한다. 하지만 어디서부터인지 이 둘의 관계는 긍정적인 인식보다는 고양이와 개처럼 결코 가까워질 수 없는 사이처럼 보인다. 개발자는 디자이너를 아무 생각 없이 일을 저지르는 초등학생이라 생각하며, 디자이너는 개발자를 앞뒤가 꽉 막힌 채 컴퓨터만 아는 멍청하고 따분한 사람으로 여길 뿐이다.

여느 인간 관계와 달리 개발자와 디자이너 사이에서는, 문제가 있어도 이를 해결하려는 노력이 잘 보이지 않는 특이한 현상을 발견할 수 있다. 몇몇 소프트웨어 업체에서는 기술적으로 디자이너와 개발자 간의 관계 개선을 지원해 준다고 하는 도구를 의욕적으로 공개하기도 한다. 디자이너의 이야기를 개발자가 이해할 수 있도록 중간에서 통역을 해주는 방안을 제시한 것이다. 하지만 완벽한 도구는 아니라서 누군가 이를 조작해야 했는데, 새로 등장한 도구를 누가 익혀야 하는지가 또 다른 논쟁거리가 되면서 개발자와 디자이너 모두에게 외면당하기도 했다.

이 책은 『개발자를 위한 웹 디자인』이라는 제목처럼 기본적인 디자인 지식을 전달하려는 목적도 가지고 있지만, 그보다는 디자인 세계를 이해하는 발판이 될 수 있기를 바라는 마음을 담고 있다. 책의 내용을 지식으로 보기보다는 이해하려는 마음으로 본다면 더 많은 것을 얻을 수 있을 것이다.

또한 저자인 브라이언 호건은 선천적 백내장으로 인해 시각 장애 사용자가 겪을 수 있는 어려움을 누구보다도 잘 이해하고 있다. 책 본문에 깨알같이 녹아 있는 접근성과 관련된 다양한 팁은 다른 개발 서적이나 디자인 기본서에서 찾아보기 힘든 이야기일 것이다. 모바일 사용자에 대한 언급도 기술을 중심으로 바라보면 더 이상 수익이 되지 않는다는 주장 같다. 하지만 저자는 기술 자체가 아니라, 우리가 스쳐 지나가면서도 이해하지 못했던 사람을 고려하라고 이야기한다는 점을 기억하기 바란다.

디자인에 관련된 다른 번역서도 마찬가지지만 글꼴에 대해서 이야기할 때는 한글 글꼴을 따로 설명할 것인지 결정해야 하는 어려움이 있었다. 하지만 저자가 전문적인 지식보다는 글꼴의 의미를 이야기하고자 했기에, 원서를 충실하게 전달하기로 했다.

이 책이 당장 실무에 도움이 되지 않을 수도 있다. 하지만 디자인이라는 세계를 이해하고 디자이너와 관계를 개선할 수 있는 작은 도구가 될 수는 있을 것이다. 혹여 개발 일정에 밀려 책을 읽지 못하더라도 책꽂이에 꽂아두는 것만으로도 디자인을 이해하려는 당신의 노력이 전해질 것이다.

마지막으로, 디자인에 좀더 쉽게 접근하고 싶다면 로빈 윌리엄스의 책을 추천한다. 『디자이너가 아닌 사람들을 위한 디자인북(The Non-Designer's Design Book)』을 비롯해 다양한 책이 번역되어 있다. 국내에 소개된 번역서는 http://koko8829.tistory.com/1166에서 참고할 수 있다.

이준하

1장

들어가며

애플리케이션을 만들고 나서 좀더 좋아 보았으면 하는 아쉬움이 남았다면 제대로 찾아왔다. 즐겨 찾는 웹사이트를 주의 깊게 살펴보고 CSS 구문이 어떻게 동작하는지 탐색해봤다면 이 책이 도움이 될 것이다. 막대사탕을 다 먹어 치우려면 몇 번을 빨아야 하는지[1]가 궁금하다면 위키피디아에 물어보자. 이 책에서는 그런 내용까지는 다루지 않는다.

이 책은 디자인에 대한 배경지식이 전무한 개발자가 알아야 할 웹 디자인을 다루고 있다. 웹사이트가 제대로 동작하려면 화려한 색상과 멋진 레이아웃 뒤에 엄청나게 많은 프로그래밍 작업을 필요로 한다. 자바나 루비, C#을 적용하려면 제공되는 규칙을 따르며 가장 효율적인 기법을 참고하게 된다. 원하는 결과를 얻기 위해 웹사이트를 디자인할 때도 마찬가지이다.

1.1 시작하기 전에

좋아 보이는 웹 디자인은 단순히 멋진 페이지를 만드는 것보다 많은 것을 담고 있다. 색채 이론, 타이포그래피, 레이아웃, 사용성은 좋아 보이는 디자인을 만

---

1 (옮긴이) how many licks it takes to get to the center of a Tootsie Pop이라는 질문은 1970년대 TV 광고에 등장한 애니메이션의 내용으로 다양한 패러디와 열정적인 팬 층을 양산했다. 자세한 내용은 http://www.tootsie.com/gal_licks.php 내용을 참고하자.

드는 데 필요한 요소다. 이런 요소가 한데 어우러져야 사용자를 위한 성공적인 사이트를 만들 수 있다. 적절한 색을 선택하고 부드럽게 그라디언트를 적용했더라도 가독성있는 글꼴을 사용하지 않았다면 잘 만들어진 사이트가 아니다. 포토샵이나 김프[2]에서 아무리 화려한 이미지를 만들어낸다 하더라도 HTML과 CSS가 어떻게 동작하는지를 알지 못한다면 브라우저에 제대로 표현할 수 없다. 마크업이 엉성하다면 자바스크립트 코드가 의도한 대로 동작하지 못하고, 최적화되지 않은 콘텐츠는 검색 엔진이 싫어하는 사이트를 만들게 된다. 접근성과 사용성을 대수롭지 않게 여긴다면 더 많은 사용자가 싫어하는 사이트가 될 것이다.

완벽한 가이드는 없다

이 책은 웹 디자인을 배우고자 하는 개발자를 대상으로 한다. 책에서 예제로 사용된 방법은 실제 사용할 수 있는 초보적인 웹 디자인 프로세스다. 웹사이트를 만드는 유일한 방법이라고는 할 수 없겠지만 추후 다른 기술들을 살펴보는 데 토대가 될 테고, 나중에는 자신만의 프로세스를 구축할 수도 있을 것이다.

예제를 따라가면서 책에서 제시한 방법과 다른 결정을 하거나 기술을 사용할 만한 기회를 많이 발견할 것이다. 디자이너의 길을 처음 따라가는 데 도움이 될 수 있도록 이런 장치를 배치했다. 시간이 지나면서 경험을 쌓다보면 대중적인 기호도 잘 알 수 있다. 언젠가는 스스로 멋진 사이트를 만들 수 있을 것이다.

좋아 보이는 웹 디자인의 또 다른 중요한 요소는 창의성이다. 책에 소개된 예제를 따라가면서 여러분의 창의성에 집중하기를 바란다. 책에서는 사이트를 만드는 디자인 프로세스를 설명할 뿐이며 그대로 따라 해보라고 하는 것은 아니다. 책에 소개된 가이드를 참조하되 마음에 드는 색상과 글꼴을 선택해 자신만의 디자인을 만들길 바란다. 이렇게 하려면 웹 디자인의 기술적 측면뿐 아니라 이론적인 지식까지 필요로 한다. 책을 덮을 때는 책에서 소개한 예제와는 전혀

---

2 (옮긴이) 김프는 오픈소스 사진편집 프로그램이다. GIMP는 GNU Image Manipulation Program의 약자이며 윈도뿐 아니라 맥, 리눅스 계열에서도 사용할 수 있다. 김프코리아(http://www.gimp.kr/)에서 더 많은 정보를 얻을 수 있다.

다른 사이트를 만들어내기를 바란다.

프로그래밍에 대한 경험은 좀더 매력적인 웹 페이지를 만드는 데 도움이 될 것이다. 책의 앞부분에서는 디자이너의 세계에 들어가 볼 것이다. 좋아 보이는 디자인을 만드는 데 중요한 요소인 색상과 글꼴을 살펴보고 디자이너가 어떤 도구와 기술을 어떻게 사용하는지도 배우게 될 것이다. 필요한 이론적 지식을 익히고 나면 약간의 코드를 다루게 된다. 이런 과정이 개발자를 위한 디자인 책에서 여러분이 원하는 것이라 생각한다.

1.2 디자인 프로세스 따라가보기

전형적인 웹 디자인 프로세스를 이해하는 가장 좋은 방법은 빡빡한 일정으로 소규모 웹 페이지를 개발하는 웹 개발자 론(Ron)을 따라가보는 것이다.

김대리가
묻습니다   **목업은 포토샵에서 해야 하나요?**

디자이너는 그렇게 한다. 여러분이 일하는 곳에서 그런 모습을 보지 못했다면, 아마 디자이너가 아니라 숙련된 CSS 코더와 함께 시간을 보내고 있어서 인지도 모른다. 내가 아는 대부분의 개발자는 보통 그래픽 아티스트로부터 포토샵 파일(PSD)을 받는다. 디자인을 웹 애플리케이션에 통합하는 일은 개발자의 역할 중 하나이며 어떻게 PSD를 다루어야 하는지를 배우는 것은 디자인 프로세스의 한 부분이다.
이 책에서는 두 가지 이유로 포토샵 목업을 사용했다. 먼저 디자인 프로세스의 많은 부분을 설명하는 좋은 수단이라는 점과 앞으로 색이 포함된 목업을 작업할 때 CSS의 개념을 쉽게 배울 수 있다는 점 때문이다.

요구사항 수집하기

론은 부동산 중개업을 하는 새로운 클라이언트를 만났다. 클라이언트는 매매 목록을 관리하는 간단한 관리 시스템을 필요로 했다. 담당자인 킴과 첫 번째 미팅을 마치고 나서 론은 대략적인 홈페이지 스케치를 종이에 그려내기 시작했다. 몇 가지 형식의 디자인을 그려보고 나서 킴의 요구를 적절하게 만족시켜줄 만한 세 가지 디자인을 선택했다.

두 번째 미팅에서는 세 가지 디자인을 제안했다. 킴은 그중 하나를 선택했고 몇 가지 추가적인 요구사항을 제안했다. 론이 색상에 대한 의견을 물어보자 기존 명함 디자인 패턴과 유사한 파란색, 회색, 흰색 계열의 색상을 요청했다.

포토샵 작업

두 번째 미팅을 마치고 론은 컴퓨터 앞에 앉아 포토샵 프로그램을 실행시켰다. 그리고 보완된 스케치와 킴이 요청한 색상에 따라 목업을 만들었다. 자유롭게 사용 가능한 스톡 이미지[3]를 목업에 적절히 반영했다. 마음에 드는 것을 찾을 때까지 다양한 파란색과 회색 색조를 살펴보는 데 약간의 시간이 걸렸다. 작업을 마치고 문서를 출력해서 킴에게 피드백을 요청했다.

일주일 정도 후에 론은 지금까지 작업된 목업에 대한 피드백을 다시 요청했다. 하지만 킴은 휴가 중이라 돌아오면 검토해보겠다는 메시지를 남겼다.

코딩

몇 주가 지나고 나서 론은 마침내 킴을 다시 만나게 됐다. 그녀는 목업이 맘에 든다고 하며 계속 진행하자고 요청했다. 론은 만족스런 반응에 안도하며 주로 사용하는 텍스트 에디터를 열고 목업을 웹 페이지로 바꾸기 시작했다.

론은 웹 페이지의 구조와 콘텐츠를 정의한 간단한 HTML 문서를 만들고 포토샵에서 목업 이미지를 잘라내 배너 이미지와 다른 이미지를 만들어 HTML 문서에 추가했다.

그리고 나서 약간의 CSS 코드를 추가해 전체 페이지가 조화를 이루게 만들었다. 스타일시트는 단순하게 나열된 페이지 구조를 밝은 색상을 가진 두 개의 컬럼 레이아웃으로 바꿔줬다.

론은 파이어폭스에서 새로운 웹 페이지를 열어보고 모든 페이지가 목업에서 구상했던 것처럼 멋지게 보이는 것을 확인했다. 하지만 인터넷 익스플로러 6에

---

3 (옮긴이) 스톡 이미지는 스톡포토이미지를 줄인 말로 전문적인 작가들의 사진이나 이미지를 위임받아 대여하는 형식을 취한다. 샘플 작업에 사용할 수 있는 워터마크가 새겨진 이미지를 제공하기도 한다.

서 페이지를 확인하자 제대로 보이지 않는 페이지로 인해 잠시 당황스러웠다.

다행스럽게도 론은 이전에도 비슷한 경험이 있었기 때문에 몇 가지 추가적인 스타일이 정의된 IE 전용 스타일시트를 만들었다. 올레! 이제 완성된 페이지를 킴에게 보여줄 수 있게 됐다.

준비 완료

킴은 완성된 페이지를 만족스럽게 생각했으며 론은 사이트의 나머지 작업을 계속 진행했다. 이미 색상 적용과 이미지, 스타일시트를 추가하는 작업은 마무리 되었기 때문에 나머지 작업은 어렵지 않을 것이다. 론은 새로운 클라이언트를 만족시키는 사이트를 만들었다는 사실에 만족스러웠다.

항상 쉬운 것만은 아니다

이번에는 론에게 행운이 따라 클라이언트를 쉽게 만족시킬 수 있었다. 불행하게 도 이 책의 예제로 사용할 푸드박스 웹사이트의 이해관계자를 만나보면 클라이 언트가 항상 쉽게 만족하지는 않는다는 사실을 알게 될 것이다.

1.3 YourFoodbox.com

웹사이트 작업을 어느 정도 마치고 나서 레시피 공유 웹사이트를 만드는 작업 에 참여할 수 있게 됐다. 새로 만들 사이트는 사용자가 수천 개의 레시피를 직 접 찾아볼 수 있고 자신의 레시피를 공유하거나 기존의 레시피에 의견을 추가할 수 있다. 다음 주에 사이트를 공개할 예정이었으나 이해관계자가 완성된 사이 트를 보고 기능적으로는 문제가 없지만 시각적으로 만족스럽지 못하다고 이야 기했다. 사이트는 그들에게 '좋아 보이지' 않았으며 좀더 매력적인 무언가를 필 요로 했다. 물론 그렇다고 뭔가 명확한 아이디어를 제시한 것은 아니며, 그들이 무엇을 원하고 어떻게 하면 행복해질지 분석할 수 있는 요구사항을 모으는 데 는 당신의 경험이 필요할 것이다.

이 책에서는 흔히 있을 수 있는 시나리오로 여러분을 안내할 것이다. 색상과 글꼴을 선택하고 버튼을 만들고 이미지를 최적화하며 사이트 템플릿을 만들기 위해 그리드를 어떻게 사용하는지 배울 것이다. 그리고 웹 폼을 좀더 멋지게 보이려면 어떻게 하는지, 다양한 브라우저와 플랫폼에서 사이트가 정상적으로 동작하게 만들 수 있는 다양한 팁과 트릭을 배울 것이다. 사이트 작업이 끝나고 나면 검색 엔진에 최적화하는 방법과 페이지의 성능을 저해하는 요소들을 어떻게 제거하는지 배우게 될 것이다.

또한 웹사이트를 광범위한 사용자에게 접근성있게 만드는 것이 얼마나 중요한지도 알게 될 것이다. 장애를 가진 사람도 사이트를 쉽게 접근할 수 있게 만들 것이다. 이것은 비즈니스적으로 좋은 결정일 뿐 아니라 개인적으로 나에게도 중요한 것이다. 나와 내 아버지, 내 딸은 시력에 영향을 미치는 선천성 백내장을 가지고 태어났다. 접근성과 관련된 이슈를 깊이 다루지는 못하겠지만 예제 속에 접근성과 사용성에 관련해서 다양하게 참고할 만한 내용을 첨부했다.

1.4 시작해볼까?

이제 무엇을 해야 할지 우리 앞에 가야 할 길이 많이 남아 있음을 확인했다. 기존 사이트를 되돌아보고 이해관계자가 우리에게 바로잡아 주기를 원하는 것이 무엇인지 살펴보자.

1.5 감사의 말

아무도 혼자서 책을 쓸 수는 없다. 사실 책 한 권을 내는 과정에서 집필은 작은 부분이다. 동료, 친구, 가족들의 피드백과 평가, 배려와 정서적인 지지가 이 책을 만들어냈다.

먼저 이 책을 펴내기로 결정해 준 데이브 토마스와 앤디 헌트는 고맙게도 프로젝트의 시작 단계부터 끝까지 신뢰를 보내주었다. Pragmatic Bookshelf에서 지원해 준 책을 읽고 많은 것을 배웠다. 당신들과 일할 기회를 가진 것을 영광스럽게 생각한다.

다음으로 참을성 있고 지혜롭고 믿을 수 없을 정도로 힘을 주는 편집자인 다니엘 스타인버그에게 고맙다는 말을 전하고 싶다. 생각했던 것보다 훨씬 글을 잘 쓸 수 있었던 것은 당신의 멋진 피드백과 정확한 평가 덕분이었다.

기술적인 부분을 리뷰해준 제리미 시딕, 존 키니, 크리스 존슨, 벤 킴벨, 조쉬 펫, 마이크 맨지노, 라일 존슨, 제임스 와일더, 제프 코헨, 마이크 웨버에게 고마움을 전한다. 멋진 피드백을 주기 위해 기꺼이 자신의 시간을 기여해주었고 가지고 있던 생각을 좀더 잘 표현할 수 있게 변화시켜주었다.

특별히 iStockphoto.com 관계자 분들께 감사 드린다. 이 책의 예제에 스톡 이미지를 사용할 수 있게 허락해주었다.

인생의 전환점이 되어준 브루스 테이트에게 진정으로 감사함을 전하고 싶다.

위스콘신 오클레어 대학의 릴리언 힐스, 에리히 테스키, 마리안 리틀랜드에게도 고마움을 전한다. 친구로서 지지해주고 질문과 답변을 해줬다. 학습하고 성장하면서 변할 수 있는 환경을 마련해준 마리안에게는 특별히 더 고마움을 전하고 싶다.

디자인 도구를 어떻게 사용해야 하는지 가르쳐준 바비 피즈에게도 고마움을 전한다. 펜 도구를 사용할 때마다 생각이 날 것이다.

나에게 멘토가 될 기회를 준 크리스 워렌, 케빈 기시, 게리 크랩트리, 칼 후버, 존 앤더슨, 아담 루드비히에게도 고마움을 전한다. 너희들의 성공은 언제나 자랑스러울 것이다.

조언과 지지를 보내주었던 아버지와 클라우디아에게 고마움을 전하며 나를 이 자리에 있게 해준 어머니께 이 책을 보여드리진 못했지만 감사한다.

마지막으로 멋진 아내인 카리사와 안나, 리사 두 딸의 사랑과 지지가 없었다면 이 일을 하지 못했을 것이다. 가족과 함께 주말을 보내는 대신에 작업을 할 때도 가족의 격려를 받는 축복을 받았다. 행복과 지지를 보내준 모든 분들께 감사한다. 이 책은 여러분 덕분에 나온 것이다.

1부

디자인의 기본

2장

W e b   D e s i g n   f o r   D e v e l o p e r s

사이트 리디자인의 기본: 푸드박스 재설계하기

예제로 사용될 푸드박스는 사용자들이 레시피를 올리고 전세계 사용자들과 공유하는 온라인 커뮤니티다. 요즘 트렌드인 소셜 네트워크 사이트처럼 사용자가 레시피에 태그를 붙이고 댓글을 남기고 자신만의 요리책을 만들 수 있도록 기획했다.

사이트 개발을 위해 안정적인 자원과 능력있는 애플리케이션 개발자 그룹을 확보했다. 동료 개발자인 스티브가 이해관계자에게 데모를 시연하고 나서 수정 요구사항으로 가득 찬 메모를 건네주었다.

스티브는 자리에 앉으면서 "그들은 홈페이지를 좋아하지 않아. 배너와 화면 배색도 맘에 들지 않으며 너무 밋밋하다고 생각하는 것 같아. 나머지 부분은 아예 거들떠 보지도 않고 수정 요구사항이 보완되기를 원하더군"이라고 투덜댔다.

2.1 기존 사이트

우선 현재 웹 페이지(그림 2.1 참조)를 보면서 이해관계자들의 요구사항을 살펴보자.

- "좀더 멋져 보이는 버튼이 필요해요. 반짝거리며 그럴듯해 보이는 것이죠."

- "우리 로고는 물결에 비친듯한 느낌을 원해요. 웹 2.0 사이트처럼요."
- "사람들에게 매력적인 색상 패턴이 필요해요. 이렇게 밋밋한 사이트는 원하지 않아요."
- "입력 양식도 좀더 멋지게 만들었으면 좋겠어요. 너무 공공문서처럼 보이잖아요."
- "뭐라 설명할 수 없지만 좀더 재미랄까 그런 게 필요해요."
- "사이트 전반에 걸쳐 사람들의 군침이 돌만한 음식 사진이 배치되었으면 해요."
- "개인적으로 아마존 사이트 스타일이 맘에 들어요. 이렇게 할 수 없나요? 여기서 탭 내비게이션은 빼고 좀더 다양한 색상을 입히고 깔끔하게 모아주면 되죠. 어때요? 쉽지 않나요."

김대리가
묻습니다

Foodbox 사이트는 어떤 모습인가요?

http://www.yourfoodbox.com에 방문하면 직접 확인해볼 수 있다. 간단하고 복잡하지 않은 디자인을 목적으로 하고 있다는 것을 알 수 있으며, 이 책에서 보여주고자 하는 기능을 완벽하게 확인할 수 있다. 사이트의 디자인이 모든 독자에게 만족스럽지는 않겠지만 초보자가 쉽게 구현할 수 있게 만들어졌다는 것을 알아주었으면 한다.
디자인이 누군가에게는 명작이 될 수 있지만 누군가에게는 끔찍한 결과가 될 수도 있음을 인식해야 한다. 이제부터 책에서 보여지는 것을 자신의 생각으로 바꾸어야 한다. 글꼴, 색상, 디자인을 참조해 자신만의 것을 만들어 보자.
마지막으로, 생각하고 있는 도메인명이 있다면 가능한 빨리 확보해야 한다. Foodbox 사이트는 http://www.yourfoodbox.com URL을 가지고 있지만 http://www.foodbox.com와는 다른 사이트다. 도메인명을 직접 확보한다면 저렴하게 구할 수 있지만 누군가가 가지고 있는 것을 구입하려 한다면 엄청난 비용을 지불해야 할 수 있다. 우리의 경우에는 http://www.foodbox.com 사이트를 이미 누군가가 가지고 있었다.

나열된 목록에는 의사결정권을 가지고 있는 사람이 이야기한 예상치 못한 요구사항들이 담겨 있다. 이제 당신의 할 일은 그들을 행복하게 해주는 것이다.

그림 2.1 이해관계자들은 디자인이 너무 지루해 보인다고 생각한다. 어떻게 디자인을 향상시킬 수 있을지를 이 책에서 다룰 것이다.

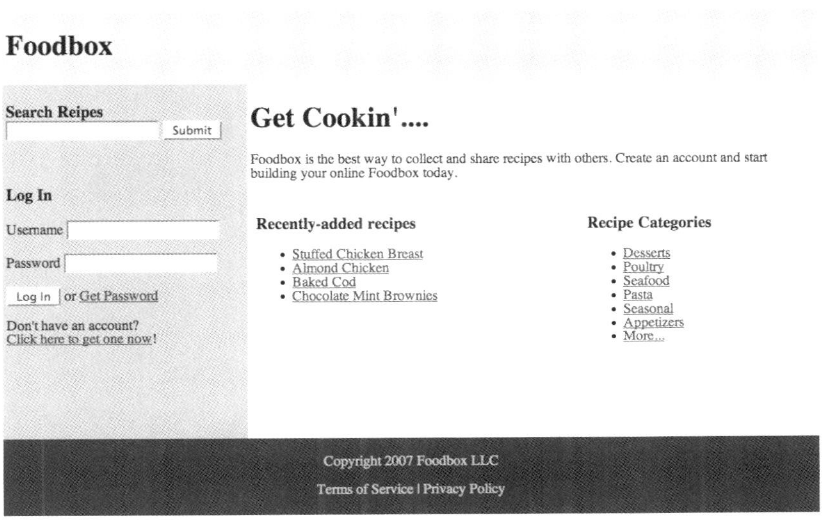

Foodbox

Search Reipes

[   ] [Submit]

Log In

Username [   ]

Password [   ]

[Log In] or Get Password

Don't have an account?
Click here to get one now!

Get Cookin'....

Foodbox is the best way to collect and share recipes with others. Create an account and start building your online Foodbox today.

Recently-added recipes

- Stuffed Chicken Breast
- Almond Chicken
- Baked Cod
- Chocolate Mint Brownies

Recipe Categories

- Desserts
- Poultry
- Seafood
- Pasta
- Seasonal
- Appetizers
- More...

Copyright 2007 Foodbox LLC
Terms of Service | Privacy Policy

어디서부터 시작해야 할까? 먼저 클라이언트가 생각하는 사이트가 어떤 모습인지 이해해야 한다. 피드백을 받을 수 있다면 좋겠지만 이런 목록조차 초기에는 충분히 얻지 못할 수 있다. 디자인 단계에서 요구사항을 수집하는 것은 개발 단계에서만큼 중요하다. 개발자로서의 경험을 살려 고객의 문제를 해결하는 데 필요한 대답을 찾아보자.

두 번째는 당연한 이야기지만 사이트의 진정한 목적을 이해하고 사용자를 명확하게 정의해야 한다. 사용자에 따라 사이트에 대한 기대와 다루는 방식이 다를 수 있다. 그래서 클라이언트가 대상으로 정의한 사용자를 찾아내고 경쟁상대의 강점과 약점을 비교하고 분석해야 한다. 이런 조사 과정은 "이것을 생각해 보셨나요?"와 같이 중요한 질문을 클라이언트에게 물어볼 수 있도록 도와줄 것이다.

마지막으로 일단 요구사항 목록을 취합하고 나면 수집된 정보를 바탕으로 스케치를 시작할 수 있을 것이다. 펜과 종이에 그리는 스케치 말이다. 무슨 말

인지 조금은 의아할 수 있지만 우선은 클라이언트로부터 필요한 정보를 어떻게
끌어낼 수 있을지 이야기해보자.

클라이언트는 다르다. 그렇다고 너무 몰아붙이지 말자

클라이언트의 이상한 요구사항을 받아들이기 어려울 수 있다. 하지만 명심해야 할 것
은 그들이 당신의 전문적인 기술을 고용했다는 것이다. 클라이언트가 진정 원하는 것
을 구현하는 일이 당신의 임무다. 클라이언트는 사이트의 문제가 무엇인지 어떻게 문
제를 설명해주어야 하는지 알지 못하지만 할 수 있는 한 최선을 다해 이야기하고 있
는 것이다. 당신의 경험을 바탕으로 그들이 하고 싶은 이야기를 이끌어낼 수 있게 하
며 그들이 진정으로 원하는 것을 이해해주어야 한다.

클라이언트는 그들이 원하는 것을 알지 못한다고 많은 개발자가 이야기한다. 하지만
어떻게 이야기할지를 모르는 것이다. 무엇이 원하는 대로 돌아가지 않는지를 본 다음
에야 무엇을 원하는지 명확해질 것이다. 지속적인 커뮤니케이션과 결과물의 공유로
최선의 결과를 얻을 수 있으며 제대로 일이 진행되고 있는지 피드백을 받아볼 수 있
다. 지속적인 커뮤니케이션은 디자인뿐 아니라 애플리케이션을 만들 때에도 진행되어
야 한다.

2.2 요구사항 수집하기

기존의 애플리케이션을 다시 디자인해야 한다면 애플리케이션의 목적을 정확하
게 알아야 한다. 이해관계자나 사용자를 직접 인터뷰해야 하며 소스 코드를 자
세히 살펴보고 현재 시스템을 검토해보아야 한다. 경쟁관계에 있는 업체를 조
사해보고 웹사이트를 다시 디자인할 때 사용하는 것과 동일한 프로세스를 따
라야 한다.

　다른 프로젝트와 마찬가지로 요구사항을 수집하는 것에서부터 시작하게 된
다. 이번 경우에는 2.1절 '기존 페이지' 내용 중에서 스티브가 책상 위에 건네준
목록을 다시 살펴볼 수 있다. 디자인을 위해서는 기본적인 요구사항을 이해하
고 시작해야 한다.

　먼저 버튼이나 여러 이미지를 만드는 방법을 배워야겠다. 몇 개의 버튼은 링크

로 사용해야 할 테고 폼에서 제공하는 버튼을 대신할 이미지를 필요로 할지도 모른다.

최신의 유행을 따를 필요는 없지만 클라이언트의 요구사항은 어느 정도 만족시켜주어야 한다. 텍스트나 이미지가 물에 비친 듯 보이게 하는 것은 최신의 트렌드이며 클라이언트가 원하는 부분이기도 하다. 어떻게 이런 효과를 낼 수 있는지 배워야 하는데 포토샵을 이용한다면 쉽게 처리할 수 있다. 또한 사이트에 쓸 로고를 만드는 것은 자유롭게 크기를 바꿀 수 있는 벡터 이미지를 어떻게 만드는지 배울 수 있는 기회가 될 것이다.

클라이언트가 원하는 색상 패턴을 만들기 위해서는 색상에 대한 기본 이론을 익혀야 하고 적절한 색상을 어떻게 선택할지 알아야 한다. 또한 웹사이트나 웹 애플리케이션의 분위기를 부드럽게 하려면 이미지나 색상, CSS 트릭을 사용할 수 있어야 한다. 이런 기술은 사이트가 어떻게 보여질지 요구하는 클라이언트에 대응할 수 있게 할 것이다.

우리가 만들려고 하는 것은 음식을 다루는 사이트다. 그래서 음식과 관련된 이미지를 다룰 필요가 있다. 경쟁력 있는 레시피 사이트는 사람들의 식욕을 돋우게 하는 사진으로 장식되어 있어야 한다. 사진을 구했다면 사이트에 맞게 수정해주어야 한다. 이 과정에는 사진에 대한 리터칭, 라이트닝, 다크닝, 리샘플링이 포함된다.

일부 요구사항은 명확하지 않거나 타당성이 없어 보이기도 한다. 클라이언트가 좀더 흥미롭게 보이는 사이트를 원한다고 말하더라도 너무 당황하지 말아야 한다. 개인적으로 이런 상황을 여러 번 접해보았지만 조언할 수 있는 말이라곤, 가능한 것은 다 해보고 문제를 분석하고 약간의 행운을 기대하라는 것이다. 요구사항의 나머지를 달성했다면 별 문제가 없을 것이다.

심지어는 클라이언트가 경쟁 사이트를 그대로 베껴주기를 원할 수도 있다. 그래도 이런 요구사항은 최소한의 유용한 정보를 포함하고 있다. 스티브가 건네준 목록을 다시 살펴보자. 뭘 해야 하는지 아무런 단서도 찾을 수 없는 경우도 있다. 그럴 때는 가만히 있는 것이 좋다. 처음에는 당황스럽겠지만 이런 문제

는 무시하는 것이 낫다. 올바른 디자인 원칙을 따르며 클라이언트에게 지속적
으로 피드백을 요청하면 이런 문제는 저절로 해결될 수 있다.

2.3 목적을 분명히 하자

사이트를 디자인할 때는 실제로 사이트를 사용할 대상에게 집중해야 한다. 클
라이언트에게 참고할만한 웹사이트의 목록을 받는 것은 유용한 접근법 중 하
나이다. 다른 사이트를 모델로 사용하기 원하지 않더라도 클라이언트가 좋아
하는 요소가 어떤 것인지 짐작할 수 있다. 일반적으로 클라이언트는 직접적인
경쟁 관계에 있는 사이트들을 먼저 보게 된다. 하지만 어떤 경우에는 관련 없는
분야의 사이트와 같은 디자인을 원한다. "이베이처럼 만들어주세요"라고 이야
기하는 것을 쉽게 볼 수 있다. 여러분의 클라이언트도 자신들에게 이미 익숙한
기능을 원할 것이다.

　푸드박스를 위한 디자인 작업을 할 때는 반드시 클라이언트와 사용자를 위
한 사이트를 만들어야 한다. 동료들에게 보여주기 위해 만드는 것이 아니다. 이
제 막 배운 화려하고 새로운 기술을 동료들에게 자랑하려고 사용해서는 안 된
다는 말이다. 클라이언트와 사이트의 사용자가 중심이 되어야 한다.

사용자에 초점을 맞추자

몇 년 전에 100페이지 분량의 사이트를 다시 디자인하려고 나를 고용한 클라이언트
가 있었다. 서비스를 좀더 효과적으로 판매할 수 있도록 도와줄 무언가를 원하고 있
었다. 기존 사이트는 클라이언트의 사촌이 만들었는데 다른 사이트에서 가져온 몇몇
이미지와 움직이는 아이콘, 검은 배경 위에 네온색의 글씨로 장식을 했고 자바스크립
트로 전화번호가 마우스를 움직일 때마다 같이 따라가게 구현했다.

클라이언트의 사업 아이템은 꽤 괜찮았는데 웹사이트는 그런 이미지를 제대로 반영해
주지 못했다. 첫 번째 디자인을 보여주었을 때 클라이언트는 너무 재미가 없다는 이
유로 거절을 했다. 그리고 그가 좋아하는 몇몇 라디오 방송국 사이트를 보여주며 이
런 느낌을 원한다고 요청했다. 그래서 라디오 방송국과 그의 사업은 완전히 상이한
시장이라는 것을 설명해주어야 했다. 오랜 협상 끝에 사업의 기세를 올릴 수 있는 핑

장한 사이트를 만들어보자는 결론에 도달했다. 몇 년 후에 클라이언트의 사업은 몇 배나 더 성장할 수 있었고 올바른 방향으로 갈 수 있게 해준 내게 고맙다는 말을 아끼지 않았다.

여기서 기억해야 할 것은 무엇보다 사이트의 대상이 누구이며 어떤 목표를 가지고 있는지를 마음에 단단히 새기고 사이트를 디자인해야 한다는 것이다. 몇 가지는 마지못해 응해주더라도 최종적인 결과는 좀더 나은 사이트를 만들 수 있을 것이다.

관련자 모두 사이트의 목적을 이해해야 한다. 정보를 제공하려는 것인지, 사용자가 제품을 구매하게끔 하려는 것인지, 사용자에게 즐거움을 전해주려는 것인지, 데이터를 수집하려는 것인지 명확해야 한다. 예를 들어 여름 시즌 블록버스터 영화 홍보를 위한 웹사이트 디자인과 구성은 온라인 쇼핑몰의 구성과는 달라야 한다.

또한 가능한 많은 사이트의 사용자와 관련된 정보를 알고 있어야 한다. 가능한 모든 부분의 정보가 필요할 것이다. 사이트를 비정기적으로 방문하는지 해당 분야의 전문가들이 업무에 필요한 정보를 얻으려 매일 사이트를 방문하는 것인지 알아야 한다. 사이트의 사용자를 알수록 디자인 범위를 계획할 때 도움

그림 2.2 첫 번째 스케치: 로고와 사이트에 필요한 몇 가지 이미지를 표현했다

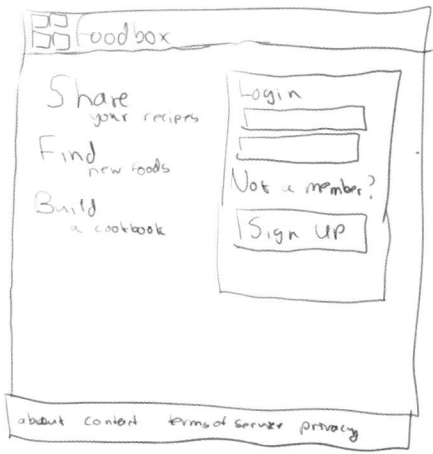

이 될 것이다. 예를 들어 어린 아이들을 위한 사이트와 부동산 중개업자를 위한
사이트는 다르다.

2.4 다음에 할일

요구사항을 수집했으면 만들려는 사이트를 어느 정도 이해하고 있을 것이다.
이제는 제대로 된 계획이 필요하다. 요구사항을 논리적인 단계로 구분한다면
다음과 같을 것이다.

1. 기본적인 디자인을 스케치하고 승인을 받는다.
2. 색상을 선택한다.
3. 글꼴을 선택한다.
4. 포토샵에서 기본 디자인을 구현한다.
5. 배너와 버튼, 다른 요소를 위한 이미지를 작성한다.
6. HTML과 CSS 템플릿을 작성한다.

| 김대리가
묻습니다 | 왜 포토샵이나 HTML로 목업 만들기를
시작하면 안 되는 건가요? |

펜과 종이는 창의적인 과정에서 중요하며 이런 도구는 컴퓨터보다 훨씬 빠르게 생각
을 표현할 수 있다. 또한 쉽게 만들 수 있기 때문에 초기 디자인을 다양하게 접근해
볼 수 있다.

개발자라면 화이트보드를 선호할 수도 있다. 아마도 팀원들과 커뮤니케이션을 위해
간단한 다이어그램을 그려봤을 것이다. 클라이언트를 만날 때에도 동일한 방법으로
접근할 수 있다. 기술에 문외한 클라이언트는 당신이 노트북을 꺼내서 디자인을 설명
하려 하면 흥미를 잃어버릴 수 있다. 하지만 펜과 종이는 사람간의 관계 형성에 매우
매력적인 도구이다. 클라이언트 바로 앞에서 아이디어를 보여주고 클라이언트는 어떤
생각을 가지고 있는지 직접 그려보게 할 수도 있다.

이런 과정은 팀과 클라이언트와의 커뮤니케이션을 용이하게 한다. 최종적인 결과는
초기 디자인과 달라질 수 있으며 어떤 디자이너에게 물어보더라도 당연한 일이라고
이야기할 것이다. 시간을 들여 컴퓨터로 정교하게 초기 디자인을 만들 수도 있겠지만,
펜과 종이를 사용한다면 몇 분만에 처리할 수 있다.

펜과 종이는 디자인 팀의 한 부분이고 아이디어를 만드는 원천이다.

7. 디자인의 호환성과 접근성을 테스트한다.

이 책의 나머지는 위의 단계를 따라가면서 다양한 기법과 필요한 이론적 지식을 가르쳐줄 것이다.

2.5 아이디어 스케치하기

아이디어를 빠르게 수용하려면 종이 위에 디자인을 그려야 한다. 스케치는 쉽게 아이디어를 공유하거나 의견을 조정할 수 있으며 클라이언트의 도움을 받을 수도 있다.

이제 종이와 펜을 준비하자. 준비될 때까지 기다리고 있겠다.

준비가 되었는가? 좋다.

디자인을 스케치로 옮기려면 사이트 레이아웃에 무엇이 포함되어야 하는지 먼저 알아야 한다. 홈페이지에서 어떤 링크를 제공해야 하는지? 홈페이지에 어떤 요소들이 포함되어야 하는지? 그림 2.1에서 현재의 홈페이지를 볼 수 있다. 거기에서 다음과 같은 아이템을 찾을 수 있다.

• 사이트 이름

그림 2.3 몇 가지 이미지를 추가한 스케치다. 이번 예제에서는 여분의 공간을 제공했고 흥미로운 이미지를 왼쪽에 배치했다.

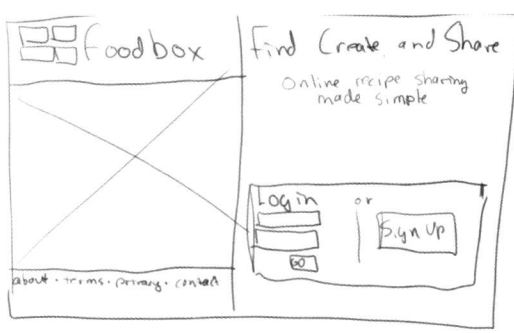

- 검색 필드
- 로그인 양식
- 사이트에 대한 간략한 소개
- 최근에 공유된 레시피 목록
- 카테고리 목록

이런 요소들과 함께 홈페이지는 다음과 같은 정보성 페이지 링크를 포함하고 있다.

- 이용약관
- 회원 가입
- 개인보호정책
- 연락처

이제 간략한 스케치를 그려보자.

레이아웃 규칙

아마 웹사이트에 많은 내용이 담긴다는 사실을 알아챘을 것이다. 대부분 사이트의 이름이나 로고는 헤더 영역에 표시한다. 많은 사이트는 메인 콘텐츠 영역을 컬럼 단위로 자르는데 컬럼 중 하나는 내비게이션이나 추가적인 정보를 담고 있는 사이드바 영역으로 사용된다. 내비게이션바는 보통 페이지 상단이나 왼쪽에 배치된다. 마지막으로 저작권 정보와 추가 링크를 포함하고 있는 푸터 영역을 찾을 수 있다.

각 사이트가 서로 비슷하게 보이는 명백한 이유는 디자이너와 개발자가 기존의 작업을 모방하기 때문이다. 수많은 뉴스 사이트가 똑같이 보이는 것은 결코 우연이 아니다. 사실 대부분의 신문도 동일한 레이아웃을 사용하고 있다.

시간이 지나면서 사용자들은 이런 유사성을 기대하게 된다. 실용적인 웹사이트를 디자인한다면 사용자가 공들여 탐색하거나 조사하지 않고도 원하는 것을 즉시 찾을 수 있도록 하는 것이 당연하다. 사이트는 탐색하기 쉬워야 하고 목표

달성을 위해 오랜 경험이 반영된 규칙을 따라야 한다. 관습을 벗어나게 되면 사용자가 혼란스러워하기 시작한다.

디자인을 스케치하기 전에 아이디어를 내기 위해 웹을 탐색해보자. 만들고자 하는 사이트와 동일한 시장에 위치한 사이트들을 살펴보고 경쟁 상대가 놓치고 있지만 당신에게 이득이 될만한 다른 분야의 몇 가지 예제를 살펴보자. 물론 레이아웃은 정보 전달을 위한 것이지만 사용자에게 직관적인 익숙함을 제공하기도 한다.

세 개의 스케치

프로젝트에서는 클라이언트를 위해 최소한 세 개의 디자인을 내놓아야 한다. 간단하고 보수적인 디자인, 복잡한 디자인, 수수함을 바탕에 깔고 조금씩 변화를 준 절충적인 디자인을 필요로 한다.

위대한 예술가가 아니라고 걱정할 필요는 없다. 사이트 레이아웃의 스케치는 멋질 필요가 없다. 아이디어를 종이에 옮기고 쉽게 공유하는 것이 주 목적이다.

지금까지 수집한 요구사항을 기반으로 세 개의 스케치를 만들어볼 것이다. 첫 번째 스케치는 최소한의 디자인으로 구성되어 있으며 예쁘게 보일 필요는 없다(그림 2.2를 보자). 이 페이지는 회원 가입 버튼과 로그인 박스를 제외한 어떤 기능도 가지고 있지 않다. 텍스트 위주의 사이트이므로 색상과 그라디언트, 음영에 의존해 다양한 섹션에 관심을 가지도록 해야 한다. 이 디자인의 장점은 많은 텍스트를 포함하고 있어 검색 엔진 순위를 높이는 데 도움이 된다는 점이다. 물론 지루해 보일 수 있다.

두 번째 스케치는 좀더 시각적인 디자인을 보여준다. 왼쪽 커다란 영역에 사진을 배치하고 오른쪽에는 로그인과 회원 가입 박스를 배치했다(그림 2.3을 보자). 이 페이지는 첫 번째 디자인에 비해 좀더 매력적이다. 하지만 사용자가 여기서 무엇을 할 수 있는지 보여주는 정보가 충분히 제공되지 못하고 있다.

마지막 스케치는 기능이 강조된 디자인을 보여준다. 현재 홈페이지의 요소를 구체화하면서 원래 사이트의 카테고리 목록을 태그 클라우드로 변환시켰다(그림 2.4 참조). 검색 창과 나머지 링크는 유지하면서 로그인과 회원 가입 박스를

그림 2.4: 세 번째 스케치: 사이트의 좀더 많은 기능을 포함시켰다. 기존 홈페이지의 요소를 활용하면서 새로운 아이디어를 추가했다.

지우고 버튼으로 대체했다. 원래의 디자인보다 좀더 간결해지면서 시각적인 요소와 통합할 수 있으며 사용자에게 사이트를 소개하고 사이트의 특징을 설명할 수 있는 여분의 공간이 생겼다.

개인적으로 디자인을 제안할 때, 하나는 보수적으로, 다른 것은 시각적인 영역을 강조해서, 세 번째는 간결함과 복잡한 디자인의 요소를 모두 포함하게 하는 것을 좋아하는 편이다. 일반적으로 클라이언트는 중도적인 디자인을 선택하는 경향이 있으며 나머지 두 개의 디자인에서도 몇 가지 요소를 포함해주길 원한다. 결과적으로 약간의 하이브리드 형식이 나오게 된다. 디자인 스케치나 목업을 보여줄 때는 사이트의 최종 버전을 보여주는 것은 아니며 앞으로 논의될 아이디어를 제시하는 것이다. 클라이언트가 디자인을 변경하고 싶어 하더라도 실망하지 말아야 한다. 클라이언트의 사이트를 만드는 것이지 개인적인 사이트를 만드는 것이 아니라는 사실을 기억해야 한다.

클라이언트가 도울 수 있게 하자

클라이언트가 새로운 사이트 디자인을 요청할 때 그들이 당신의 작업을 도울 수 있게 하자. 클라이언트에게 선호하는 웹사이트를 살펴보고 어떤 점이 좋은지 이야기해달라고 요청한다. "나는 블링크세일 사이트[1]에 사용된 색상이 좋아요"라든지 "아마존의 탭 내비게이션바처럼 동작하면 좋겠네요"와 같은 이야기를 해줄 수 있을 것이다. 그들의 아이디어를 훔치려는 것이 아니라 클라이언트가 원하는 것이 무엇인지 공감하려는 방법이다. 이러한 피드백과 자신의 경험을 바탕으로 좀더 나은 작업을 진행할 수 있다.

단 하나의 디자인만 가지고 협상 테이블에 가서는 안 된다. 클라이언트는 스스로 무언가 선택하고 관여하기를 좋아한다. 간혹 무언가 할 일을 대신 정해주길 원하는 경우가 있더라도 클라이언트가 이를 표현하게 할 필요가 있다. 독단으로 무언가 추정해서는 안 된다. 자칫 거만하게 보일 수 있으며 클라이언트와의 관계를 깨지게 할 수 있다.

스케치를 마치고 나면 이해관계자들과 이를 공유할 시간이다.

2.6 스케치 선택

스티브가 미소를 띠며 이해관계자와의 미팅에서 선택된 스케치를 가지고 돌아왔다. 그들은 세 번째 스케치를 선택했다(그림 2.4). 그리고 가능한 빨리 색상을 입힌 이미지로 목업을 보길 원하고 있다.

---

1 http://blinksale.com[2]
2 (옮긴이) 화물 송장을 생성, 관리, 송부하는 서비스. 직관적인 카피를 메인 이미지로 사용해 좋은 메인 페이지 디자인의 사례로 소개되곤 한다.

반복적인 프로세스

예전에 소프트웨어를 만드는 것은 책을 쓰는 것과 같다는 로버트 마틴(Robert Martin)의 강연을 들은 적이 있다. 첫 번째 초고(first draft)를 만들고 몇 번의 교정(revision)을 거치면서 맘에 드는 결과물을 얻을 때까지 구조를 바꾸어본다(refactoring). 그리고 나면 최종 원고(final draft)를 얻게 된다. 클라이언트가 결과물을 보고 나서 맘에 들지 않는다고 이야기하는 과정을 제외하면 디자인도 크게 다르지 않다. 디자인에 있어서는 어쩔 수 없이 양보를 하는 경우도 있다. 클라이언트의 요구 때문에 맘에 들지 않는 색상으로 바꾸어야 할 수도 있다. 디자이너가 좌절감을 느끼는 사례 중의 하나는 클라이언트 때문에 창의적인 비전이 무너지는 경우다. 개발자라면 요구사항이 프로젝트를 어떻게 끌고 나가는지 이미 익숙할 것이다. 디자인 단계를 애플리케이션에 대한 또 다른 요구사항으로 생각하고 정제하고 고쳐보고 구조를 바꾸어보자.

2.7 정리

리디자인 프로세스는 클라이언트와의 커뮤니케이션으로 요약할 수 있다. 일부 클라이언트는 그들이 원하는 것을 알고 있지만 대부분의 경우 요구사항을 이끌어내야 한다. 협의 과정을 거치면서 올바른 질문을 하고 그들의 이야기를 들어야 한다. 그래야만 성공적인 리디자인 계획을 세울 수 있다.

이해관계자가 색상을 입힌 목업을 보고 싶어 한다. 그러기 위해서는 먼저 색상과 글꼴을 어떻게 선택할지 배워야 한다. 그래야 다음 미팅에서 보여줄 수 있는 멋진 목업을 만들 수 있을 것이다.

3장

색 선택하기

이제 스케치는 결정되었고 디자인 목업을 만들 준비가 됐다. 다음 단계로, 필요한 색을 선택하고 색상 계획(color scheme)를 만들자.

색을 어떻게 사용하고 조합하는지에 따라 애플리케이션이 제대로 만들어지기도 하고 망하기도 한다. 색은 감정적인 호소력을 가지며 중요한 영역을 강조하여 관심을 집중시킬 수 있다. 색은 좋아 보이는 사이트를 만드는 데 기본이기 때문에 이번 장은 이 책에서 가장 중요한 부분 중 하나라고 할 수 있다.

좋은 디자이너는 색을 다루는 감각이 뛰어나다. 그들의 경험과 직감은 웹 사이트를 위한 색상 계획을 만드는 기준이 되곤 한다. 색상 계획이나 색의 조합은 개발자들이 사용하는 디자인 패턴과 마찬가지로 어느 정도 검증된 전략을 기반으로 한다. 어떤 색이 다른 요소와 어떤 관계를 가지는지 알게 된다면 웹 기반 애플리케이션에 적절한 디자인 패턴을 선택하듯 쉽게 색을 선택할 수 있다.

3.1 색의 기초

우리는 3차원의 세계에서 살고 있으며 모든 물체는 빛의 파장 중 일부를 흡수하고 나머지는 반사한다. 그리고 우리의 눈은 물체에서 반사된 빛을 색으로 인식한다. 이러한 색은 이름이나 채도, 명도로 설명할 수 있다.

색을 다룰 때는 생각할 부분이 많다. 색의 명암과 농도, 다른 색과 어떻게 어울리는지 생각해야 한다. 또한 사용자들이 색을 어떻게 받아들일지도 고려해야 한다. 이번 장에서는 이런 모든 것을 간략하게 살펴볼 것이다.

색상, 채도, 명도

사람들이 물체의 색을 이야기할 때 대부분은 색상을 언급하는 것이다. 바나나(초록색이라면 아직 덜 익었을 거야)를 사거나 노란 신호등에 급하게 지나가려는 행동처럼 일상에서 색상을 접하게 된다.

채도는 이미지 내에 포함된 색의 농도를 의미한다. 채도가 높은 색은 강렬한 느낌을 준다. 반면에 채도가 낮은 색은 지루하고 흐린 느낌을 가지게 한다. 채도를 낮추면 빛이 바랜 색처럼 보인다. 눈에 거슬리거나 충격적인 색을 완화시키는 역할을 할 경우에 적절하게 사용하면 좋은 효과를 낼 수 있다.

색의 밝기를 바꾸면 전반적인 분위기를 어둡거나 밝게 만들 수 있다. 마치 커피에 크림을 탈 때 커피의 색이 짙은 갈색에서 밝은 갈색으로 변하는 것과 같다.

명도와 채도를 바꾸면 색을 달라 보이게 할 수 있다(그림 3.1을 참고하자).

가산 혼합과 감산 혼합

모니터에서 보는 색은 인쇄된 것과 동일하지 않다. 종이 위에 표현되는 색이나 자연의 색이 빛을 반사하는 것과 모니터상에서 색을 표현하는 방식이 근본적으로 다르기 때문이다. 모니터상에서는 가산 혼합이 쓰이며 인쇄물에는 감산 혼합이 쓰인다. 이 차이를 구분하려면 물감의 색과 컴퓨터 스크린의 색을 비교해 보는 것이 가장 명확하다.

물감이나 크레용, 마커를 사용할 때에는 노랑, 파랑, 빨강을 원색으로 다루게 된다. 처음에는 모든 색의 빛이 섞인 상태에서 시작하여 원하지 않는 색을 제외시켜 나가는 방식이다. 빨강 크레용을 칠한다면 빨강을 제외한 나머지 색이 흡수되거나 제외되고 빨강만 반사되어 눈에 들어오는 것이다.

감산 혼합은 물감을 섞을 때 발견할 수 있다. 노란색과 파란색을 섞으면 초록색이 나온다는 사실을 알 것이다. 파란색과 빨간색을 섞으면 자주색이 만들

그림 3.1 명도와 채도

명도와 채도가 높은 이미지

명도는 보통이고 채도는 높은 이미지

명도는 높고 채도는 보통인 이미지

명도는 높고 채도는 낮은 이미지

어진다. 모든 색을 다 섞어버리면 보여지는 모든 스펙트럼이 흡수되기 때문에 검은색이 나온다. 더이상 눈으로 반사될 빛을 가지고 있지 않으며 색을 만들 수 있는 빛 에너지가 없어지는 것이다. 바나나가 노란색으로 보이는 것은 우리 눈에 노란색으로 보이는 빛의 파동만 반사되고 나머지 파동이 흡수되어 버리기 때문이다.

컴퓨터 스크린에 보여지는 색은 가산 혼합을 사용하게 된다. 여기에서는 빨강, 초록, 파랑이 원색으로 적용된다. 세 가지 색이 서로 혼합되고 투사되면서 빛을 만들어낸다. 바나나와 달리 컴퓨터 화면상의 이미지는 반사되는 것이 아니라 빛의 파장이 만들어 지는 것이다. 처음에는 아무것도 없는 상태(모니터가 꺼진)에서 시작해서 색이 추가된다. 빨강, 초록, 파랑이 섞이면 흰색을 만들어 낸다. 아무 색도 섞지 않는다면 검은색이 보여진다. 이러한 과정을 가산 혼합이라 한다. 눈은 모니터에서 보여지는 색을 흡수하는 것이다. 모니터상에서 초록색과 빨간색이 섞이면 노란색이 만들어진다.[1]

이런 개념이 웹 디자인과 무슨 관계가 있는 것일까? 색이 만들어지는 방식이 다르다는 것은 웹 디자인 작업에서 매우 중요한 개념이다. 컴퓨터에서 색을 다룰 때는 가산 혼합 형식의 RGB와 감산 혼합의 CMYK(Cyan, Magenta, Yellow, Key-일반적으로 검은색) 중에서 선택을 해야 한다. 웹에서 작업한다면 일반적으로 RGB를 선택할 것이다. 하지만 인쇄를 목적으로 하는 작업이라면 원색 인쇄 시스템에서 사용되는 CMYK를 사용해야 한다.

3.2 색 컨텍스트

그림 3.2를 자세히 보면 두 개의 사각형이 동일한 색임에도 불구하고 왼쪽에 있는 파란색 사각형이 더 진하게 보일 것이다. 이런 트릭은 눈에서 작용하며 색 컨텍스트라고 불리는데 이 때문에 당혹스런 상황을 만날 수 있다.

기존 홈페이지를 업데이트해주는 일을 맡았던 적이 있다. 클라이언트는 밝은

그림 3.2 어떤 파란 상자가 더 어두워보이는가?

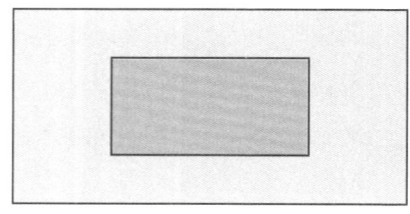

---

1 가산과 감산이라는 용어는 간혹 혼란스러울 수 있다. 색의 반사를 이야기할 때 물감에서의 감산 혼합을 예로 들 수 있다. 노란색과 파란색을 더하여 섞으면 초록색이 만들어진다. 이 과정을 '가산'이라고 하지 않는 이유는, 다른 색의 파장을 빼는 행위이기 때문이다.

파란 배경 위에 빨간 글씨를 표시하는 배너를 원했다. 그러면서 기존 사이트에 사용하던 빨간색과 동일한 색을 사용해주길 원했다.

여기에 모순점이 있다는 것을 알아야 한다. 고객이 특정한 구현 방식을 원했 지만 진짜 원하는 색은 기존 사이트에 사용했던 빨간색과 '같아 보이는' 색이었 다. 이를 구현하려면 좀더 밝은 빨간색을 사용해야 했다.

클라이언트의 요구대로 이전 사이트와 동일한 빨간색을 사용했지만 고객은 결과에 만족하지 못했다. 자신이 원했던 빨간색이 아니라는 것이다. 빨간색을 조금 더 밝게 바꾸어주었더니 이전 사이트의 빨간색과 동일한 색으로 보였으며 클라이언트도 만족할 수 있었다.

색의 컨텍스트는 애플리케이션에서 어떻게 보이는지에 엄청난 영향을 미치게 된다. 엄밀히 따지면 동일한 색을 선택했더라도 같아 보이게 하려면 약간의 조

그림 3.3 색상 플루팅의 예

적은 단계의 인접색은 색의 전환을 명확하게 만든다.

단계를 증가시킬수록 뇌에서 색이 섞이기 시작한다.

단계가 셀 수 없을 만큼 늘어나면 자연스럽게 색이 전환된다.

정이 필요하다.

이런 효과는 플루팅[2]에 의한 것이다. 플루팅은 기술적인 용어로 인접한 색이 뒤섞이는 형태로 보여지는 현상이다. 이러한 색 플루팅 효과는 경우에 따라 적절하게 활용할 수 있다(그림 3.3 참조). 예제에서 보여진 것처럼 플루팅 효과로 그라디언트를 표현할 수 있다. 하지만 충분하게 단계적으로 전환되지 않았다면 끊김 현상(banding)이 생긴다. 조금씩 변화를 주어 전환시켜보면 시각적으로 이런 끊김이 무시되고 색이 자연스럽게 섞인다.

3.3 감정을 일깨우는 색상

우리는 태어나면서부터 색과 감정, 분위기, 느낌과의 관계를 배운다. 애플리케이션의 색을 선택할 때는 그로 인한 다양한 반응을 예측해보는 것이 중요하다. 빨강이나 파랑을 적절치 않게 사용하면 사용자가 바라지 않았던 반응을 보이거나 혼란스러워 할 수 있다.

색을 선택하는 것은 사용자의 관점에 영향을 주며 어떤 색상 계획을 웹사이트에 적용하는지에 따라 사용자 경험을 완전히 다르게 만들 수 있다.

따뜻한 색

이름에서 알 수 있는 것처럼 따뜻한 색은 따뜻함과 햇빛, 열 같은 단어를 떠오르게 한다. 혹자는 이런 색을 보고 있는 사람이 따뜻함을 느낀다고 믿는다.

빨강

빨강은 사랑, 기쁨, 행복, 설렘을 나타내는 강한 색이다. 또한 욕망, 화, 전쟁, 긴급, 위험을 나타내기도 한다. 애플리케이션에서는 경고나 오류를 보여주기 위해 주로 사용한다. 빨강은 사용자의 시선을 즉시 끌어당긴다.

노랑

사용자가 노란색에 집중하게 만들기란 어려운 일이다. 하지만 적절히 사용한다

---

2 (옮긴이) 플루팅은 고대 그리스 원기둥에서 장식으로 새긴 세로 홈을 의미한다.

면 지적으로 보이거나 행복함을 느끼게 할 수 있다. 많은 애플리케이션에서 노란색 계열의 페이드 효과를 사용해 사용자에게 작업이 성공적으로 마쳤다는 것을 알려준다.

오렌지

오렌지는 노란색과 마찬가지로 유쾌한 느낌을 준다. 하지만 빨간색의 양에 따라 거만하고 고급스러운 느낌을 가질 수 있다. 일부 전문가들은 오렌지에 포함된 빨간색이 뇌를 자극한다고 주장하기도 한다.

차가운 색

차가운 색은 사람들을 시원하게 하고 차분하게 하는 효과가 있다. 마음에 위안을 주며 사이트를 부드럽게 하는 데 사용할 수 있다. 차가운 색에는 파랑, 초록, 자주색이 포함된다.

파랑

파란색은 차분하고 마음을 진정시키며 시원하게 만들어준다. 채도가 낮아지면 사용자의 긴장을 풀어주는 경향이 있다. 하지만 색이 어두워지면 슬프고 우울한 기분이 들게 만든다.

초록

일반적으로 초록은 자연, 희망, 건강, 민감함과 연관지어 생각한다. 하지만 잘못 사용되면 질투나 시기를 의미하기도 한다(아마도 green with envy[3]라는 표현 때문에 그런 것 같다). 초록은 질투심과 함께 탐욕, 죄책감, 무질서의 느낌을 주기도 한다. 짙은 초록색은 눈을 편안하게 만들고 사용자의 마음을 달래주는 효과를 낼 수 있다. 하지만 색을 잘못 섞으면 사용자가 불편해하고 혐오감을 느낄 수 있다.

---

3 (옮긴이) green with envy는 (안색이 바뀔 정도로) 몹시 부러워한다는 의미다.

검은색과 하얀색: 색이 아닌 색들

검은색과 하얀색은 엄밀히 따지면 색이 아니다. 컴퓨터 스크린이 검은색이라고 이야기하는 이유는 아무런 색도 없기 때문이다. 반면에 하얀색은 스펙트럼상의 모든 색이 혼합됐다는 의미다. 하지만 가산과 감산 색 혼합에서 이야기했듯이 페인트를 다루는 경우에는 반대의 상황이 펼쳐진다.

검은색과 하얀색은 엄밀히 이야기하면 색은 아니지만 여전히 감정에 영향을 미치므로 색상 계획을 만들 때 고려해야 한다.

자주

지주색은 자연에서 흔히 드러나지 않는 특이한 색 중에 하나다. 꽃잎에서 보았을 수도 있지만 대부분은 사람들이 인공적으로 만든 색을 보았을 것이다. 자주색은 권위나 신비적인 느낌과 연관되는데 아마도 과거에는 이 색을 만들기가 어려웠기 때문일 것이다. 자주색은 빨간색과 파란색이 섞여 만들어지기 때문에 각 색의 속성을 일부 가지게 된다. 밝은 자주색은 자연이나 평화, 평온, 영적인 것들과 연관되고 짙은 자주색은 우울한 느낌을 준다. 자주색을 너무 많이 사용하면 눈이 피로할 수 있다.

자연색

검은색, 흰색, 은색, 회색, 베이지색, 갈색은 다른 색과 조화롭게 공존하는 색이다. 차갑고 따뜻한 색 사이의 간격을 줄여주는 역할을 한다. 배경색으로 사용되면 다른 색을 돋보이게 한다.

검은색

검은색은 고급스럽고 우아함을 나타내며 적절한 맥락에서 사용된다면 매우 강력한 효과를 낼 수 있다. 하지만 검은색은 애도, 죽음, 절망, 음울과 같은 느낌과도 연관된다. 디자인에서 검은색을 사용할 때는 어떤 사용자를 대상으로 하는지 반드시 확인해야 한다.

흰색

흰색은 순결함과 완벽함의 느낌을 가지게 한다. 깨끗한 웹사이트를 원한다면 거의 완벽한 색상이다. 하지만 너무 과도하게 사용하면 지루해지고 개성이 없어 보일 수 있다. 다른 색을 돋보이게 하는 데는 단연 최선의 선택이다.

갈색

갈색은 식욕을 자극하고 건강하며 간결한 느낌을 준다. 한편 어떤 이들은 갈색을 더러운 색으로 인지하므로 불결한 느낌을 줄 수 있는데, 구축하는 사이트에서 이러한 반응을 원하지는 않을 것이다.

베이지색

베이지색은 평안한 느낌을 만든다. 갈색과 흰색에서 나온 수수한 색이다. 배경색으로도 최선의 선택인데 차분한 느낌을 주고 다른 색을 돋보이게 만들기 때문이다.

회색

이 색은 좀처럼 특별한 느낌을 주지 않지만 구름 낀 날처럼 우울함이나 애도, 침울한 느낌과 연관지을 수 있다. 색상 스펙트럼에서 차가운 쪽에 위치하게 된다.

회색은 또한 재미있는 색이다. 어둡게 사용하면 검은색의 우아한 느낌을 가지고 밝게 사용하면 흰색의 특성을 보인다.

색과 사용자

사람의 개인적인 성향에 따라 색이 감정에 미치는 영향도 달라진다는 사실을 기억하자. 이런 성향은 경험이나 기억에 의해 만들어지기도 하지만 주로 문화적인 영향을 받는다.

예를 들어 빨간색은 탐욕, 화, 열정적인 색상이라고 설명했지만 중국에서는 행운과 축제를 의미하는 색이며 인도에서는 승리나 성공을 의미한다. 또한 빨간색은 공산주의나 사회주의를 의미하기도 하며 남아프리카에서는 애도를 의미하는 색이다. 검은색은 서구에서는 애도를 의미하지만 중국에서는 매우 고급스러움을 상징한다.

　Everyjoe.com에서 문화권에 따라 색이 의미하는 바를 상세히 다룬 글을 찾아볼 수 있다.[4] 사이트가 다양한 지역의 사용자를 고려해야 한다면 콘텐츠를 번역하는 것뿐 아니라 지역별 문화적인 차이가 색에 미치는 영향력을 잊지 말아야 한다.

3.4 색상 계획

어떤 색은 나란히 있으면 어색해 보이거나 서로 잘 어울린다. 색상 계획은 시각적으로 잘 어울리게 만들어주는 색의 조합이다. 몇 가지 형태의 색상 계획을 알아보고 어떻게 적용할 수 있는지 살펴보자.

　색상 계획을 선택하기 전에 약간의 이론적인 사전 지식이 필요하다. 가장 좋은 방법은 색상환(color wheel)을 살펴보는 것이다. 색상환은 다양한 색의 관계를 알 수 있도록 도와준다. 빨강, 노랑, 파랑을 원색으로 사용하는 간단한 RYB 휠 또는 혼합된 색상환을 살펴보자(그림 3.4). 이제 이 그림을 가지고 다양한 색

그림 3.4 혼합 색상환에서 원색은 빨강, 노랑, 파랑이다. RYB 색상환이라고도 불린다.

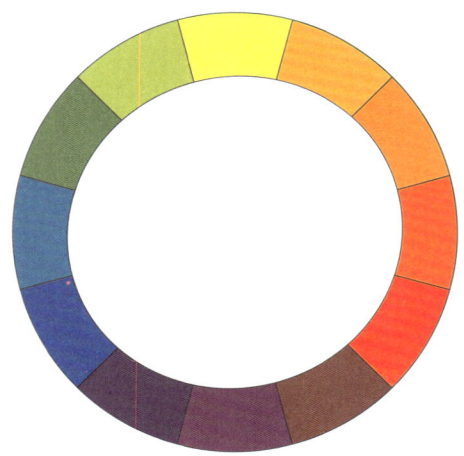

4 http://everyjoe.com/work/color-meanings-around-the-world/

상 계획을 설명할 것이다.

단색 색상 계획

단색 색상 계획은 한 가지 색상으로만 만들어진다(그림 3.5 참조). 색상의 밝기와 채도만을 바꾸는 것으로 색상 계획을 만들고 변화를 줄 수 있다.

사이트에 적용하면 디자인에 형식과 깊이를 더해줄 수 있어 사진이나 아이콘과 같은 다른 요소들을 돋보이게 할 수 있다. 단색 색상 계획은 쉽게 만들 수 있지만 사이트의 콘텐츠가 중요한 요소일 때 적용하면 최적의 효과를 이끌어낼수 있다.

그림 3.5 단색 색상 계획

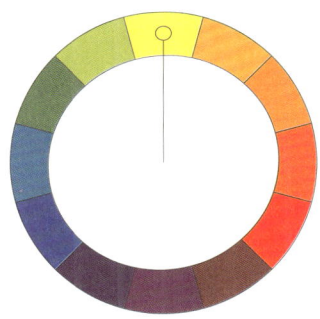

인접 색상 계획

색상환에서 양쪽에 위치한 두 색을 인접색이라고 한다. 기본 색과 인접한 두 색을 포함하여 모두 세 개의 색을 가지고 색상 계획을 만들 수 있다(그림 3.6 참고). 은은해 보이면서도 인접 색상 덕에 색상 계획이 살짝 활력을 띤다.

먼저, 색상환에서 한 색을 지정한 후 양 옆에 접한 색상을 포함시키면 인접 색상 계획이 만들어진다. 이때 처음 선택했던 색이 전반적인 분위기를 지배하며, 나머지 색들은 강조하려는 부분에 사용된다.

단색 색상 계획과 마찬가지로 사용하기 어렵지 않으면서도, 같은 색상을 변형해서 사용하는 대신에 다른 색을 사용하기 때문에 좀더 다채로운 결과를 얻을 수 있다. 부가적인 색상은 주 색상을 강조해 주며 사용자가 관심을 두어야 할 콘텐츠에 집중하게 한다.

그림 3.6 인접 색상 계획

36

한 가지 문제는 실질적인 색상 대비는 강하지 않기 때문에 보색 색상 계획을 사용하는 것만큼 충분한 대비 효과를 줄 수 없다는 점이다. 다만 쉽게 만들 수 있기 때문에 초보자가 어려움 없이 멋지고 안전한 색상을 선택해 적절한 색상 계획을 만들 수 있다.

보색 색상 계획

보색 색상 계획은 색상환에서 반대편에 위치한 두 색을 사용한다. 이렇게 색을 선택하게 되면 서로 보완이 된다. 빨간색과 초록색 혹은 자주색과 노란색은 보색 색상 계획을 설명하는 좋은 예다. 그림 3.7에서 보색 색상 계획이 어떻게 구성되는지 확인할 수 있다.

보색 색상 계획을 적용하면 색이 너무 밝아지기 때문에 종종 균형을 맞추기

그림 3.7 보색 색상 계획

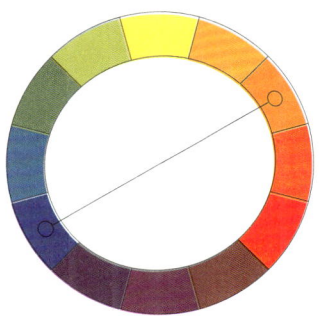

가 어렵다. 그래서 색조를 조정하는 작업이 필요하다. 주황색과 남색과 같은 일부 보색은 균형을 맞추기 어려울 수 있다. 이런 색이 부적절하게 사용하게 되면 매우 충격적이고 강렬한 효과를 만들어낸다. 하지만 차가운 색의 채도를 감소시키거나 따뜻한 색의 채도를 높이면 멋진 효과를 낼 수 있다. 보색 색상 계획을 잘 사용하는 방법은 기본 색상을 주색상으로 사용하고 보색을 강조색으로 사용하는 것이다.

텍스트를 배치할 때도 주의해야 한다. 텍스트에 색을 입히고 보색을 배경으로 사용할 때 채도를 적절하게 조절하지 않는다면 내용을 읽기 어려울 수 있다.

인접 보색 색상 계획

인접 보색 색상 계획은 다루기는 조금 어려울 수 있지만 보색 색상 계획과 유사

그림 3.8 인접 보색 색상 계획

하기 때문에 채도와 명도만 적절히 조정해주면 상당히 매력적인 조화를 만들 수 있다. 자주 사용되지 않는 형식이지만 적절하게 사용하면 디자인의 기능을 상당히 돋보이게 만들 수 있어 최대한 활용해보길 권장한다.

색상환에서는 선택한 색의 보색을 선택하는 대신 보색의 인접 색을 선택하면 된다.

이렇게 접근하면 색상을 조금만 변화시켜도 강력한 대비 효과를 줄 수 있으면서 보색 색상 계획을 사용하는 것보다는 조금 덜 충격적이고 덜 극단적인 효과를 볼 수 있다.

하지만 너무 지루한 색을 사용하면 전체적인 효과를 반감시킬 수 있기 때문에 주의해야 한다.

색상 계획은 어떻게 적용될지를 먼저 생각하고 사용해야 한다. 나는 디자인 작업을 할 때 단색을 자주 사용하는데 이미지가 드러나게 보이는 것을 좋아하기 때문이다. 아마 각자가 좋아하는 것이 다를 수도 있다. 그렇기 때문에 각 색상 계획의 장단점을 이해해야만 한다.

3.5 웹 안전 색 팔레트

웹 안전 색 팔레트는 216색만으로 이루어지며 모든 운영체제에서 정확히 동일하게 보이리라고 가정할 수 있는 색이다. 이런 개념은 비디오 카드가 제한적인 상황이었을 때 만들어졌다. 맥에서 디자인했더라도 PC 사용자들에게 의도했던 이미지를 보여줄 수 있어야 한다. 불행하게도 이렇게 만든 색 팔레트는 너무 개성이 없고 무척이나 제한적이다. 파란색과 초록색, 빨간색이 각각 여섯 가지 색조로 다양하게 섞여 구성된다.

대다수 디자이너의 사용자 환경은 수백만 가지 색을 표현할 수 있기 때문에 웹 안전 팔레트를 포기하게 될 때도 있다. 하지만 비록 작더라도 여전히 사용자 단말에 따른 미묘한 차이를 고려해야 한다.

경험이 부족한 웹 디자이너와 일부 조직에서는 여전히 이 팔레트 내에서 작업해야 한다고 주장하고 있으며 그래픽 도구에서는 옵션으로 웹 안전 팔레트 내

그림 3.9 포토샵의 컬러피커에서는 웹 안전 색만을 보여주는 옵션을 제공한다.

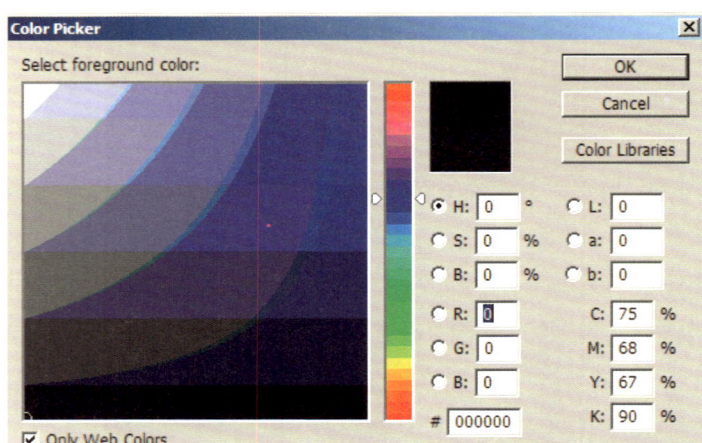

에서 작업할 수 있는 기능을 제공하고 있다. 그림 3.9에 있는 포토샵 컬러 피커에서도 찾을 수 있다(박스 우측 하단의 Only Web Colors라는 체크박스가 보일 것이다). 웹 안전색 팔레트를 벗어나는 색을 사용하기로 결정했다면(혹은 강요

삼색 규칙

할아버지께서는 오랫동안 남성용 의류를 판매하셨는데 어렸을 적에 삼색 규칙을 이야기해주신 것을 아직도 기억하고 있다. 할아버지의 아이디어는 남자들은 3가지 색으로 옷을 맞추어야 한다는 것이다. 처음 2개의 색은 각기 보색 관계이고 세 번째 색은 완전히 다른 색이어야 한다는 것이다. 예를 들어 하얀색 셔츠와 검은색 바지를 입을 때 보통은 검은색이나 흰색의 타이를 선택하곤 하는데 여기에 노란색을 선택한다면 분위기를 살려줄 수 있다.

웹사이트를 작업하면서 이 규칙을 항상 고려하곤 했다. 배경색과 전경색을 선택하고 세 번째 색은 강조하고자 하는 정말 튀는 색을 사용했다. 예를 들어 메인 색상으로 파란색과 회색을 선택하고 강조색으로 노란색을 사용하는 것이다. 그리고 사이트 곳곳에 아이템을 정의하고 돋보이도록 다양한 명암의 파란색과 회색을 사용한다.

물론 애플리케이션에 세 가지 색만 사용하라고 권장하는 것은 아니다.

당한다면) 모든 곳에서 동일하게 보이지 않을 수 있다는 것을 인지하고 있어야한다.

3.6 색상 계획 만들기

이제 어떻게 색이 구성되는지에 대한 배경지식을 익혔으므로, Foodbox에서 사용할 다양한 색을 선택할 때가 됐다. 색상 조합을 찾기 위해 색상환을 어떻게 사용하는지는 이미 배웠지만 여기에서는 색을 선택할 때 사용할 수 있는 몇 가지 기술을 보여주도록 하겠다.

우리가 사이트를 디자인할 때는 이해관계자들이 평가할 수 있는 몇 개의 색상 옵션을 제시하는 것을 선호한다. 여기에서는 색을 선택하는 두 개의 다른 방법 즉, 기술적인 방법과 자연적인 방법을 사용할 것이다.

기술적인 방법을 사용해 색을 선택하기

기술적인 방법은 색 이론을 사용해 색상 계획을 세우는 것이다. 기본 색을 선택하고 3.4절에서 이야기했던 색상 계획 중 하나에서 기본색에 어울리는 색을 찾고 몇 가지 색상 조합을 만들기 위해 명도와 채도와 대비를 적절히 조절한다. 어려워 보이지만 적절한 소프트웨어를 활용하면 생각보다 간단하게 처리할 수 있다.

이 방법을 사용할 때에는 색 팔레트를 만들기 위해 색 이론을 활용한다. 직관보다는 알고리즘과 규칙에 의존할 것이다. 예술적인 무언가를 원하는 것이 아니라면 이런 형식을 따르기를 권장한다. 이 방법은 어떤 영감을 불러오는 사진

HTML 색 코드

HTML 색 코드는 16진수 세 개의 조합이다. 첫 번째 숫자는 빨간색, 두 번째는 녹색, 세 번째는 파란색을 나타낸다.

예를 들어 #FF0000은 첫 번째 숫자만 값이 설정됐고 나머지는 없기 때문에 빨간색이 된다. 각 숫자는 0에서 255까지의 값을 가진다. 그래서 빨간색은 FF(완전 빨간색), 00(녹색 없음), 00(파란색 없음)이 되는 것이다.

이미지를 확보할 수 없거나 빠르게 색상 계획을 만들어야 할 때 즐겨 사용하는 방법이기도 하다.

프로그램을 작성할 때 개발자들은 수월한 작업을 위해 IDE와 같은 도구를 사용한다. 물론 노트패드에 직접 코드를 작성할 수도 있지만 대규모 프로젝트라면 어리석은 선택이다. 마찬가지로 색상환을 가지고 색상 계획을 하나하나 만들 수도 있고 관련된 도구를 활용할 수도 있다.

웹에서 색상 계획을 만드는 것을 도와줄 수 있는 수많은 도구를 찾아볼 수 있다. 하지마 개인적인 의견으로는 ColorSchemeDesigner.com에 비교할만한 것이 없다.[5] 여기서는 색상 계획을 빠르게 만들 수 있는 인터페이스를 제공하고 포토샵 색상 팔레트를 포함한 다양한 형식으로 가공할 수도 있다.

색상환에서 고르기

그림 3.10을 보면 왼쪽에는 전통적인 RYB 색상환이 있고 오른쪽에는 가산 원색 모델 또는 RGB 색상환이 있다. 색상 계획을 디자인할 때 어떤 색상환을 사용할지를 선택해야 한다. 어떤 차이가 있는지 알 수 있는가?

> **맥에서 보는 색상**
>
> PC 모니터는 기본적으로 2.2 감마값을 가지는데 반해 맥 모니터는 전통적으로 1.8 감마값을 가진다. 감마값의 차이로 인해 맥에서는 좀더 색이 바랜 것처럼 보이게 된다. 하지만 스노 레퍼드[6]부터는 PC 모니터와 동일한 감마값을 기본으로 사용하게 됐다. 이전 버전의 맥 OS를 사용한다면 감마 설정을 2.2로 바꾸어주는 것이 좋다.
>
> 설정을 바꾸었더라도 색이 너무 바래보이거나 밝아지지 않도록 PC와 맥에서 테스트 해보아야 한다.

각 색상환의 보색을 보면 전혀 다르다. 보색 색상 계획을 사용할 때 RYB 색상환에서 기본색으로 노란색을 지정하면 보색은 자주색이 된다. RGB 색상환에서

---

5 http://colorschemedesigner.com/
6 (옮긴이) 2008년 6월 출시된 맥 OS 10.6

그림 3.10 RYB, RGB 색상환

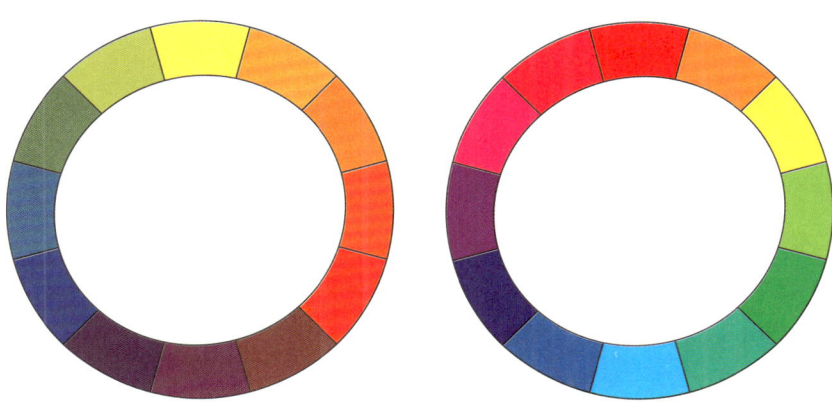

노란색의 보색은 파란색이다. 이런 차이는 개발자와 디자이너에게 큰 혼란을 가져다 줄 수 있다. 게다가 차이점을 구분하지 못하고 두 가지를 무분별하게 사용하거나 그보다 심한 일이 일어날 수 있다.

디자이너 사이에서도 자신만의 색상 계획을 만들 때 어떤 색상환을 선택해야 하는지에 대해서는 의견이 분분하다. 어떤 이는 RYB 색상환을 가지고 만든 색상 계획이 눈에 편하게 인식된다고 믿는다. 이미 화가들이나 전통적인 디자이너가 사용하고 있는 색상환이기 때문에 좀더 익숙하다는 것이다. 다른 진영에서는 웹사이트를 만들 때는 RGB 색상환을 사용해야 한다고 주장한다. 컴퓨터 모니터에 좀더 적절하게 보여질 수 있는 색상환이기 때문이다.

그럼 무엇을 선택해야 할까? 내 대답은, 화면에 적합한 색상환을 사용해 색을 선택한다면 웹 디자인이라고 해서 특별히 다를 것이 없다는 것이다. 앞에서 색상 계획을 설명할 때 RYB 색상환을 기준으로 삼았다. 하지만 RGB 색상환을 선택해도 괜찮은 결과를 만나게 될 것이다. 웹 기반 도구들도 색상환을 사용하고 있다. ColorShemeDesigner.com은 기본값으로 RYB 색상환을 사용하고 어도비 Kuler는 RGB 색상환을 사용한다. 다양한 선택을 해볼 수 있지만 하나를 선택하고 나면 전체 사이트에 일관성 있게 사용해야 한다.

색상 계획 만들기

색상 계획을 처음 만든다면 어떤 색을 출발점으로 사용해야 하는지 궁금할 것이다. 그렇다면 3.3절 '감정을 일깨우는 색상'에서 배운 것과 관련해 시작해 보자. 음식을 생각할 때 자연스럽게 떠오르는 색상은 무엇이 있을까. 오렌지, 초록, 빨강, 노랑과 같은 것들이다. 여기에서는 노란색을 기본색으로 시작해 보겠다.

색상 계획을 위한 기본 색은 그림 3.11의 화면 왼편에 있는 색상환에서 선택할 수 있다. 색을 선택하면 오른편의 색 영역이 바뀌면서 색상 계획에 어떤 색을 사용할지에 대한 대략적인 감을 잡을 수 있다.

사용하기 원하는 색의 hex 코드를 이미 알고 있다면 색상환 우측 하단에 있는 RGB 색상 코드를 클릭해서 나타나는 대화상자에 직접 입력할 수 있다. 사진이나 웹페이지와 같은 다른 소스에서 기본색을 선택하는 경우에 유용한 기능이며 빠르게 색상 계획을 만들고 싶을 때도 사용할 수 있다.[7] 우리는 기본색으로 호박색(orange-yellow, #FFE500)을 사용할 것이다. 자신만의 색상 계획을 자유롭게 만들어도 되고 설명하는 예제를 따라와도 된다.

초록, 노랑, 오렌지는 색상환에서 서로 인접해 있다. 앞에서 배운 것처럼 인접한 색상을 테마로 만들고자 할 때에는 인접 색상 계획을 사용하면 된다. 인접색상 계획을 사용하는 장점 중 하나는 앞서 언급한 삼색 규칙에 유사한 색상계획을 만들 수 있다는 것이다. 색상 계획을 단색(mono)에서 인접색(Analogic)으로 바꾸어보면 다양한 톤의 노랑, 오렌지, 초록이 조합된 색상 계획이 만들어진다.

기본값으로 인접한 색은 색상환의 기본 색에서 30단계로 표현된다. 하지만 인접색 중 하나를 선택하고 가깝거나 멀게 드래그하기만 하면 각도가 커지면서 색상 간의 대비가 커진다. 사용자의 맘에 드는 적절한 색을 선택하는 것이 어려웠다면 각도를 조절하면서 다양한 시도를 해볼 수 있다.

---

7 정확하게 RGB 색상 코드를 RYB 색으로 변환할 수 없기 때문에 동일한 색이 아닐 수도 있다. 하지만 스크린 상에 표현되는 RYB 색은 종이와 다르기 때문에 색의 차이를 알아채기는 어려울 것이다.

그림 3.11 인접 색상 계획을 사용하는 ColorSchemeDesigner.com의 컬러 피커

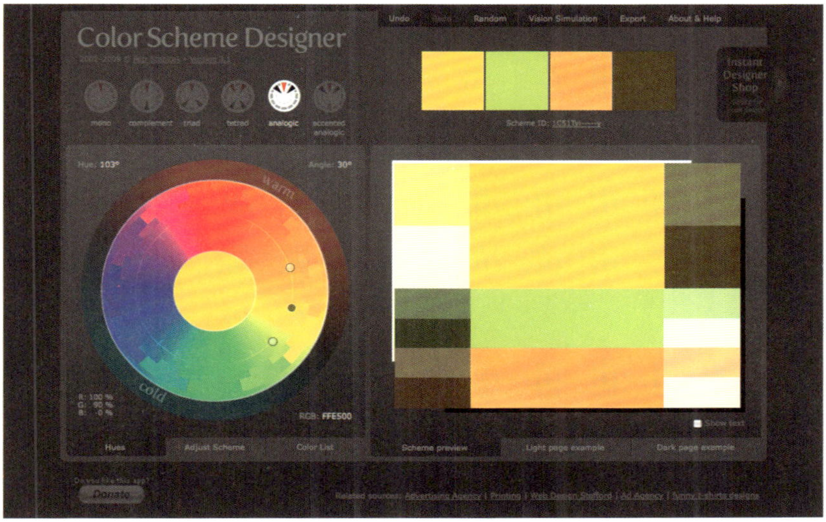

또한 채도와 명도 값을 조절하면서 전체 색상 계획에 어떻게 영향을 미치는지 확인할 수 있다. Adjust Scheme 탭을 선택하면 다양한 수준의 명도와 채도를 선택할 수 있다. 포인트를 이동하거나 기본 색상 옵션을 변경할 수도 있다. 채도를 감소시키면 색이 연해지고 명도를 감소시키면 어두워진다는 것을 기억하자. 특정 색의 채도나 명도를 다양하게 변화시키는 것이 기술적으로 그리 어렵지는 않을 것이다.

그림 3.11에서 어떻게 사용하는지 확인해볼 수 있다.

맘에 들지 않는 색상 계획은 일부를 수정해서 사용할 수도 있다. 애플리케이션에 사용되는 코드가 모두 자동으로 생성되는 것에 의존하지는 않듯, 색상 선택도 컴퓨터에 전적으로 의존하지 않아도 된다.

다양한 색상 옵션을 살펴보기를 마쳤다면 이제는 색상 계획을 저장해서 디자인 작업 시 어떻게 색을 사용할지 결정할 때 참고해야 한다.

Export(내보내기) 탭을 선택하고 옵션을 선택한다. ACO(포토샵 팔레트)를

선택하는 것을 권장하는데, 목업을 만들 때 이를 견본으로 사용할 수 있기 때문이다.[8]

각 색상 계획은 나중에 참고할 수 있게 연결된 URL을 가지고 있다. 책에서 사용한 색상을 사용하기 원한다면 ColorSchemeDesigner.com에서 참고할 수 있다.[9] 물론 그림 3.18을 참고해도 된다.

어도비 쿨러

색상 계획을 만들기 위해 RGB 색상환을 기반으로 색을 선택하고 싶다면 어도비 쿨러를 살펴보자.[10] 쿨러에서 기본 색을 선택하고 색상 계획을 선택하면 사이트에 사용할 수 있는 다섯 가지 색상 팔레트를 생성해준다. 팔레트의 각 색상은 명도와 채도를 조절해줄 수 있다. 나중에 사용할 수 있도록 팔레트를 저장하거

그림 3.12 어도비 쿨러로 색 선택하기

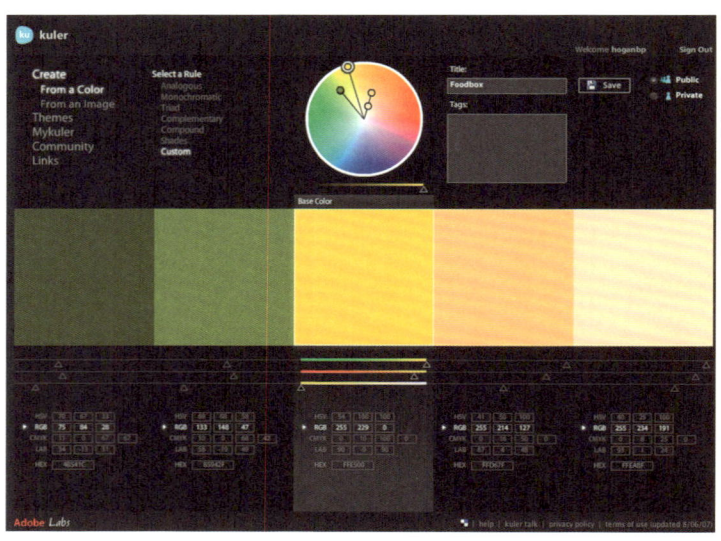

---

8 여기에서 사용한 포토샵 ACO 파일은 http://www.webdesignfordevelopers.com/colors/에서 내려받을 수 있다.

9 http://colorschemedesigner.com/#1C51Tyi——y

10 http://kuler.adobe.com

나 다른 이들과 공유할 수 있다.

사이트를 위한 색상 팔레트를 만들 수 있는 다양한 도구를 온라인상에서 찾아볼 수 있다. 다음 단계로 넘어가기 전에 색상 계획을 선택할 수 있는 다른 접근 방법인 자연적인 방법을 살펴보자.

자연적인 방법을 사용해 색상 선택하기

색 이론을 적용하는 것은 멋진 결과를 만들지만 간혹 좀 지루해 보이거나 너무 기술적으로 보이는 색을 선택하게 된다. 색을 선택하거나 조화로운 것을 찾아내는 자연적인 방법은 색상 계획을 만드는 대중적인 대안으로, 사진을 비롯한 다양한 재료로부터 색을 선택하는 것이다. 이 방법을 사용하면 좋은 결과를 얻을 수 있지만 적절한 사진이나 영감을 줄 수 있는 재료가 필요하다. 또한 색상 계획에 적절한 색을 쉽게 얻어내기 위해서는 어느 정도 색상 이론에 익숙할 필요가 있다. 소스 이미지로부터 적절한 색을 선택하려면 조금 더 많은 노력이 필요하다.

자연적인 방법의 가장 큰 장점은 자연 그 자체를 다룬다는 것이다. 음식 사진을 참고한다면 이미 사진 속의 색은 조화로움을 가지고 있다. 사람들은 자연색을 인지하는 데 어려움을 느끼지 않는다. 초록색의 잔디와 파란 하늘은 잘 어울려 보인다. 공원에 가게 되면 자연이 만들어내는 색을 유심히 살펴보자.

**김대리가
묻습니다**   **색맹 사용자는 어떻게 대응하나요?**

색을 선택할 때 색맹을 고려하는 것은 중요한 부분이다. 특히 사용자의 시선을 사로잡기 위해 색을 사용할 때는 좀더 주의해야 한다. 16.2절 '색맹 사용자'에서 해당 정보를 좀더 자세하게 다뤘다. 특정 요소에 테두리선을 그리는 기법을 사용해도 좋다. 또한 컬러 피커에서 다양한 유형의 색맹을 가정한 색을 확인할 수도 있다.

색상 찾기

디지털 카메라를 가지고 야외에 나가보자. 색이 어떻게 조화를 이루는지 탐색할 수 있는 멋진 기회가 될 것이다.

- 공원
  대학 캠퍼스나 시민 공원, 식물원에 방문해보자. 수백 가지의 다양한 꽃은 자연색을 탐구하는 최적의 수단이다.
- 동물원
  동물원에 가서 사진을 찍어보자. 사자, 표범, 공작과 같은 동물은 생각하는 것보다 훨씬 많은 색을 담고 있다.
- 도심 거리
  도로를 주행하는 자동차, 신호등, 빌딩의 사진을 담아보자. 회색빛 도심 거리는 걸어가면서 느꼈던 것보다 더 많은 빛깔을 보여준다.

이런 활동은 두 가지 목표를 가지고 있다. 주변의 세상을 다른 시각으로 바라볼 수 있으며, 자연의 색에서 영감을 얻을 수 있다.

이제 이 방법을 어떻게 디자인에 적용할 수 있는지를 살펴보자. 무료로 사이트에 적용할 수 있는 사진을 제공하는 MorgueFile.com[11]에서 이미지를 하나 가져왔다.[12]

사진에 있는 다양한 색상을 살펴보자. 밝은 초록과 빨간색이 보이는 딸기와 블루베리의 어두운 색, 크래커의 밝은 색 심지어 이미지의 배경에서는 회색빛도 발견할 수 있다.

이런 색은 손으로 뽑아내거나 이런 일을 도와주는 소프트웨어를 사용할 수 있다. 어도비 일러스트레이터에서 제공하는 스포이드(Eyedropper) 도구는 직접 선택한 색을 확인할 수 있다(그림 3.13을 보자). 손으로 색을 뽑아내는 작업은 번거로울 수 있는데 너무 느리기 때문이다. 먼저 스포이드 도구를 적용할 영역을 정하고, 색상 선택 팔레트에 보이는 값을 확인하고, 색을 선택해야 한다. 다행스럽게도 좀더 쉬운 방법이 있다.

---

11 http://www.morguefile.com/archive/?display=111353
12 결과물에 모그파일의 이미지를 사용하기 원한다면 모그파일의 라이선스 규정을 살펴보아야 한다. 작가의 허가를 필요로 한다고 명시되어 있지 않더라도 사진 작가에게 확인을 받는 것이 좋다.

그림 3.13 이미지에서 색을 추출한다. 원본 이미지는 모그파일(http://www.morguefile.com)에서 제공받았으며 해당 사이트의 규약을 따른다.

ColorSchemer Studio를 사용해 색상 팔레트 쉽게 사용하기

ColorSchemer Studio는 PhotoSchemer라는 기능을 제공하는데 이는 사진을 올리면 색상 계획을 자동으로 만들어주는 기능이다. 딸기 사진에서 사용 가능한 색을 자세히 살펴보면 빨간색이 너무 많다. 좀더 눈에 덜 거슬리는 노란색과 오렌지 색이 있는 사진을 찾아보는 편이 나을 것 같다. 그래서 포도와 치즈, 당근이 있는 내 사진을 사용하기로 했다. 초록색 포도와 치즈의 노란색과 크림색은 사이트를 위한 멋진 색상 계획을 만들도록 도와줄 것이다.

그림 3.14에 있는 이미지는 주석에 있는 사이트에서 확인할 수 있다.[13] 이미지에서 오른쪽 마우스 클릭을 하고 다른 이름으로 사진 저장(Save Image As option)을 선택하고 이미지를 저장하자.

이제 ColorSchemer Studio에서 PhotoSchemer 기능을 사용할 준비가 됐다.

---

13 http://www.webdesignfordevelopers.com/files/color/grapes_cheese_carrots.jpg

그림 3.14 프로젝트에 사용될 사진

1. ColorSchemer Studio를 실행하고 툴바에서 QuickPreview 버튼을 클릭한 다(또는 Ctrl+P 단축키를 사용한다).

2. 툴바에서 PhotoSchemer 아이콘을 클릭해(또는 Ctrl+H 단축키 사용) 해당 기능을 호출한다.

3. Open 버튼을 클릭하고 다운로드한 사진을 연다. PhotoSchemer에서 이미 지와 함께 네 가지 색으로 만들어진 색상 계획을 보여준다.[14]

4. 만들어진 색상을 Quick-Preview에 드래그해서 가져다 놓으면 색상 계획이 어떻게 보일지 확인할 수 있다. 그리고 이미지에서 추출할 수 있는 색상의 숫자도 아홉 개까지 늘릴 수 있다.[15]

   선택한 색상을 적절하게 조절할 수도 있다. 각 색상에 연결된 포인트를 조 금씩 움직여주면 색이 변하는 것을 확인할 수 있다.

5. 만족스러운 조합을 찾을 때까지 색상 계획을 만들어보자. 색상 계획을 선 택할 때 색 대비를 다루는 지식을 어떻게 활용해야 하는지 기억하자. 그림

14 (옮긴이) 다섯 가지 색이 기본값이고 색의 숫자는 변경할 수 있다.
15 (옮긴이) 최신 버전인 2.1에서는 열 개까지 지원한다.

3.15에서 작업한 내용을 확인할 수 있다.[16]

6. 맘에 드는 색상을 찾았다면 즐겨찾기(Favorites) 버튼을 클릭한다. 이렇게 하면 ColorSchemer Studio 메인 창에 색이 추가된다(그림 3.16 참조).[17]

7. View 〉 Color Wheel 모드에서 컴퓨터 색상환(RGB) 옵션을 변경할 수 있다. 상황에 따라 적절한 색 코드를 만들 수 있다.[18]

이제 모든 색상을 선택했고 화면에 사용할 HTML 색 코드를 확인했다. 클립 보드에 복사해놓을 수도 있고 해당 색을 기반으로 추가적인 색상 계획을 만드는 데 도움이 되도록 ColorShemer Studio를 사용할 수도 있다. 이제 나중에 사용할 수 있도록 색상 계획을 저장하자. File 〉 Save 메뉴를 사용한다.

그림 3.15 ColorSchemer Studio에서 PhotoSchemer 기능을 사용하면 사진에서 색을 추출할 수 있다.

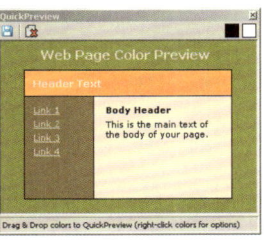

16 (옮긴이) 이미지는 1.5 버전이고 2010년 5월 2.1 버전을 공개했다. 전체적인 인터페이스가 향상되었으며 일부 기능이 변경됐다. 자세한 내용은 http://www.colorschemer.com/에서 확인할 수 있다.
17 (옮긴이) 2.1 버전에서는 PhotoSchemer 기능이 메인 화면에 포함되어 있다.
18 (옮긴이) 2.1버전에서는 Adjust 〉Primary Color 옵션에서 선택하면 된다.

그림 3.16 ColorSchemer Studio는 선택한 색을 가지고 다양한 옵션을 시도해보며 새로운 색상 계획을 만들어볼 수 있다.

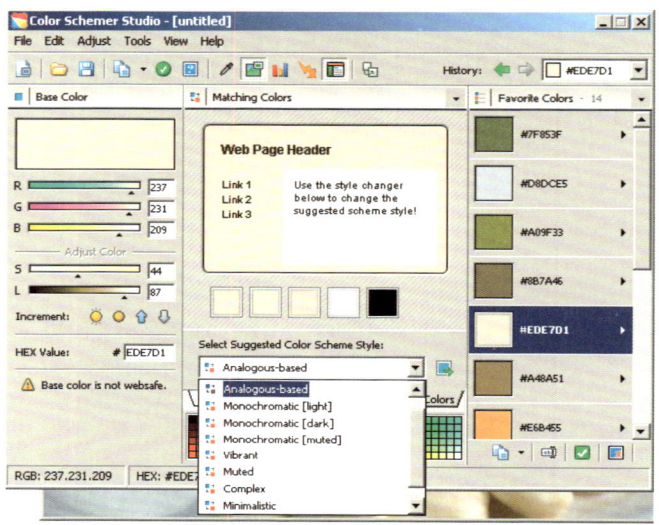

자연적인 방법과 기술적인 방법 조합하기

좋아 보이는 색상 계획을 만들기 위해 두 가지 방법을 조합할 수 있다. Color Schemer Studio에서 이미지의 색을 추출하면, 원하는 도구에서 해당 색을 기본 색으로 사용할 수 있다. 어도비 쿨러에서도 이미지를 업로드하고 색을 추출하는 기능을 제공한다. 이렇게 얻어진 색을 기반으로 색상 계획을 만들 수 있다. 그림 3.17에서 해당 기능을 확인할 수 있다.

최종적인 결과는 선택한 원래의 색으로부터 여러 차례 변경되기 때문에 색상 계획을 만드는 좀더 실험적인 과정이라 볼 수 있다. 좀더 많이 연습한다면 좋은 결과를 얻을 수 있을 것이다. 도구에 의존하기보다는 직감에 좀더 의존해보자.

그림 3.17 어도비 쿨러에서 이미지 사용하기

3.7 색상 계획 선택하기

사이트를 위한 색상 계획을 쉽고 성공적으로 만드는 두 가지 방법을 알아봤다. 이제는 디지털 목업 작업을 하기 전에 두 가지 접근 방법 중 하나를 선택해야 한다. 여기에서는 기술적인 방법으로 만들어진 밝은 색상 계획이 더 좋아 보인다. 그래서 이 책의 나머지 예제에서는 밝은 색상 계획을 사용할 것이다. 다음으로 넘어가기 전에 사이트에 어떻게 색을 사용할 것인지 결정할 필요가 있다.

전경색과 배경색

링크와 텍스트의 색은 가독성 있는 색으로 선택해야 한다. 전경색과 배경색은 각각 대조를 이루어야 한다. 어두운 배경을 사용한다면 밝은 전경을 선택해야 하고 밝은 배경색을 선택했다면 텍스트에는 어두운 색을 사용해야 한다. 전경색과 배경색의 대비가 뚜렷할수록 사용자가 콘텐츠를 쉽게 읽을 수 있을 것이다.

웹사이트를 만드는 궁극적인 목표는 유용성이라는 것을 기억하자. 전경색을 배경색과 너무 유사한 것으로 선택한다면 사용자가 잘못된 조작을 할 수 있다. 색을 선택하는 데 많은 시간을 고심해야 하며 마지막 단계까지 이것을 잊지 말아야 한다.

링크

나머지 텍스트와 구분되도록 링크는 다른 색으로 만들어야 한다. 그리고 링크의 다양한 상태에 따른 색을 고려해야 한다. 방문했던 링크와 활성화된 링크가 구분되어야 하고 사용자가 링크에 마우스 포인터를 가져다 놓았을 때 링크의 색이 바뀔 수 있도록 해야 한다.

인접 색상 계획이나 단일 색상 계획을 사용할 때 링크에 대한 색을 선택하려면 제약이 따를 수 있다. 링크의 색을 선택하는 가장 효과적인 접근은 사용자가 이미 본 것과 그렇지 않은 것을 구별할 수 있도록 밝기와 대비를 활용하는 것이다. 예를 들어 사용자가 이미 방문했던 링크는 흐리게 보이게 할 수 있다. 이렇

그림 3.18 책에 사용하는 예제에서는 그림에 나온 색을 사용할 것이다. 자신만의 색을 시도해보아도 괜찮다.

Header #FFE500	
Sidebar #FFDD7F	
Main #FFF8E4	
Heading #414D00	
Text #000000	
Links #4D3900	
Visited Links #806F40	
Hover Links #807940	

게 하면 새로운 링크를 눈에 띄게 할 수 있다. 이때 사용자가 명확하게 구분할
수 있도록 차이를 명백하게 만들어야 한다.

그림 3.18에서 앞으로 사용할 색을 확인할 수 있다. 좀더 흥미로운 방법을 원
한다면 자신만의 양식을 만들어서 자신의 색을 사용해도 된다. 궁극적으로는
각 섹션에서 사용하려고 하는 색을 관리해야 할 것이다. 목업을 만들면서 색을
다시 검토할 때 지금까지의 단계를 반복해서 자신만의 스타일시트를 만들 수
있다.

3.8 요약

이번 장에서는 색이 어떻게 동작하고 감정을 환기시키며, 웹사이트에 적용할 색
상 계획을 어떻게 만들어가는지 배웠다. 프로젝트에 사용할 색을 선택했고 목
업 작업에 들어갈 준비가 됐다. 하지만 본격적으로 시작하기 전에 타이포그래피
와 글꼴을 조금 더 배워야 한다. 이해관계자에게 보여주기 전에 그들이 긍정적
으로 받아들이도록 멋진 목업을 만들기를 원할 것이다.

4장

Web Design for Developers

글꼴과 타이포그래피

타이포그래피를 주제로 다루는 수많은 책을 찾아볼 수 있다. 타이포그래피는 복잡하고 깊은 학문이며 어떤 이들은 이를 연구하는 데 자신의 생을 바치기도 한다. 하지만 우리는 그럴 필요까지는 없다. 단지 만들어야 할 웹사이트가 있고 프로그램 작업이 필요할 뿐이다. 여기에서는 타이포그래피에 대한 간략한 개요를 익히고 Foodbox에 적용할 적절한 글꼴을 선택하고 사이트의 흐름과 가독성을 향상시킬 방법을 찾아보겠다.

타이포그래피란 글꼴을 선택하는 기술 이상이며, 가독성 높은 콘텐츠를 만드는 방법과 관련되어 있다. 텍스트는 애플리케이션의 사용자 인터페이스에서 중요한 부분을 차지한다. 그래서 UI에 대한 요구사항은 글꼴과 크기, 간격에 대한 결정에 영향을 미친다. 전통적인 타이포그라퍼[1]의 역할은 타이포그래피의 다양한 원칙을 디자인에 적용해서 텍스트를 읽기 편하게 만드는 것이다. 텍스트가 읽기 어렵게 만들어졌다면 나머지 페이지를 아무리 보기 좋게 만들었더라도 디자이너로서 실패한 것이다.

---

1 (옮긴이) 타이포그래피 디자이너라고 부르기도 한다.

4.1 글꼴의 구조

글꼴의 기본 요소를 이해하고 있다면 좋아 보이고 읽기 편한 글꼴을 선택하기가 어렵지 않다. 선택할 수 있는 수천 개의 글꼴이 있지만 모두가 좋은 선택은 아니다. 어떤 글꼴은 표제나 포스터에 어울리고 어떤 것은 긴 문장에 적절하다.

글꼴에서 표현하는 모든 문자는 기준선(Base line)을 기준으로 한다(그림 4.1 참조). 소문자 x의 높이는 전통적으로 글꼴 윗선(Mean line)의 기준으로 정해진다. 윗선과 기준선 사이의 거리는 글꼴의 엑스 하이트(x-height)로 정의된다.[2]

그림 4.1 글꼴을 이루는 요소

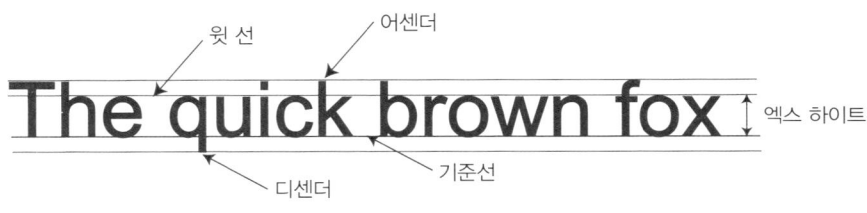

엑스 하이트 값이 큰 글꼴의 경우에는 대문자 X와 비교할 때 소문자 x가 상대적으로 커 보인다. 대부분 디자이너는 엑스 하이트 값이 큰 글꼴이 몇몇 문자를 쉽게 구분해주어 읽기 편하다고 인식하고 있다. 하지만 이런 결정은 신중해야 한다. 엑스 하이트 값이 큰 글꼴을 선택했는데 모든 문자가 대문자처럼 보여 오히려 읽기 어려울 수도 있기 때문이다. 대문자만으로 표기된 문장보다는 적절하게 대소문자를 구분해 준 문장이 더 읽기 편하다.[3]

---

2 (옮긴이) 글꼴을 표현하는 데 있어 한글의 경우는 영문자와 다르게 정의되어야 한다. 이 책에서 설명하는 내용은 주로 영문자를 중심으로 하는 내용이지만 사용자가 읽기 편한 글꼴을 어떻게 선택할 수 있는지에 대한 개념 접근이기 때문에 전체적인 내용을 한글에 맞추지는 않겠다.

3 (옮긴이) 원서에서는 It's much easier to read a sentence composed of mixed-case letters THAN A SENTENCE COMPOSED ENTIRELY OF CAPITAL LETTERS라고 표시해 모든 문장을 대문자로 기록하면 얼마나 읽기 힘든지 보여주고 있다.

q나 p와 같은 소문자는 기준선 아래로 내려오는 디센더를 가진다. 그리고 f 와 d와 같은 경우에는 글꼴의 엑스 하이트 위로 올라가는 어센더를 가지게 된 다. 디센더와 어센더는 다른 줄에 있는 텍스트를 방해하거나 겹칠 수 있기 때문 에 텍스트의 가독성에 영향을 미친다.

4.2 글꼴 유형

여기에서는 세리프(serif), 산세리프(sans-serif), 고정폭(monospaced)의 세 가지 글꼴 유형을 중점적으로 다루겠다. 각 유형은 장단점을 가지고 있으며 웹사이 트 디자인의 맥락을 고려해 선택해야 한다. 프로그래밍과 디자인처럼 글꼴도 하 나의 도구이며 적절한 순간에 적절한 방법으로 사용되어야 한다.

세리프 글꼴

세리프 글꼴은 문자에 보이는 꼬리 또는 세리프(장식선)를 가지고 쉽게 구분할 수 있다(그림 4.2 참조). 세리프 문자는 끝이나 밑부분의 획을 넓게 표기하고 가 운데와 마무리 영역은 가늘게 표기한다.

마이크로소프트 인터넷 익스플로러와 마이크로소프트 워드에서 사용되는 타임스 뉴 로만(Times New Roman)이 세리프 글꼴의 대표적인 글꼴이다. 인쇄 디자인에는 적합하지만 컴퓨터 스크린에 사용하기에는 별로 좋지 않다.

그림 4.2 세리프 글꼴의 예

세리프 글꼴의 치명적인 문제 중 하나는 글꼴 크기가 작은 경우에 문자의 얇은 획이 컴퓨터 스크린에서 가독성을 방해한다는 것이다. 이와는 반대로 인쇄물을 위한 타이포그래피에는 세리프 글꼴이 읽기 편한 것으로 인식된다는 것을 기억하자.

세리프 글꼴은 표제, 로고, 사이트 내에 크게 표시될 영역에는 적합할 수 있다. 세리프 글꼴은 우아하고 기품 있음과 연관되기도 한다.

독서 장애를 가진 사용자에게 세리프 글꼴로 인쇄된 콘텐츠는 고유한 문자 형태를 가지고 있어 읽기 편할 수 있다.

산세리프 글꼴

산세리프 글꼴은 각 문자의 선이 일정하게 표시되는 글꼴이다. 명칭의 의미처럼 '장식선이 없는' 글꼴이다. 버다나(Verdana)와 함께 아리엘(Arial)이나 헬베티카(Helvetica)가 대표적이다(그림 4.3 참조).

산세리프 글꼴은 스크린에서 읽기 편하기 때문에 웹사이트의 메인 콘텐츠 용으로 탁월한 선택이다. 산세리프 글꼴은 아주 작은 크기라도 쉽게 읽을 수 있다.

그림 4.3 산세리프 글꼴의 예

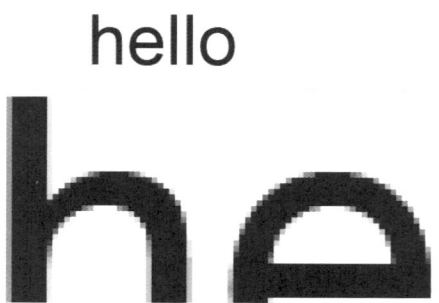

고정폭 또는 단일폭(monospaced) 글꼴

쿠리어(Courier)와 같은 고정폭 글꼴은 일반적인 글자의 크기와 상관 없이 모든 글자가 같은 공간을 차지한다. 예를 들어 i와 w는 산세리프 글꼴에서는 명시적으로 폭이 다르게 표시된다. 하지만 고정폭 글꼴에서는 동일한 너비의 폭을 차지하게 된다. 이런 타입의 글꼴은 소스코드나 텍스트 전용 이메일로 보내는 양식을 표기하는 데 유용하다.

산세리프 글꼴인 미리어드 프로(Myriad Pro)로 표기된 것과 고정폭 글꼴인 쿠리어 뉴(Courier New)로 표기된 양식을 비교해보자(그림 4.4). 고정폭 글꼴이 얼마나 청구서를 읽기 편하게 해주는지 쉽게 알 수 있는데, 각 글자(여백을 포함한)가 같은 공간과 넓이를 차지하고 있어서 모든 글자가 적절하게 일렬로 정렬되어 보이기 때문이다. 특히 고정폭 양식에서 청구서의 각 항목이 얼마나 깔끔하게 정렬되었는지 확인할 수 있다.

그림 4.4 미리아드 프로로 표기된 청구서(왼쪽)와 쿠리어 뉴 글꼴로 표기된 청구서(오른쪽)

```
Thank you for your order!

Item          Qty   Price
===============================
Novelty Flying Disc   1   $5.00
Adhesive Bandages     2   $3.00
-------------------------------
  Subtotal:        $8.00
      Tax:         $0.00
  Shipping:        $5.00
===============================
    Total:        $13.00
```

```
Thank you for your order!

Item                  Qty       Price
=====================================
Novelty Flying Disc     1       $5.00
Adhesive Bandages       2       $3.00
-------------------------------------
    Subtotal:                   $8.00
         Tax:                   $0.00
    Shipping:                   $5.00
=====================================
       Total:                  $13.00
```

4.3 글꼴 사용시 제약사항

아리엘이나 타임스 뉴 로만과 같은 기본 글꼴은 대부분의 사이트에서 사용되기 때문에, 많은 디자이너가 웹 디자인에서 독특한 글꼴을 사용하고 싶어한다. 웹에서 글꼴을 적용할 때의 가장 큰 문제는 모든 컴퓨터에서 사용할 수가 없다는 점이다. 어도비 일러스트레이터나 어도비 포토샵, 마이크로소프트 워드와 같은 프로그램을 설치하면 수많은 글꼴이 제공된다. 이러한 독특한 글꼴을 웹 디자인에 사용할 수도 있지만 사용자에게 해당 글꼴이 설치되어 있지 않을 수 있다.

웹 안전 글꼴

웹 안전 글꼴도 완전한 탈출구는 아니다. 마이크로소프트는 일반적인 컴퓨터에서 사용할 수 있는 다섯 가지 글꼴(마이크로소프트 웹 글꼴)을 가이드해주고 있다(그림 4.5 참조). 가이드를 따르면 사용자에게 보여지는 모습을 엄격하게 통제할 수 있다고 하지만, 사용자가 해당 글꼴을 가지고 있다고 완전하게 보장해주지는 못한다.

다섯 가지 마이크로소프트 웹 글꼴이 형편없는 선택은 아니지만 독창적이지 않고 조금은 지루해 보일 수 있다. 이들은 너무 남용되는 경향이 있는데 많은 웹사이트들이 어디에서나 동일하게 보이도록 버다나와 아리엘을 '기본' 글꼴로 사용하고 있다.

한마디로 요약하면 모든 컴퓨터에는 세리프 글꼴, 산세리프 글꼴, 고정폭 글꼴이 존재하며 운영체제에서는 기본적으로 이와 관련된 글꼴을 제공한다는 것을 보장받을 수 있다. 그럼에도 선택할 수 있는 복수의 전략을 준비하고 제약 사항을 우회하거나 제어할 수 있도록 해야 한다.

그림 4.5 웹 안전 글꼴

Arial
Courier New
Georgia
Times New Roman
Verdana

이미지 대체

디자이너는 이미지에 특정 글꼴을 사용하기도 한다. 이런 이미지가 회사의 로고나 표제 영역에 사용되는 것을 본 적이 있을 것이다. 수많은 디자이너가 포토샵이나 일러스트레이터에서 목업을 만들 때 하는 일이고 조만간 경험하게 될 일이다.

표제에 사용하는 글꼴을 처리할 때 이미지를 사용하면 완벽하게 만족스러운 결과를 보여준다. 하지만 모든 브라우저에서 동일하게 글꼴이 보이길 원한다고 해서 이런 기술을 남용하지 말아야 한다. 포토샵 파일을 가져와서 웹에 사용할 수 있게 자르고 나면 추가적인 문제가 생길 수 있다. 첫 번째로 이미지의 크기 때문에 페이지를 다운로드하는 시간이 길어진다. 두 번째로 더욱 중요한 것은 시각 장애로 화면의 텍스트를 읽어주는 스크린 리더에 의존하는 사용자에게 더이상 접근성을 제공할 수 없다는 점이다. 스크린 리더는 이미지에 포함된 텍스트를 읽어낼 수 있는 능력이 없다.[4] 이 주제에 관심이 있다면 16.1절 '접근성은 당신에게 어떤 의미인가'를 참고하자.

Foodbox에서는 커버업(cover-up) 방법이라고 알려진 기법을 사용하려고 한다. 페이지의 텍스트를 CSS를 사용해 이미지로 덮어버리는 이미지 대체 형식이다. 스타일을 사용해 적용하기 때문에 접근성을 제공하고 다른 플랫폼에서도 동일하게 보일 수 있다.

글꼴 스택에서 대체 글꼴 지정하기

사용자에게 보여지는 글꼴을 제어하는 또 다른 접근 방식은, 특별한 글꼴을 지정해 사용자에게 1순위의 글꼴이 설치되지 않는 경우에는 다른 것으로 대체할 수 있게 하는 것이다. 글꼴을 처리하는 전형적인 CSS 스타일은 다음과 같다.

```
body{
    font-family: Helvetica
}
```

---

4 alt 속성을 사용하면 도움이 될 수 있지만 텍스트가 길어지는 경우에는 유용하지 않다. 긴 텍스트를 이미지로 대체하는 기법은 피하는 편이 좋다.

예제에 사용된 헬베티카 글꼴은 맥 OS X에서 일반적으로 사용되는 산세리프 글꼴이다. 문제는 마이크로소프트 윈도 시스템에서는 기본값이 아니라는 점이다. 윈도에 있는 브라우저에서 해당 스타일 정의를 만나면 헬베티카 글꼴을 불러오려고 하지만 찾을 수가 없을 것이다. 그러면 찾기를 포기하고 브라우저의 기본 세리프 글꼴인 타임스 뉴 로만이 사용된다.

두 글꼴의 차이는 엄청나다. 세리프와 산세리프라는 차이도 있지만 기본 글꼴의 크기가 조금 다르다. 헬베티카 글꼴의 넓이와 높이가 조금 더 크기 때문에 페이지의 텍스트를 다르게 표현한다.

이 문제를 해결하는 방법은 우선순위를 가지는 글꼴을 찾을 수 없을 경우에 브라우저에서 사용할 수 있는 대체 글꼴을 지정하는 것이다. 대체 글꼴은 여러 개를 정의할 수 있다. 다음과 같이 정의된 스타일을 본 적이 있을 것이다.

```
body{
    font-family: Helvetica, Arial, sans-serif
}
```

위의 예제에서는 브라우저에서 헬베티카를 먼저 찾으려 시도하고 다음은 아리엘을 찾으며 둘 다 찾지 못한 경우에는 시스템에서 기본적으로 정의한 산세리프 글꼴이 사용된다. 완벽한 해결책은 아니지만 대부분의 상황에서 적절하게 처리된다. 많은 사람들이 이를 가리켜 글꼴 스택이라고 한다.

대체 글꼴 선택하기

글꼴 스택을 어떻게 사용하는지를 아는 것보다 글꼴 스택을 어떻게 구성할지를 알아야 한다. 대체 글꼴들은 우선순위에 있는 글꼴과 유사해야 한다. 예를 들어 아리엘과 버다나는 둘 다 산세리프 글꼴이지만 버다나는 폭이 넓다. 이런 경우에는 제네바(Geneva)가 좀더 적절한 대체 선택이 될 수 있다.

스택을 구성할 때는 가장 특정한 것에서 보편적인 것 순으로 배열한다. 원하는 글꼴을 먼저 선택하고 다음으로 맘에 드는 적절한 대체 글꼴을 찾는다. 대체 글꼴은 높이, 넓이, 엑스 하이트, 디센더, 어센더가 비슷해야 하며 적용했을 때 레이아웃을 벗어나지 않아야 한다. 그런 다음에는 웹 안전 글꼴 중 앞서 선택한 글꼴과 넓이가 비슷한 하나를 지정한다. 마지막으로 CSS로 정의되는 기본 글꼴 계열 중 하나를 선택한다(serif, sans-serif, monospaced, cursive, fantasy). CSS에서 지정하는 글꼴 계열은 브라우저에 따라 달라질 수 있고 다음과 같이 지정한다.

```
p{font-family: Trebuchet, Lucida Sans, Arial, sans-serif;}
h1{font-family: Verdana,Geneva,sans-serif;}
h2{font-family: Baskerville, Times New Roman, Times, serif }
```

웹사이트와 애플리케이션 디자인 업체인 유니트 인터랙티브사 블로그에는 글꼴 스택에 대한 멋진 예제와 함께 참고할만한 글이 올려져 있다.[5]

4.4 글꼴 선택하기

사이트를 만들기 위해 효과적인 글꼴을 선택하려면 사이트의 콘텐츠를 먼저 생각해야 한다. 우리가 만들 사이트에는 레시피가 포함되며 내용은 읽기 편해야 하고 사용자들에게 혼란을 주지 않아야 한다. 전체 사이트에 걸쳐 글꼴을 동일하게 사용하는 것은 적절하지 못하다. 내비게이션 메뉴나 섹션, 페이지 표제, 그 외 영역에 적절하게 다른 글꼴을 사용해야 한다. 그렇다고 '글꼴 전시장'을 만들라는 말은 아니다. 가장 좋은 방법은 사이트 로고를 제외하고 페이지 내에서 사용하는 글꼴이 아무리 많아도 두 개 이상이 되지 않게 하는 것이다. 여기에서는 하나는 콘텐츠를 위한 글꼴로, 다른 하나는 제목을 위한 글꼴로 사용할 것이다.

콘텐츠 글꼴

대부분의 디자이너는 산세리프 글꼴을 콘텐츠를 위한 최적의 선택이라고 알고 있다. 일부 문자는 개별적으로 구별하기 어려운 점도 있지만 완전한 단어의 경우는 대부분의 모니터에서 잘 보인다.

대부분의 웹사이트에서는 아리엘을 헬베티카의 대체 글꼴로 사용하고 있다.

---

5 http://unitinteractive.com/blog/2008/06/26/better-css-font-stacks/

일부 디자이너는 버다나를 사용하길 좋아한다. 버다나는 아리엘보다 조금 더 폭이 넓은 글꼴로 여백을 채워주는 효과를 낼 수 있다. 하지만 매우 작은 글꼴을 사용해야 하는 경우에는 신중하게 적용해야 한다. 버다나는 10픽셀 이하라면 읽기가 어렵기 때문이다.[6]

표제 글꼴

표제를 다룰 때는 사용자의 관심을 집중시키길 원할 것이다. 일반적으로 표제에는 글꼴을 크게 사용할 것이다.

@font-face

멀지 않은 미래에는 페이지에 @font-face를 사용해서 링크로 글꼴을 사용할 수 있을 것이다. 하지만 아쉽게도 구형 브라우저에서는 이를 지원하지 못한다. 파이어폭스 3.4와 사파리 4부터는 @font-face를 지원하지만 이전 버전에서는 사용할 수 없다. 인터넷 익스플로러는 IE6 버전부터 @font-face를 지원해왔다. 하지만 IE를 사용할 때에는 글꼴을 특정 형식으로 변환해주어야 한다.

글꼴을 다음과 같이 지정해서 사용할 수 있다.

```
@font-face {
  font-family: "YourFont";
    src: url(/fonts/yourfont.ttf) format("truetype");
}
h1 { font-family: "YourFont", sans-serif }
```

이런 접근은 매우 유연하며 쉽게 구현할 수 있다. 애로점이 하나 있는데 대부분의 글꼴은 사진 이미지와 마찬가지로 이를 사용하려면 라이선스를 필요로 한다.[7] 각 글꼴은 저작권을 가지고 있으며 이를 준수해야 한다. 이미지나 플래시 무비에 글꼴을 포함시켜 사용하는 것과 달리 글꼴이 실제로 배포되는 형식이기 때문에 클라이언트의

---

6 제발 어떤 경우든 10픽셀 이하의 글꼴은 사용하지 말자. 그렇게 작게 표기할만한 이유도 없고 읽기도 어렵다.

7 (옮긴이) 구글을 비롯한 몇몇 기업이나 단체에서 오픈 소스 라이선스로 공개된 웹 폰트를 제공하기도 한다. http://www.google.com/webfonts를 참고하자.

브라우저에서 내려 받아야 한다.

고맙게도 Typekit과 같은 서비스(typekit.com)는 글꼴 제작 업체나 공급자와 함께 라이선스 이슈에 대한 해결책을 제시하고 있다. 글꼴을 호스팅하는 형식으로 서버로부터 서비스를 제공한다. 간단하게 Typekit 계정이 삽입된 자바스크립트 구문을 페이지에 추가하기만 하면 서비스를 제공받을 수 있다. 아직 이런 기술을 도입할 준비가 되어있지 않더라도 프로세스 단순화에 영향을 미칠 수 있는 부분이기 때문에 관심을 가지고 지켜보아야 할 것이다.

그림 4.6 모노타입 코르시바는 표제를 위한 우아한 글꼴이다.

The quick brown fox

어떤 디자이너는 표제를 굵게 표기하는가 하면 어떤 디자이너는 완전히 다른 글꼴을 사용해 콘텐츠가 가득한 사이트에 변화를 준다.

표제에 사용할 글꼴을 고를 때는 사용자가 글꼴을 쉽게 읽을 수 있도록 하는 데 주의해야 한다. 화려하고 우아한 글꼴을 선택하는 것은 어렵지 않지만 사용자가 사이트의 각 섹션을 쉽게 인지할 수 있는 선택인지는 고민해보아야 한다.

표제에 사용하는 글꼴은 일반적으로 콘텐츠에 사용하는 글꼴보다 크기 때문에, 세리프 글꼴을 사용하여 본문의 글꼴을 피할 수 있다. 이렇게 하면 페이지가 좀더 멋져 보인다.

여기에서는 그림 4.6에서 확인할 수 있는 모노타입 코르시바(Monotype Corsiva) 글꼴을 사용할 것이다.[8] 표제에 적용하면 손글씨처럼 멋지게 보이는 글꼴이다. 기본 글꼴은 아니라서 표제에만 사용하며 이미지로 만들어 페이지에 표시될 때 이미지 대체 방식을 사용할 것이다. 실제 어떻게 적용하는지는 나중에

---

8 마이크로소프트 오피스 제품이 설치되어있다면 해당 글꼴을 가지고 있을 것이다. 시스템에서 찾을 수 없다면 http://www.microsoft.com/typography/fonts/font.aspx?FMID=1009에서 구매하거나 그 외 글꼴을 선택해야 한다.

다시 다루도록 하겠다.

4.5 기준선 그리드 사용하기

텍스트 본문을 유려하게 만드는 것은 콘텐츠를 효과적으로 전달하는 데 매우 중요한 부분이다. 텍스트가 이미지나 다른 요소 주변을 따라 배치되어야 한다면 각 열은 정렬되어야 하고 줄이 이상한 곳에서 깨지지 않아야 한다. 대부분의 초보 웹 개발자들은 브라우저의 기본 설정이 텍스트 흐름에 영향을 주는 것을 방치한다. 하지만 몇 가지만 챙겨준다면 좀더 깔끔하게 보이도록 만들 수 있다.

기준선 그리드는 수직 방향의 그리드 또는 일정하게 배치된 수평 방향의 가상선이며, 본문이 적절하게 정렬되도록 도와준다.

수평 방향 그리드라인의 간격은 행간을 지정하는 단위가 되고, 그리드의 각 라인은 글꼴의 기준선이 된다.

그림 4.7 줄 간격을 신경쓰지 않는다면 두 단 사이의 기준선이 정렬되지 않는 것을 발견할 수 있다.

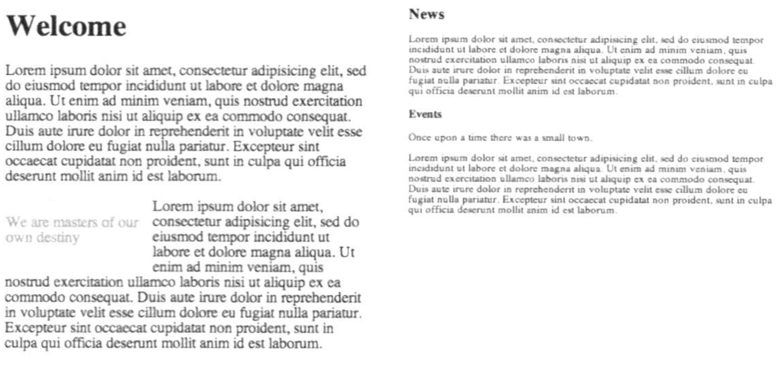

기준선 그리드의 수평선은 줄이 그어져 있는 노트와 같은 역할을 한다. 각 라인은 텍스트를 정렬해주고 페이지 전반에 걸쳐 고르게 간격을 유지하게 한다. 텍스트가 각 열과 이미지 주변에 정렬하려면 모든 이미지와 요소가 수평 가이드라인 위에 위치해야 한다. 사용할 이미지의 높이는 각 그리드 사이의 공간만큼 균등하게 나누어져야 한다. 모든 요소가 그리드에 정리되면 텍스트는 저절로 이미지 주변에 배치되고 텍스트의 열도 균등하게 정렬된다. 그리고 모든 배치가 끝나면 훨씬 읽기가 편해질 것이다.

기준선 그리드를 사용하지 않은 레이아웃(그림 4.7)과 사용한 레이아웃(그림 4.8)을 비교해보며 어떤 차이가 있는지 확인해보자.

행 간격

행 간격(Leading)은 라인 사이의 수직 간격을 의미한다. CSS에서는 줄 간격(line-height) 속성으로 다룬다. 행 사이의 여백은 행을 따라가는 독자의 눈을 편하게 만들어준다. 또한 그리드를 구성하는 데 중요한 역할을 한다. 행 간격을 위해 선택한 값은 수직 간격을 위해 사용할 값이다. 페이지에 추가되는 모든 요소는 이 숫자에 의해 균등하게 나누어져야 한다. 이렇게 하면 모든 요소가 그리드라인 안에 자리잡게 된다.

그림 4.8 텍스트가 컬럼을 따라 정렬되도록 기준선 그리드를 사용할 수 있다.

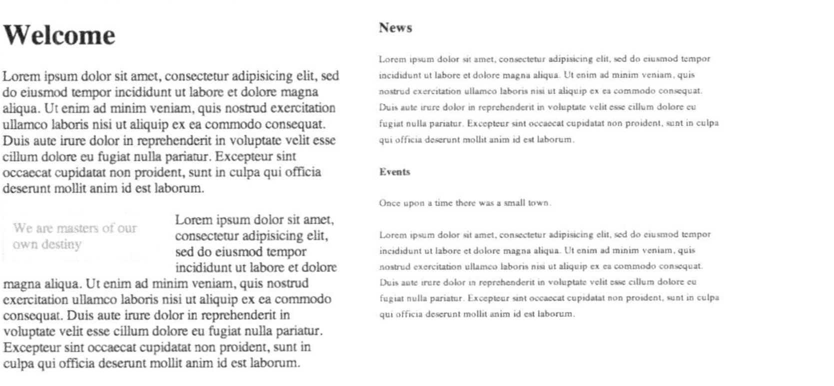

측정 단위

그리드는 행 기준선 간의 거리인 line-height에 따라 달라진다. line-height를 18픽셀로 설정했다면, 텍스트는 18픽셀짜리 그리드에 맞춰 정렬된다.

기준선 그리드를 위한 기본 글꼴 크기를 정의할 때는 픽셀을 단위로 사용한다. 이 말은 정확한 측정 단위를 사용하겠다는 것이다. 일부 웹 개발자는 개발 시 픽셀 단위로 글꼴 크기를 지정하면 사용자가 텍스트 크기를 변경할 수 없다고 주장한다. 일부는 맞는 말이다. 오래된 브라우저는 픽셀로 지정된 텍스트의 크기 조정을 지원하지 않는다. 하지만 대부분의 브라우저는 line-height와 마찬가지로 텍스트의 크기 조정을 지원한다.

line-height와 여백을 비롯한 다른 요소들과 딱 맞는 적절한 기본 글꼴을 찾는 데 시간을 들였다 하더라도 여전히 각기 다른 기준을 적용하는 브라우저의 입김에 휘둘리게 된다. 글꼴 크기 조정과 관련된 정보는 간단하게 인터넷 검색에서 찾아볼 수 있는 것이 많지만, 완벽해 보이는 해결책을 찾는다고 하더라도 이미지의 높이와 넓이는 픽셀에 맞게 조정하도록 잘라내야 한다.

상대적인 비율로 글꼴 크기를 지정하는 기능은 시각 장애인의 경우 웹 브라우저에서 글꼴 크기를 쉽게 조정할 수 있어 접근성 기능으로 활용할 수 있다. 하지만 이미지는 글꼴과 함께 커지지 않기 때문에 페이지 레이아웃이 이상해지고 가독성에 문제가 생겨 최선의 방법은 아니다. 고맙게도 좀더 나은 해결책이 있다.

김대리가 묻습니다	스케일 글꼴을 써야 한다는 글을 읽어 본 적이 있습니다. 어떻게 생각하나요?

이 책에서 간단하게 소개하기도 했지만 나는 선천성 백내장을 가지고 태어났고 이로 인해 시력이 극도로 낮다. 앞에서 잠깐 언급하기도 했지만, 나는 선천성 백내장이 있고. 이 때문에 시력이 매우 낮다. 직업상 웹에서 작은 글꼴을 많이 보는 편인데, '접근성 전문가'들이 제시한 최선의 방책을 카고 컬트[9]식으로 적용한 사이트를 많이 봐왔다. 좋은 뜻에서 그랬다는 건 알겠지만, 실제 테스트를 거치지 않았기에 문제가 있었다. 저시력자는 ZoomText나 윈도 7, 맥 OS X에서 제공하는 전화면 확대 기능을 사용한다. 워드 문서를 열었을 때 페이지 글꼴의 크기를 매번 조정하지 않고 확대 도구를 사용한다는 것이다. 브라우저에서도 크게 다르지 않다. 특히 최근에 출시된 브라우저는 대부분 전체 페이지 확대 기능을 제공하고 있다.

2001년 몇몇 개발자가 저시력자를 위해 온갖 노력을 거친 끝에 CSS와 자바스크립트로 이미지를 확대하는 기술을 구현했다. 이로 인해 스케일 글꼴은 의미가 없어졌으며 이제는 브라우저에서도 페이지 확대 기능을 적극적으로 지원하고 있다.

마이크로소프트 워드와 어도비 아크로뱃은 제작 시 글꼴을 표현하려 사용한 측정 단위에 상관없이 모든 레이아웃을 보호하면서 텍스트를 읽기 위해 확대할 수 있는 기능을 제공한다. 이런 방식은 최근 출시된 대부분의 브라우저에서도 지원하고 있다. 16.2절의 시각 장애인에 대한 내용에서 저시력 사용자를 위한 접근성을 좀더 다루겠다.

Foodbox에 적용할 글꼴 선택하기

그리드를 만들기 위해서 기본 글꼴 크기로 시작해야 한다. 여기에서는 본문 텍스트에 12픽셀을 지정할 것이다. 일반적인 모니터에 적당하고 가독성 있는 글꼴 크기이다.[10] 가독성을 확보하고 비좁지 않게 보이도록 행의 위아래로 충분한 공간을 둘 것이다. 하지만 그렇다고 해서 행 사이의 공간을 너무 넓게 띄워서는 안 된다. line-height를 선택할 때 균등하게 나눌 수 있는 숫자를 선택해야 한다. 여기에서는 대부분의 상황에서 적절하게 적용할 수 있게 line-height를 18픽셀로 지정했다. 개인적으로는 기본 글꼴 크기를 1.25나 1.5의 배수로 선택하는 편이 좋았다.[11] 12픽셀 글꼴과 18픽셀 line-height를 선택하면 글꼴 크기를 12/18로 표현할 수 있다. 이런 표기는 타이포그래퍼 사이에서 글꼴 크기와 line-height를 나타내는 일반적인 방법이다.

이제 우리는 본문 텍스트의 크기를 12픽셀로, line-height는 18픽셀로 정했다. 그리드가 적절히 동작하게 하려면 모든 항목이 18픽셀 그리드 크기를 고수할

---

9 (옮긴이) 카고 컬트(cargo-cult)는 소프트웨어 개발에서 목적이 무엇인지 전혀 이해하지도 않고 어떤 코드나 프로그램 구조를 맹목적으로 채용하는 풍습을 의미한다. 카고 컬트에 대한 이야기는 다음 글을 참고하자.
http://www.microsoft.com/korea/technet/resources/Technetcolumn/column_nto_10.mspx
10 주 사용자층이 특이한 해상도를 사용하는 24인치 아이맥을 사용한다면 읽기에 너무 작을 수 있다. 사용자를 먼저 고려해야 한다.
11 (옮긴이) 한글 포탈 사이트의 경우에도 메인 화면은 대부분 글꼴 크기가 12픽셀이며 line-height도 18픽셀 정도다.

수 있어야 한다. 이 말은 모든 상하 여백이 18픽셀의 배수가 되어야 한다는 의미다(또는 9픽셀 더하기 9픽셀처럼 합계가 18픽셀이 되도록). 수직 공간을 추가할 때에는 18픽셀의 배수가 되도록 추가해야 하며 페이지의 각 요소는 그리드에 맞추어 정렬되어야 한다. 사진을 자를 때에도 이미지 높이가 18의 배수가 되거나 CSS를 사용해서 열에 맞춰지도록 여백을 추가해야 한다.

부제의 글꼴 크기도 18픽셀로 지정해 라인 높이에 맞춘다. 이렇게 하면서 부제 위아래로 18픽셀의 여백을 남겨주어야 한다. 표제를 위해서는 기본 글꼴의 두 배인 24픽셀을 사용할 것이다. 이렇게 하면 line-height의 18픽셀을 초과하게 되는데 이때에는 표제를 위한 line-height를 2배인 36픽셀로 지정해서 정렬을 유지한다.

아이템 배치를 고려할 때 다시 기준선 그리드를 살펴볼 것이다. 여백, 경계선, 패딩, 이미지 높이, 그 외 다른 요소들은 기준선 그리드를 준수해야 한다. 그렇지 않으면 디자인이 와해될 수 있다.

아래 표는 선택된 글꼴을 정리한 내용이다.

섹션	글꼴	크기	줄 간격
표제	모노타입 코르시바	24픽셀	36픽셀
사이드바 표제	모노타입 코르시바	18픽셀	18픽셀
부제	아리엘	14픽셀	18픽셀
본문	아리엘	12픽셀	18픽셀

여기서 선택된 설정은 자유롭게 바꾸어보아도 괜찮다. 제시된 내용을 그대로 따르기보다는 좀더 창의적으로 적용해보자. 예를 들어 글꼴 크기를 조금씩 바꾸어보면서 레이아웃의 모양과 느낌에 어떤 영향을 주는지 살펴보자.

4.6 요약

타이포그래피는 좋아 보이는 웹 디자인을 위해 중요한 부분이다. 어떤 글꼴을 사용하고 글꼴에 대한 선택이 가독성에 어떻게 영향을 미치는지 고민하지 않는다면 사용자가 콘텐츠에 접근하기가 어려울 수 있다. 레이아웃을 설정하는 데 그리드 시스템을 정의하면 사이트의 가독성과 미적인 면을 모두 향상시킬 수 있다. 이제 글꼴 크기와 스타일이 정리되었으니 사이트 목업을 만드는 단계로 들어갈 수 있다. 다음 단계는 Foodbox를 위한 로고를 만드는 작업이다.

2부

이미지 추가하기

5장

Foodbox 로고 디자인하기

처음 작성한 스케치에는 Foodbox 로고가 포함되어 있다. 이미 만들어진 로고를 다시 작업하거나 조정이 필요한 경우를 자주 접할 수도 있다. 클라이언트가 로고 제작을 다른 업체에 맡겨, 작업된 파일만 사이트에 추가해야 하는 경우도 있다. Foodbox의 경우에는 기존 사이트에 로고가 없었으며 적절하게 재활용할 만한 이미지가 없기 때문에 로고를 만드는 책임은 전적으로 당신에게 주어져 있다. 그림 2.4에 있는 스케치를 초안으로 작업해 보자.

5.1 작업 폴더 설정하기

작업 폴더 설정은 프로젝트를 구조화하는 데 필요한 작업이다. 루비온레일스를 사용해 본 적이 있다면 프레임워크의 가장 큰 장점 중 하나가 표준적인 폴더 구조라는 사실을 알고 있을 것이다. 불행하게도 우리에게 이런 표준은 없지만 대부분의 웹 디자이너는 자신만의 방식을 가지고 있다. 이번 프로젝트에서는 스타일시트와 이미지를 배치할 간단한 폴더 구조를 사용할 것이다.

Foodbox라는 이름으로 새로운 폴더를 만든다. 그리고 그 안에 images, stylesheets, originals라는 이름으로 폴더를 만든다.

originals 폴더에는 클라이언트에게 받은 자료나 사진, 일러스트레이터나 포토샵 문서와 같은 작업 파일을 담을 것이다. images 폴더에는 만들어진 웹 페이지에 직접 사용될 이미지를 담는다. stylesheets 폴더에는 사이트에 적용될 CSS 스타일 파일을 담는다.

김대리가 묻습니다 **어도비 일러스트레이터가 꼭 있어야 하나요?**

물론 아니다. 하지만 일러스트레이터는 디자인 작업을 배우는 데 있어 대단한 도구라고 할 수 있다. 전세계적으로 수많은 출판, 웹 디자이너가 사용하고 있으며 조금만 배우면 쉽게 활용할 수 있다. 어도비에서는 30일간의 체험판을 해당 사이트에서 내려받을 수 있게 제공하고 있으며 이 정도면 충분히 이 책의 예제를 실습할 수 있다. 일러스트레이터를 대체할만한 제품으로 잉크스케이프(Inkscape)[1]를 추천한다. 이 책에서 일러스트레이터를 사용한 예제들은 기타 벡터 그래픽 도구를 사용하더라도 개발환경에 맞게 약간만 수정해주면 활용할 수 있다.

5.2 Foodbox 로고

로고 작업을 할 때는 벡터 기반 그래픽을 지원하는 도구를 사용해야 한다. 이렇게 하면 로고를 원하는 크기로 조정할 수 있고 웹사이트뿐 아니라 인쇄 매체에도 사용할 수 있다. 현재 업계의 표준은 어도비 일러스트레이터를 사용하는 것이다. 이 책에서도 일러스트레이터를 가지고 로고를 다시 만들 것이다.

Foodbox 로고는 네 개의 사각형과 Foodbox라는 단어로 구성되어 있다. 최종적인 로고는 그림 5.1처럼 보이게 될 것이다. 몇 가지 단계를 거쳐 로고를 다시 만들자.

일러스트레이터를 열고 새로운 문서를 생성한다. 이때 면적(Dimensions) 항목은 고려하지 않는데 나중에 포토샵 문서와 통합할 때 조정할 수 있기 때문이다. 여기에서는 일러스트레이터를 로고 만드는 데에만 사용하고 나머지 기능들이 어떻게 동작하는지 자세한 내용까지 다루지는 않겠다. 하지만 그래픽 작업을 좀

---

1 http://www.inkscape.org/

그림 5.1 최종 로고

더 다양하게 활용하고자 한다면 심도 있게 툴을 공부해보길 권장한다.

네 개의 상자부터 만들어 보자. 모서리가 둥근 상자를 2×2 배열로 그려주어야 한다. 일단 아래 설명을 따라 지정된 크기로 하나의 상자를 만들어보고, 일러스트레이터를 사용해 나머지 상자를 복제할 것이다.

1. 일러스트레이터 도구 팔레트에서 사각형 도구를 클릭한 다음 둥근 사각형 도구를 선택한다. 그러고 나면 메뉴에서 둥근 사각형이 선택된다.
2. 컬러 피커에서 면의 색상을 노란색(#FCEE21)으로 바꾸고 외곽선(stroke)은 검은색으로 선택한다.
3. 이제 캔버스를 클릭한다. 대화상자가 나타나서 사각형의 크기를 입력받는다. 높이와 넓이 항목에 100pt를 입력하고 모서리 반경은 12pt를 지정한다. 이제 정확한 크기로 지정된 사각형 하나를 그렸다.
4. 도구 팔레트에서 선택 도구를 더블 클릭하면 이동/복사 대화상자가 열린다.

5. 상자를 복사하면서 복사된 상자와의 간격도 적절히 조정되었으면 한다. 조금 전 만든 상자는 100포인트 넓이로 만들었다. 선택 도구를 더블 클릭한 후 수평 값에 110을 입력하고 복사를 한다. 이렇게 하면 첫 번째 상자의 시작점에서 110포인트 떨어진 곳에 상자를 복사하므로 결국 두 번째 상자는 10포인트 떨어진 곳에 위치하게 된다.

김대리가
묻습니다

와우! 이런 색은 어디서 찾아내는 거죠?

색상 팔레트에서 색을 변형하는 방법을 주로 사용한다. 채도를 조금만 조정해주면 좀 더 나은 색을 만들어낼 수 있다. 그리고 로고의 경우에는 인쇄 시 동일하게 보이는지 확인하게 위해 직접 출력해 테스트를 해보기도 한다.

6. 다른 두 상자도 동일한 복사 명령을 사용할 것이다. 이때는 수평이 아닌 수직 방향을 선택하면 된다. 선택 도구로 앞에서 만든 상자를 선택하고 선택 도구를 더블 클릭해서 이동/복사 대화상자를 다시 연다. 이때 수평값은 0으로 하고 수직값을 110으로 한다. 복사를 클릭하면 네 개의 상자가 적절히 배치된다.

다음에는 각 상자의 색을 채울 차례다.

1. 색상 팔레트를 열기 위해 F6을 누른다.
2. 직접 선택 도구로 각 상자를 선택하고 색상 팔레트에서 색을 선택할 수 있게 사각형 색채우기(color-fill square)를 더블 클릭한다.
3. 왼쪽 상단에서부터 시계 방향으로 상자의 색을 노란색(#FCEE21), 초록색(#C2EE21), 오렌지색(#FCBA21), 베이지색(#FCEEB5)으로 채운다.

이제 텍스트를 추가할 시간이다. 로고가 균형 있게 보이게 하려면 Foodbox라는 글자는 상자의 크기만큼 크게 표현되어야 한다. 이 작업을 위해 가이드 기능을 사용할 것이다.

그림 5.2 글꼴 크기 조정

대부분의 그리기 도구는 전체적인 구도를 잡을 때 아이템을 정렬하거나 배치하는 데 도움을 주기 위해 가이드를 제공한다. 가이드라인의 컨셉은 디자인 작업을 해봤다면 전혀 새로운 것이 아니다. 여기에서는 텍스트를 빠르고 쉽게 정렬할 수 있도록 가이드를 사용할 것이다.

1. Ctrl + R 단축키로 화면에 눈금자를 나타낸다.
2. 상자의 상단부와 일치하게 가이드를 만들자. 이미지 상단에 있는 수평 눈금자의 어느 곳이든 마우스 포인터를 위치시킨다. 새로운 가이드를 만들기 위해서는 눈금자에서 마우스 버튼을 클릭한 상태에서 상자 쪽으로 드래그해서 내려준다. 가이드의 위치가 상자 위쪽에 위치할 때 마우스를 놓으면 가이드가 만들어진다.
3. 상자 아래쪽에도 동일하게 가이드를 만든다. 이제 텍스트를 배치하는 데 가이드를 사용할 수 있다.

그림 5.2에서 보이는 것처럼 상자 위아래로 두 개의 수평선 가이드가 만들어졌다.

이제 로고에 텍스트를 추가하자.

- 텍스트 도구를 선택한다.
- 옵션 패널을 열어서 글꼴 스타일에서 검은색 아리엘을 선택하고 크기를 72pt로 지정한다.
- 캔버스를 클릭하고 foodbox라는 텍스트를 입력한다. 가이드 사이에 위치하지 못했다고 해서 걱정할 필요는 없다. 다시 제 자리에 위치하게 할 것이다.
- 도구 팔레트에서 선택 도구를 선택한다. 방금 내용을 입력한 영역에는 크기 조절 핸들이 존재하며, 이를 사용하여 왼쪽의 박스 영역과 동일한 크기로 조정을 할 수 있다. Shift 키를 누른 상태에서 텍스트 영역 우측 상단에 있는 크기 조정 핸들을 드래그해서 foodbox에서 f의 상단이 가이드와 일치할 때까지 조정한다. 마찬가지로 f의 하단이 가이드와 일치하게 조정해준다. 정확히 맞지 않았다면 적절한 시점까지 크기와 위치를 조정할 수 있다. 가이드 아래로 삐쳐나간 나머지 글자는 걱정할 필요는 없다. 다음 단계에서 이를 보정할 것이다.

아웃라인 만들기

디자이너는 일단 적용된 글씨를 변형할 때는 일러스트레이터 메뉴에서 Create Outlines 명령을 사용하곤 한다.

나는 클라이언트와 디자인 작업을 하게 되면 먼저 로고 파일을 가지고 있는지 물어본다. 로고 파일이 있다면 일러스트레이터나 EPS 포맷이 있는지 확인해 웹사이트에 맞게 크기를 수정하고 작업할 수 있다. 가끔씩 디자이너로부터 특정한 글꼴을 필요로 하는 로고를 넘겨받을 때가 있는데 이런 경우에는 글꼴을 온라인 상에서 찾아보거나 (좀더 많은 경우) 엄청난 비용을 지불하고 사용해야 했다.

이에 대한 해결책은 디자이너에게 로고 이미지의 복사본을 요청하는 것이다. 복사본을 받은 후에는 이미지에 포함된 모든 텍스트에 Create Outlines 명령을 적용한다. 이렇게 하면 원하는 글꼴의 형식으로 보이게 하고 플랫폼이나 운영체제의 영향을 받지 않게 된다.

주의 깊게 보고 있다면 일부 글자들이 가이드 아래로 내려간 것을 보았을 것이다. 텍스트의 모양을 조금만 수정해서 이를 보완해보자.

1. 선택 도구로 텍스트 레이어를 선택한다.
2. Text 〉 Create Outlines를 선택한다. 이 명령은 텍스트 객체를 벡터 도형으로 변환시켜 준다. 더이상 텍스트를 수정할 수 없지만 일러스트레이터에서 제공하는 그리기나 보정 도구를 사용할 수 있다.
3. 팔레트에서 직접 선택 도구를 선택하고 o라는 글자의 아래쪽 영역에 걸치게 상자를 그려준다. 이제 o의 하단부가 가이드에 일치할 때까지 4번이나 5번 정도 방향 키를 눌러준다.
4. 나머지 글자도 아래쪽 가이드에 일치하게 작업해준다.

마지막으로 선택 도구를 클릭하고 모든 것을 선택하는 Ctrl + A 단축키를 눌러준다. Shift 키를 누른 상태에서 크기 조정 핸들을 사용해 캔버스 바탕에 위치한 사각형인 바운싱 박스 내에서 제약적으로 로고의 크기를 조정할 수 있다.[2]

작업된 문서를 foodbox_logo.ai로 저장하고 프로젝트 폴더 내 originals 폴더에 저장한다. 이 파일은 포토샵 프로젝트에서 다시 불러와 사용할 것이다. 파일을 저장할 때는 PDF 호환 파일 만들기 옵션을 선택해야 한다. 그렇지 않으면 포토샵에서 파일을 불러오지 못한다.

여기에서 벡터 기반 그리기 도구를 사용했다는 것을 기억하자. 그렇기 때문에 이 로고는 머그잔에서부터 거대한 광고판까지 사용할 수 있다. 이미지의 품질을 손상시키지 않으면서 원하는 만큼 로고의 크기를 조정할 수 있기 때문이다.

---

2 (옮긴이) Bounding Box란 선택 도구로 오브젝트를 선택했을 때, 오브젝트 외각에 나타나는 여덟 개의 파란색 포인트다. 이 포인트들을 이용해 크기나 회전 각도 등을 자유롭게 조절할 수 있다. 선택에 따라 Bounding Box는 감추거나 나타나게 할 수 있다. (부분 선택 도구로 오브젝트 선택 시에는 Bounding Box가 보이지 않는다).

5.3 나만의 로고를 원한다면?

예제에서 보여준 내용은 쉽게 따라 왔을 것이다. 여기에서는 일러스트레이터를 사용해 그림을 그리는 핵심적인 내용만을 전달했다. 하지만 제품이나 비즈니스를 위한 로고를 따로 만들고자 한다면 어떤 사항을 고려해야 할까?

먼저 가장 성공적인 로고를 떠올려보자. 전세계적으로 누구나 알고 있는 코카콜라의 로고나 나이키의 스우쉬(swoosh) 역시 매우 인지도 있는 로고다. 하지만 두 로고는 제품을 전혀 다른 방법으로 표현하고 있다.

로고를 디자인하는 것은 웹사이트를 디자인하는 것과 비슷한 방법으로 접근할 수 있다.

일반적으로 인간이 이미지를 처리하는 속도는 문장이나 태그 라인을 처리하는 속도보다 빠르며 로고에 이런 강점을 취하길 원할 것이다. 코카콜라 로고를 보게 될 때 사람들은 단어를 읽고 싶어 하지 않는다. 즉각적으로 로고와 관련된 회사의 제품을 인지하게 된다. 로고에 있어서 궁극적인 목표는 로고가 당신을 나타내주는 것이다.

이러한 즉각적인 인지는 로고를 일관적으로 사용할 때만 기대할 수 있다. 빈번하게 로고를 바꾼다면 기대했던 브랜드의 인지도를 얻기 힘들다. 로고는 당신을 대표해야 한다. 사람들은 로고를 기억하며 어울리지 않는 것은 매우 빠르게 잊어버린다. 법률 사무실의 로고라면 워터파크의 로고와는 분명하게 달라야 한다.

로고에 단어를 포함하고 있다면 단어는 읽기 쉬워야 한다. 명확한 서체를 사용하면 매우 크거나 매우 작은 크기에서도 읽기가 쉽다.

색상은 간결하고도 안전해야 한다. 색이 감정에 영향을 미친다는 사실(3장)을 활용하라.[3]

웹 페이지와 달리 로고는 인쇄물에 노출될 수 있기에 수시로 출력된 내용을 점검해보고 적절하게 보이는지 확인해야 한다. 웹에서 작업한다면 RGB 컬러 모

---

3 여기서도 역시나 색에 대한 문화적 차이를 고려해야 한다. 어떤 색은 누군가에게 불쾌할 수도 있기 때문에, 미리 조사를 해야만 한다.

드를 사용할 것이다. 인쇄를 위한 무언가를 다루게 된다면 CMYK 컬러 모드에서 작업하게 될 수도 있다. CMYK 기반의 이미지를 웹에서 사용할 수 있게 RGB 모드로 저장할 수 있다. 하지만 이렇게 하면 원하는 색상과 다른 결과를 만날 수 있다.

마지막으로 색상 없이 로고를 테스트해보아야 한다. 상황에 따라 흑백으로만 출력될 수도 있다.

5.4 요약

일러스트레이터와 같은 벡터 기반의 도구는 크기 조정이 가능하고 다양한 용도의 로고를 쉽게 만드는 데 사용된다. 다음 장에서 로고를 디자인할 때도 복제와 글꼴 다듬기와 같이 이번 장에서 다루었던 몇 가지 기법을 사용할 것이다. 창의적이어야 한다는 것을 기억하자. 이곳에서 만드는 로고를 편하게 따라하면서 다양한 변화를 만들어보자. 다른 모양과 다른 글꼴, 크기로 다양한 배치를 시도해보고 배운 내용을 적용하면서 자신만의 Foodbox 로고를 만들어 보자.

이제 다음 단계인 색상 목업 만들기로 넘어가 보자.

6장

목업 디자인: 페이지 구조

선택된 스케치와 색상을 가지고 Foodbox 사이트의 메인 페이지 목업을 만들기 위해 어도비 포토샵을 사용할 것이다. 이번 장에서는 페이지의 구조를 대략적으로 구성하고 헤더와 푸터를 지정할 것이다. 이번 과정을 거치면서 포토샵에서 사용할 수 있는 레이아웃 옵션에 어느 정도 익숙해질 것이다. 레이아웃을 사용하면 앞 장에서 배운 그리드를 기준으로 디자인을 정렬하는 데 도움이 될 것이다.

6.1 레이어 살짝 살펴보기

레이어는 놀라운 존재다. 어떤 말로도 그 대단함을 묘사할 수 없다. 레이어를 사용하면 작성된 디자인을 부분별로 나누어 조합을 만들고 관리할 수 있다. 각 레이어는 별도의 문서처럼 작동한다. 원하는 대로 자르고 붙이고 복사하고 선택하고 삭제할 수 있고 심지어는 레이어마다 효과를 다르게 적용할 수 있다. 레이어는 투명도 속성을 지원하며 이를 활용해 중첩된 레이어의 조합을 만들 수 있다. 그림 6.1을 보면 사이트 목업에서 레이어가 어떻게 조합되는지를 알 수 있다.

디자이너에게는 사진을 가져와 사진 위에 별도의 레이어로 텍스트를 배치하는 과정이 낯선 일이 아니다. 이렇게 하면 텍스트가 사진과 결합되지 않으며 디자이너가 나중에 텍스트나 이미지를 수정할 수도 있다. 물론 원래의 포토샵 문서도 사용할 수 있다.

일러스트레이터나 포토샵에서 이미지를 JPEG, GIF, PNG와 같은 파일로 내보내면 레이어를 합치거나 병합시킨다. 이럴 경우에 원본 파일을 잊어버리거나 삭제하면 개별적인 레이어를 복구시킬 수 없기 때문에 처음부터 다시 시작해야 한다. 수많은 로고나 버튼, 그래픽 이미지가 이런 이유로 다시 만들어져야 했다.

김대리가 묻습니다　　　　　　　　　　　**포토샵을 사용해야 하나요?**

아니다. 꼭 그럴 필요는 없다. 하지만 78쪽의 일러스트레이터에 대한 설명에서처럼 포토샵은 사진이나 비트맵 그래픽을 다루는 업계 표준이라고 할 수 있다. 물론 기술적으로는 대체 가능한 제품을 적은 비용으로 구매하거나 오픈 소스 소프트웨어를 사용할 수 있지만 이 책의 예제에서는 포토샵을 사용할 것이다.

물론 이 책의 실습을 위해 어도비 제품을 구매하라고 권장하는 것은 아니다. 어도비 사이트에서 30일간 사용 가능한 체험판을 내려 받아 설치할 수 있으며 이 정도면 이 책의 예제를 다루기에 충분하다. 그리고 이후에 필요하다고 판단되면 그때 결정하면 된다. 포토샵을 먼저 다루어보면 유사한 프로그램에 적응할 수 있을 것이다.

이 책의 예제들을 실행하는 데 최신 버전의 포토샵이 필요한 것은 아니다. 모든 예제는 대부분의 버전에서 동작할 것이다. 믿기 어렵다면 김프[1]나 김프샵[2](김프를 포토샵처럼 작업할 수 있도록 수정한)을 구해서 예제를 따라해보자.

일러스트레이터와 포토샵에서 광범위하게 레이어를 사용할 것이다. 각 요소를 만들 때마다 가능하면 자주 원본 파일을 저장하기 바란다.

6.2 기본 구조

홈페이지를 만들기 위한 기본 스케치를 사각 영역으로 나누는 작업부터 시작해보자. 헤더 부분과 푸터 부분, 콘텐츠 컬럼을 위한 두 개의 영역이 만들어진다

---

1 http://www.gimp.org/downloads/
2 http://www.gimpshop.com/download.shtml

그림 6.1 레이어의 조합

그림 6.2 색상 채우기로 섹션을 구분했다

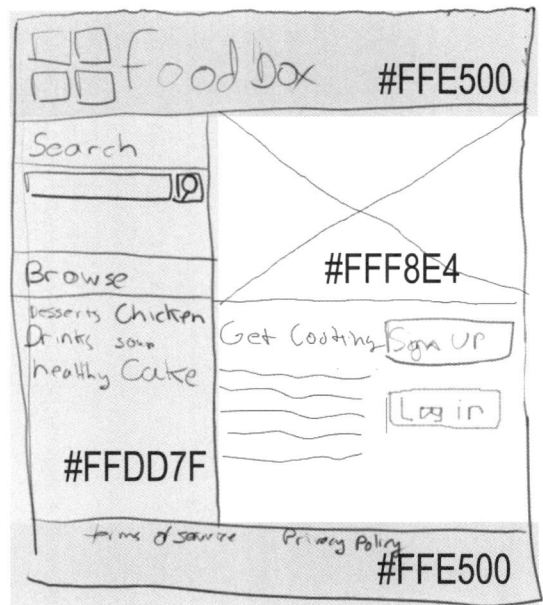

(그림 6.2 참조). 여기서 중요한 점은 웹 사이트의 구조가 될 사각 영역을 생각하는 것이다. 여러분이 매일 방문하는 웹사이트에서도 사각 영역들을 찾아볼 수 있다.

화면 크기

웹 페이지를 만들 때 웹사이트에 사용할 화면 크기가 어떨지는 고려하지 않았을 것이다. 가장 좋은 접근 방법은 먼저 평균적인 화면 크기를 대상으로 하는 것이다. 이 책을 쓰는 시점에서 일반적인 웹 사용자가 쓰는 해상도는 1024×768을 사용한다. 그리고 점점 많은 사용자가 이보다 높은 해상도를 사용하고 있다.[3]

하지만 이런 통계는 왜곡된 정보를 제공하기도 한다. 사용자가 고해상도 와이드스크린을 사용하면서 브라우저를 최대화해서 사용하지 않을 수 있으며 다른 애플리케이션과 동시에 사용할 수도 있다. 웹을 탐색하는 데 피처폰을 사용하기도 하고 PDA나 아이팟 터치, 닌텐도 위를 사용하기도 한다. 공개된 사이트는 최소한 어떤 화면 크기에서도 읽을 수 있어야 한다.

포토샵에서 foodbox_mockup이라는 이름으로 900픽셀의 넓이와 756픽셀의 높이를 가지고 해상도가 72dpi인 새로운 파일을 만든다. 색상 모드는 RGB, 배경색은 흰색으로 지정한다. 이렇게 지정하는 것은 1024×768 해상도를 기준으로 브라우저의 스크롤 바를 포함한 경계 영역에서 약간의 여유 공간을 남기고 페이지를 만들어야 하기 때문이다. 이번 작업에서는 고정폭 레이아웃을 사용할 것이다.

일단 새로운 파일을 만들고 나면 foodbox_mockup.psd라는 이름으로 프로젝트 폴더 아래 originals 폴더에 저장한다.

---

3 http://www.w3schools.com/browsers/browsers_display.asp의 통계를 보면 이 글을 쓰는 시점에 54%의 사용자가 1024×768 해상도를 사용하고 있고 26%의 사용자는 좀더 높은 해상도를 사용하고 있다.[4]

4 (옮긴이) http://gs.statcounter.com/#resolution-ww-yearly-2011-2011-bar에서 해상도와 관련된 통계를 확인할 수 있다. 국내의 경우는 2011년 시점부터 1280×1024의 비중이 커지고 있다.

고정폭 레이아웃

고정폭 레이아웃에서는 브라우저 창의 크기와 상관없이 페이지 크기가 동일하게 유지된다. 고정폭 레이아웃은 가변 레이아웃이나 리퀴드 레이아웃보다 디자인하고 구현하기가 수월하다. 리퀴드 레이아웃은 콘텐츠를 다양한 상황에서 가독성 있게 보여주지만 수많은 테스트와 엄청난 코드를 필요로 한다. 리퀴드 레이아웃을 구현하면서 적절하게 대처하지 못한다면 사용자가 페이지를 늘리게 될 때 텍스트가 너무 길어지거나 반대의 경우 너무 좁아져서 사이트의 가독성이 오히려 떨어질 수 있다. 이에 비해 고정폭 레이아웃은 짧은 시간 내에 구현할 수 있다는 장점이 있다.

하지만 사이트의 유형에 따라 다른 레이아웃이 필요할 수 있다. 사이트에서 다루는 정보가 많은 경우는 유동적인 사이트가 필요할 수 있다. 대용량 데이터를 다루는 기업용 웹 기반 애플리케이션은 제약된 레이아웃을 사용하는 것이 적절하다. 무작정 트렌드를 따르거나 기존 사이트를 만들 때 사용된 템플릿을 재사용하기보다 현실적인 상황을 판단하고 필요에 따라 레이아웃을 디자인해야 한다.

폴드(Fold)

예제에서 사용하는 페이지 치수를 사용하면 일부 페이지는 폴드 아래에 보여질 수 있다. 작은 모니터를 사용한다면 페이지 전체를 보기 위해 스크롤을 내려야 한다는 의미이다. 폴드라는 용어는 인쇄업에서 유래됐으며 신문이 접힌 상태에서 가판대에서 드러나는 신문의 영역을 의미한다. 원칙적으로 사이트의 중요한 정보는 폴드 위에 나타나야 한다. 하지만 어느 경우에나 만족하는 것은 아니다. 사용자들이 좀더 많은 콘텐츠를 보기 위해 아래로 스크롤하는 것을 좋아하지는 않지만, 대부분의 사용자는 스크롤을 내리는 데 이미 익숙해졌다. 사용자의 눈에 띌 수 있게 페이지를 만든다면 좀더 많은 콘텐츠를 보기 위해 스크롤하는 수고를 아끼지 않을 것이다.[5]

---

5 (옮긴이) 최근 스마트패드와 같이 다양한 기기로 확장되면서 폴드의 의미는 더욱 희미해졌다.

그리드 설정하기

4.5절 '기준선 그리드 사용하기'에서 기본적인 타이포그래피와 함께 다루었던 그리드를 좀더 자세하게 살펴보겠다. 포토샵에서는 캔버스 상단에 그리드를 보여줄 수 있고 이 그리드를 기준으로 텍스트나 필요한 요소를 정렬할 수 있다. 기본 그리드 설정은 이번 과정에서 사용하려는 것과 조금 다른 부분이 있다. 그래서 약간의 조정이 필요하다.

먼저 Edit 〉 Preferences 〉 Units and Rulers 메뉴에서 눈금자(ruler)의 단위를 px로 변경한다. 그러고 나서 Edit 〉 Preferences 〉 Guides, Slices & Count 메뉴에서 그리드라인의 간격을 18px로 조정한다. 이렇게 조정된 그리드 설정을 계속 사용할 것이다. 그리드라인 간의 간격은 18px인데 이는 글꼴의 line-height와 동일한 크기이다. 그리드 설정에서 그리드라인의 색을 밝은 라임 그린색과 같이 너무 튀는 색을 사용하면 필요한 요소를 추가할 때 그리드가 너무 돋보여서 좋지 않다.

포토샵 워크스페이스 기본 설정에서는 그리드와 눈금자가 비활성화 상태이다. 눈금자를 Ctrl + R 단축키로, 그리드는 Ctrl +' 단축키로 활성화시키자.

가이드로 영역 지정하기

로고를 디자인할 때 가이드를 사용해 로고에 사용하는 텍스트를 상자 이미지와 정렬하는 방법을 배웠다. 가이드를 사용해 다양한 영역으로 나누어 놓으면 손쉽게 원하는 요소를 그리고 정렬시키는 데 도움이 된다는 사실을 발견했을 것이다.

스케치에서 생각했던 것처럼 페이지에 필요한 다양한 영역을 그리기 위해 사각형 모양 도구를 사용할 것이다. 헤더와 푸터부터 시작해보자. 여기에서는 헤더와 푸터를 같은 색으로 작업하지만 꼭 그럴 필요는 없다.

우리는 헤더와 푸터의 높이를 먼저 설정할 것이다. 헤더는 로고가 명확하게 보일 수 있을 만큼의 높이로 지정해야 한다. 푸터는 카피라이트 문구와 사이트 서비스 규정에 대한 항목을 보여주기 때문에 높이를 크게 잡을 필요는 없다. 각

그림 6.3 네 개의 영역

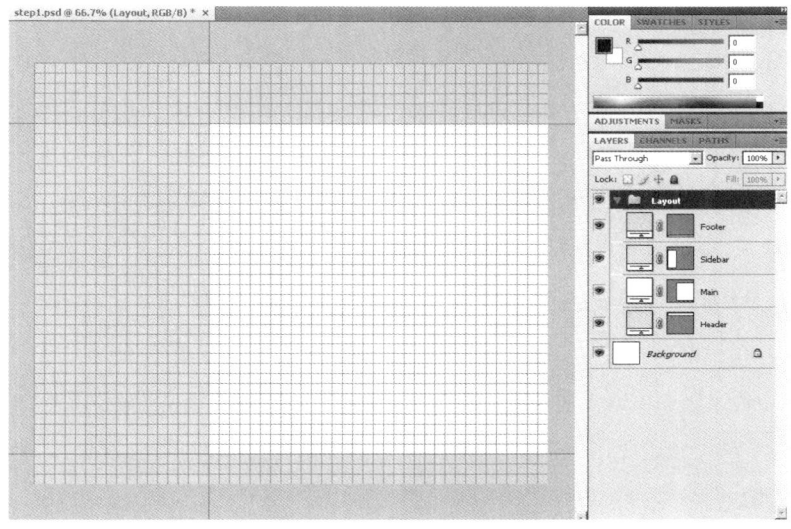

영역의 수직 높이를 지정할 때는 기준선 그리드를 생각해야 한다. 그리드에서 18px 단위를 사용할 것을 결정했으므로 헤더와 푸터의 높이값도 18로 나눌 수 있어야 한다. 여기서는 헤더의 높이는 108px로 하고 푸터는 54px로 지정했다.

　헤더에 가이드를 위치시키기 위해서 상단의 수평 눈금자 아무 곳에나 마우스 포인터를 위치시킨 상태에서 마우스를 클릭하고 아래쪽으로 드래그해서 눈금자의 108px 지점까지 내려준다. 마우스 버튼을 놓으면 가이드가 위치를 잡는다. 또 푸터를 위한 다른 가이드는 702px 지점에 위치시킨다.

　사이드바에는 레시피 검색 양식과 태그 클라우드를 포함시킬 만큼 충분한 공간이 필요하다. 사이드바 공간은 306px로 설정한다. 해당 값은 나중에 조정할 수 있다. 화면 왼편에 수직 눈금자를 따라 아무 곳에나 마우스 포인터를 올려놓는다. 클릭해서 오른쪽으로 306px 지점까지 드래그한다. 마우스 버튼을 놓으면 가이드가 위치하게 된다.

　그림 6.3에 보이는 것처럼 가이드를 설정해 네 개의 영역을 만들었다. 이 영역

들을 사각형 모양으로 채울 것이다. 네 영역이 모두 가이드라인에 걸쳐 있다는 것을 확인하자. 이제 레이아웃을 정리할 차례다.

상자 그리기

가이드를 따라 각 영역 위에 사각형을 그릴 것이다. 먼저 키보드에서 U를 눌러 사각형 도구를 선택한다. 사각형 도구를 선택하면 상단 툴바에 모양 레이어 옵션이 나타난다.

옵션 패널에서 색상 선택 상자를 클릭해서 ffe500을 입력한다. OK를 클릭하고 나서 화면 상단에 걸쳐 사각형을 그리는데, 108px 부분 가이드에 일치하게 한다. 이렇게 하려면 마우스 포인터를 캔버스 왼편 상단에 위치시킨다. 그런 다음 마우스를 클릭한 채로 화면 오른쪽 경계에 이르기까지 내려준다.

이제는 푸터를 만들 차례다. Shift + Ctrl + N 단축키로 새로운 레이어를 만든다. 화면에서 각 아이템을 만들 때 레이어를 따로 구성하면 나중에 변경하기가 쉽다. 레이어를 만들려고 하면 포토샵에서는 이름을 지정하라고 요청한다. 이름을 잘 붙이면 나중에 찾기도 쉽다. 화면 아래쪽에 다른 사각형을 그려준다. 이번에는 702px 지점에 일치하게 그려준다.

이번에는 사이드바를 그릴 차례다. 사이드바를 위한 새로운 레이어를 만들고 적절한 이름을 붙여준다. 색상은 FFD67F로 바꾸고 화면 왼쪽 편에 상자를 그린다. 사이드바 사각형은 이미 그린 가이드라인에 멋지게 맞아떨어진다. 0,108 지점에서 300,702 지점에 맞추어 그려진다.

마지막으로 나머지 여백을 다른 모양 레이어로 채운다. 그리고 색을 FFF7DF로 바꾼다.

이렇게 네 영역을 정의해주었다. 홈페이지를 만들기 위한 나머지 요소를 배치할 준비가 됐다. 스케치에서 Foodbox 로고가 화면 상단에 위치한 것을 확인할 수 있으며 이제는 로고를 적용할 준비가 됐다. 몇 가지 요소를 적용해야 하기 때문에 일단 저장한 후에 계속 진행하자.

6.3 로고 배치

웹페이지 목업을 만들 때 포토샵을 이용하는 것이 좋은 이유 중 하나는 다른 프로그램과 유연하게 연동된다는 점이다. 일러스트레이터에서 그린 로고 이미지를 바로 벡터 오브젝트로 가져올 수 있다. 벡터 로고를 화면으로 가져올 땐 원하는 만큼 크기를 조정해야 한다. 로고를 조정할 때는 가이드를 활용할 수 있다.

눈금자와 그리드가 잘 동작하는지 확인하고 두 개의 수평 가이드를 만들자. 첫 번째 가이드는 왼편 눈금자 18px 위치에서 첫 번째 수평 그리드라인과 겹쳐지게 해야 한다. 두 번째 가이드는 90px 위치에 수평 그리드라인과 일치하게 한다. 이렇게 하면 로고의 위아래로 18px만큼 여백이 생긴다. 왼편 눈금자에서 수평 눈금자의 18px 위치까지 클릭한 후 드래그해서 수직 가이드를 만든다. 이렇게 하면 로고가 위치할 멋진 상자가 만들어질 것이다.

File 〉 Place 메뉴에서 로고 파일을 선택한다. 로고를 드래그해서 화면의 좌측 상단에 가져다 놓고 로고의 왼편 상단 모서리가 두 가이드의 교차점에 위치하게 한다. 그리고 크기 조정 핸들을 사용해서 이미지를 적절히 조정한다. Shift 키를 누른 상태에 오른편 하단의 크기 조정 핸들을 잡는다. 왼편 상단 방향으로 드래그해서 우측 하단 모서리가 90px 지점 가이드에 일치하게 조정한다. 정확한 위치에 자리잡으면 엔터 키를 눌러 파일을 고정시킨다.

일러스트레이터 파일을 포토샵 파일에 가져오면 오브젝트가 스마트 오브젝트 형태로 배치된다. 이 스마트 오브젝트를 일러스트레이터에서 열어서 편집하

그림 6.4 만들어진 로고

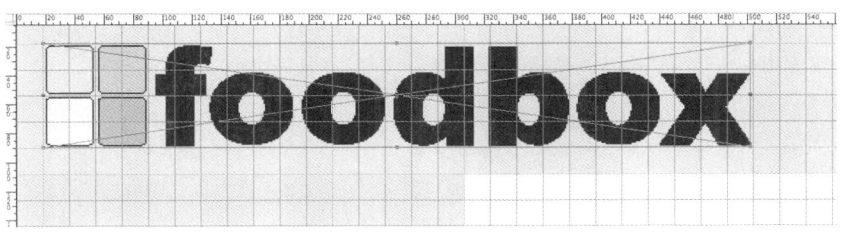

고 저장하면 포토샵 파일에도 자동으로 반영된다.

6.4 레이어 그룹으로 화면 조직화하기

프로젝트에 꽤 많은 레이어가 생겼다. 모든 것을 필요할 때마다 찾기가 쉽지 않을 수 있다. 하지만 포토샵의 기능 중 레이어 그룹을 사용하면 레이어를 쉽게 관리할 수 있다. 레이어 그룹은 레이어를 조직화하는 데 사용할 수 있는 레이어 팔레트상에 있는 폴더다.

레이어 팔레트에 있는 레이어 그룹 버튼을 클릭해서 Layout이라고 하는 새로운 레이어 그룹을 만들어보겠다. 그룹의 이름을 바꿀 때에는 오른쪽 마우스를 클릭하고 Rename을 선택한다.

이제 레이어 팔레트 내에서 header, sidebar, main, footer 레이어를 그룹 속으로 드래그해서 옮긴다.

레이어 그룹은 작업하기 원하는 레이어에만 집중할 수 있도록 숨기기 기능을 제공한다. 전체 그룹을 사용하지 않는 것으로 설정할 수 있고 그룹 단위 복제도 할 수 있다. 또한 이 기능을 사용하면 대상을 쉽게 분리해놓을 수 있다. 레이어 그룹은 앞으로 진행할 단계에서 화면 구성을 조직화할 수 있게 해준다.

6.5 로고에 반영(Reflection) 효과 추가하기

스티브는 이해관계자 중의 한 명이 로고 아래에 반영 효과를 추가하길 원했다는 것을 기억해냈다. 일반적으로 젖은 바닥(wet-floor) 효과라고 불리는 이 기술은 텍스트나 로고가 표면에 반사되어 떠 있는 것처럼 보이게 하는 효과로 이미 많은 사이트에서 사용하고 있다. 여기에서는 레이어 그룹과 마스크를 사용해서 이 효과를 쉽게 적용해보겠다.

1. 먼저 Logo라는 이름으로 새로운 레이어 그룹을 만든다. Foodbox 로고 레이어를 새로 만든 그룹에 가져다 놓는다. Foodbox 로고의 반영은 별도의

레이어에 만들어지기 때문에 미리 두 레이어를 분리해놓았다.

2. 레이어 팔레트에서 Foodbox 로고가 담긴 레이어를 오른쪽 마우스로 클릭해서 Duplicate Layer 옵션을 선택한다. 그리고 Foodbox Logo Reflection 이라고 이름을 지정한다.

3. 레이어 팔레트에서 반영을 표현하기 위한 레이어가 선택된 것을 확인한다. 영역 선택 도구를 선택하고 이미지를 오른쪽 마우스로 클릭해 Free Transform 옵션을 선택해 크기 조정 핸들러가 나타나게 한다. 이미지 상단 가운데 부분을 클릭해서 바닥을 지나 아래쪽으로 드래그한다. 이렇게 하면 선택된 영역이 뒤집혀 반영을 만들게 된다. 이때 주의할 점은 정확하게 아래쪽으로 향하게 하며 기존 레이어와 높이가 동일해야 한다는 것이다. 높이 조절에는 가이드라인을 사용한다. Shift 키를 누르고 있으면 정확하게 바뀌는 과정을 도와준다.[6]

   엔터 키를 눌러주면 변경된 결과가 반영된다. Esc 키를 눌러 변환을 취소하고 필요할 때 다시 사용할 수 있다.

4. 다양한 방법을 사용해 반영에 페이드아웃 효과를 적용할 수 있다. 하지만 여기에서는 간단한 방법으로 포토샵의 레이어 마스크 기능을 사용해볼 것이다. 방금 변형시킨 레이어를 선택하고 레이어 팔레트 아래쪽에서 Add Layer Mask 버튼을 선택한다. 마스크는 이미지나 화면 구성에서 일부분을 숨겨준다. 레이어 마스크로 덮인 레이어의 콘텐츠는 감추어진다.

5. 단색 대신에 그라디언트를 사용한다면 마스크 아래쪽 영역에 페이드 아웃 효과를 빠르게 만들 수 있다. 도구 팔레트에서 그라디언트 도구를 선택한다. 그라디언트 도구가 처음에는 보이지 않을 것이다. 페인트 통 도구와 도구 팔레트 위치를 공유한다는 것을 기억하자. 도구 팔레트에 페인트 통 도구가 보이고 있다면 페인트 통 도구를 클릭해서 메뉴가 펼쳐지게 한 후 그라디언트 도구를 선택한다.

---

6 직접 조작하지 않고 Flip Vertival transformation 옵션을 사용할 수 있다. 만들어진 결과를 원본 아래로 이동시키기만 하면 된다.

그라디언트 도구의 옵션은 포토샵 창 상단에서 변경할 수 있다. 그라디언트가 흰색에서 검은색으로 변하게 선택한다. 그라디언트를 선택할 때 사전에 정의된 목록을 확인할 수 있다.

6. 그라디언트 도구에 대한 설정이 끝나면 마스크가 선택된 레이어에서 Shift 키를 누른 채 왼쪽 눈금자에서 72px부터 108px까지 아래쪽으로 선을 그린다.

그림 6.5 반영 효과가 적용된 로고

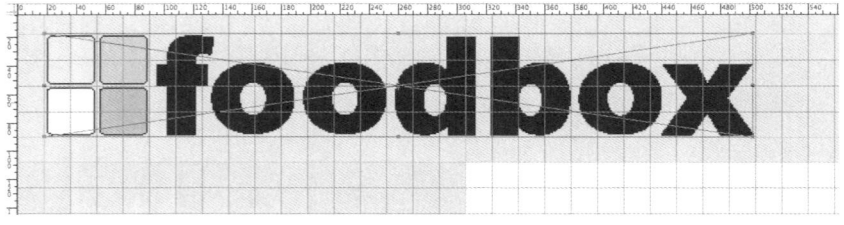

그라디언트의 검은 부분이 마스크로 동작해 원하는 페이드 효과를 줄 수 있다. 몇 차례 시도해보면 원하는 모양이 나타날 것이다.

6.6 푸터

푸터에는 약간의 텍스트가 필요하다. 기존 사이트처럼 푸터에는 저작권 관련 공지와 서비스 약관, 개인정보 보호정책에 대한 링크를 넣자.

텍스트 도구를 선택하고 10px 검은색 아리엘 글꼴을 선택해서 해당 정보를 푸터에 입력한다. 하이퍼링크의 모양을 만들고자 한다면 서비스 약관과 개인정보 보호정책을 위한 텍스트 레이어와 분리해서 다른 색을 줄 수 있다. 색상 계획을 만들 때 하이퍼링크를 위해 선택한 색을 사용해야 한다.

여기에 사용될 텍스트에 너무 많은 시간을 낭비하지는 말자. 이 부분이 중요하지는 않으며, 콘텐츠 문서에서는 실제 텍스트 마크업으로 대체할 것이다. 이번 과정에서의 목표는 피드백을 받을 수 있게 원하는 효과를 만들어보는 것이다.

6.7 요약

이번 장에서는 포토샵을 약간 다루어봤다. 이미지를 가져오고 레이어를 만들고 가이드를 사용해 요소를 정렬하는 방법까지 배워봤다. 이제는 콘텐츠를 채울 시간이다.

7장

목업 디자인: 콘텐츠

6장에서 두 가지 중요한 목표를 달성했다. 화면을 네 영역으로 나누었고 헤더와 푸터를 채웠다. 이제는 사이드바와 메인 콘텐츠 영역의 콘텐츠를 채울 차례다. 그리고 사이드바에 검색창과 태그 클라우드 영역을 작성할 것이다. 메인 콘텐츠 영역에서는 배너 이미지와 간단한 안내 문구를 만들고 기존에 만들었던 요소를 배치할 것이다.

7.1 검색창 만들기

스케치를 보면 검색창은 사이드바 상단에 커다란 타이틀을 배치하고 바로 아래 검색창이 표현됐다(그림 7.1 참고). 앞에서 배운 기준선 그리드를 활용해서 모든 요소를 그리드라인을 따라 배치할 것이다. 다음 단계를 진행하기 전에 search area라는 이름으로 이번 장에서 만드는 모든 오브젝트를 담을 새로운 레이어 그룹을 만들자.

이전 작업과 마찬가지로 요소를 배치하는 데 가이드를 사용할 것이다. 왼쪽 눈금자 126px 지점에 걸치도록 새로운 수평 가이드를 만든다. 새로 만든 가이드는 타이틀이 자리잡는 것을 도와줄 것이다. 그리드라인을 하나하나 확인하는 것이 귀찮다면 위치와 방향을 직접 지정해서 가이드를 추가할 수도 있다. 메뉴에서 View > New Guide를 선택하고 적절한 정보를 입력하면 된다. 타이틀

그림 7.1 완성된 검색 영역

영역을 정의할 수 있게 162px 지점에 두 번째 가이드를 생성한다. 타이틀의 어센더가 126px에 맞닿게 할 것이기 때문에 두 번째 가이드가 꼭 필요한 것은 아니다. 글꼴이 크기를 24px로 지정하기 때문에 여분의 line-height를 고려해야 한다. 따라서 타이틀 영역의 line-height는 18px이 아니라 36px로 지정한다.

T 단축키를 눌러 글꼴 도구를 선택하고 글꼴에서 24-point 모노타입 코르시바를 선택한다(해당하는 글꼴이 없다면 적절한 세리프 글꼴로 대체해도 무관하다). 글꼴의 색상은 색상 계획에서 타이틀 색으로 지정한 짙은 녹색(4B541C)을 선택한다. 가이드 바로 아래 캔버스 오른편 영역을 클릭해서 '레시피 검색(Search Recipes)'이라고 텍스트를 입력한다. 그리고 이동 도구를 사용해 텍스트의 위치를 가이드에 맞도록 조정해준다.

이제 모양 도구와 몇 가지 레이어 효과를 조합해서 검색창을 그릴 것이다. 검색창을 위한 영역을 지정하기 위한 가이드가 필요하다. 앞에서 162px 지점에 정의한 수평 가이드는 검색창의 상단 기준이 된다. 상단 눈금자 270px과 288px 지점에 두 개의 수직 가이드를 생성해 검색창과 검색 버튼을 위한 공간을 정의한다. 각 가이드는 수직 가이드라인에 딱 맞게 정리되어야 한다.

　search box라는 이름으로 새로운 레이어를 만들자. 그리고 사각형 모양 도구를 선택하고 채우기 색상으로 ffffff를 지정하고 검색창을 위해 지정한 가이드안에 사각형을 그린다. search box 레이어의 썸네일에서 오른쪽 마우스를 클릭하고 Blending Option을 선택한다. 왼쪽 메뉴에서 Stroke를 선택해서 해당 옵션이 선택되게 만든다. size는 1로 설정하고 fill color은 000000으로 지정한다.

7.2 레시피 태그 클라우드

애플리케이션에서는 레시피를 분류하는 데 태그를 사용한다. 사용자가 레시피에 태그를 달 수 있는 기능을 지원하며 태그를 바탕으로 수많은 목록 중에서 원하는 것을 쉽게 찾을 수 있게 한다. 이미 많은 사이트에서 사용하는 기능으로 태그 클라우드라고 불리며 가장 많이 사용된 태그들로 구성된다. 태그 클라우드는 관련된 아이템을 표현할 때 몇 가지 다른 글꼴 크기로 표현한다. 예를 들면 다른 분류보다 디저트 태그와 관련된 레시피가 세 배 더 많다면 다른 태그보다 몇 배 크게 보여야 한다. 태그 클라우드는 그림 7.2처럼 보일 것이다. 태그 클라우드는 일반적으로 대여섯 개의 다른 글꼴 크기로 구성되지만 이번에 만드는 목업에서는 대, 중, 소 세 가지 글꼴 크기만을 구현할 것이다.

　타이틀 부분부터 시작하자. 타이틀은 검색창 타이틀에 사용된 글꼴과 색상을 동일하게 사용한다. 216px 지점과 252px 지점에 설정한 수평 가이드 사이에 타이틀을 위치시킨다. 새로운 레이어를 만들고 문자 도구(단축키 T)를 선택하고 색상은 4B541C를 선택한다. 검색창 타이틀에 사용한 것과 같은 녹색이다. 레시피 탐색(Browse Recipes)이라고 텍스트를 입력하고 나서 이동 도구를 사용해 텍스트 블록을 가이드 사이에 위치시킨다. 마지막으로 텍스트가 검색창 타이틀과 평행하게 위치했는지 확인한다. 가이드와 눈금자를 사용한다는 것을 명심하자. 정렬하는 데 문제가 있다면 키보드에 있는 방향 키를 이용해서 텍스트를

그림 7.2 완성된 태그 클라우드

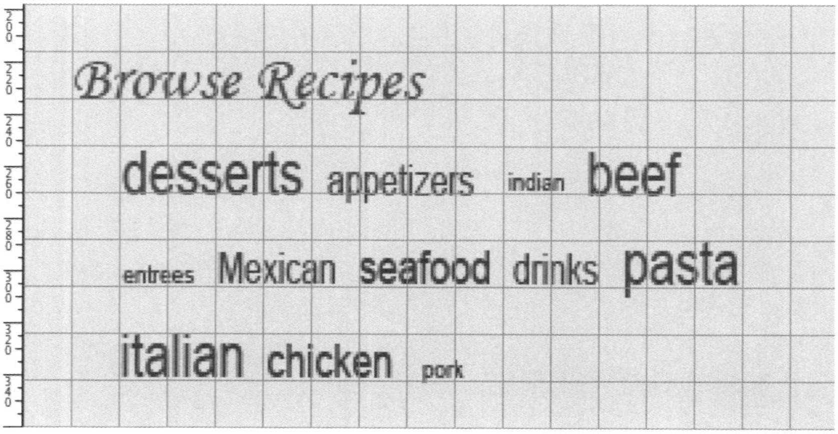

조금씩 밀어준다.

이제 텍스트 도구를 사용해서 페이지에 태그를 배치할 차례다. 예제에서는 18pt 크기의 굵은 스타일의 아리엘을 선택한다. 색상은 54431C를 선택하고 지정된 가이드 사이에 디저트(desserts) 텍스트를 위치시킨다. 다음에는 단어마다 다른 텍스트 블록을 사용해 적절하게 배치한다. 단어들을 배치할 때 다양한 글꼴 크기를 선택해보고 그림 7.2에 보이는 것처럼 여러 줄에 걸쳐 태그 클라우드를 미리 테스트해본다.

7.3 점점 늘어나는 작업 범위[1]

프로젝트가 무엇 때문에 실패하는지 아는가? 그것은 늘어나는 작업 범위 때문이다. 경험했던 모든 프로젝트에서 어떤 식으로든 늘어난 작업 범위로 인한 영향을 받았다. 불만족스러운 고객 때문이기도 하고 클라이언트에게 감동을 전해

---

1 (옮긴이) 원서의 제목은 Scope Creep이다. 크립이란 점진적으로 증가하는 요구로 인해, 초기 목적을 상실하는 문제를 의미한다.

주기 원하는 영업 담당자의 과도한 열정 때문이기도 하다.

아쉽게도 이것이 현실이다. 어떤 프로젝트도 요구사항을 석판에 새겨놓을 수는 없다. 개발자는 어떻게 변화를 수용할지 배워야 한다. 이제 마음의 평상심을 찾았다면 스케치에는 없었던 두 번째 태그 클라우드를 추가해보겠다.

재료 태그 클라우드

Foodbox의 각 레시피에는 재료가 포함되기 때문에 가장 많이 사용되는 재료에 대한 또 다른 태그 클라우드를 만들어보자. 이번에는 여러분만의 방식으로 만들어보겠다.

태그 클라우드를 만들 때는 레시피 태그 클라우드를 만들 때 사용했던 것과 동일한 기술을 사용하면 된다. 그리드와 가이드를 사용해 타이틀과 다양한 아이템을 배치한다. 오레가노, 마늘, 검은콩, 사과, 바나나, 치즈, 상추와 같은 것이 재료에 포함될 것이다.

재료에 대한 태그 목록은 세 줄 정도면 충분히 사이드바를 채울 수 있을 것이다. 이렇게 해서 레이아웃의 가운데 영역을 채워봤다.

7.4 맛있어 보이는 마스터헤드 목업[2]

사진은 웹사이트를 좀더 생기 있게 만들어 준다. 색상과 글꼴, 그라디언트를 가지고 만들 수 있는 효과도 있지만 특별한 감동을 주기 위해서는 고품질의 사진만큼 좋은 효과가 없다. 웹사이트에 올려진 저급한 사진은 눈에 거슬리기 때문에 사진의 품질은 신경 써야 하는 부분이다.

사진 촬영은 쉬운 일이 아니다. 좋은 사진을 얻기 위해서는 수많은 연습이 필요하다. 적절한 사진을 찍기 위해 많은 시간을 투자해보았고 실패도 맛보았기 때문에 이런 것을 잘 알고 있다. 간혹 스냅 카메라로 찍은 사진을 넘겨주고 사이트에 사용해달라고 요청하는 클라이언트가 있다. 이렇게 전해진 사진은 구도

---

2 (옮긴이) 마스터헤드(Masthead)는 일반적으로 신문 1면에 나오는 신문 제목 영역을 의미한다. 최근에는 신문 제목 좌우측 영역에 광고나 메인 기사 타이틀이 노출되기도 한다.

사진가는 당신의 친구

상업적 목적으로 웹사이트를 만들고자 한다면 사진을 찍어줄 사진가를 고용하는 것을 고려해야 한다. 여기에는 수많은 장점이 있다. 먼저, 따로 사진을 공부하지 않더라도 원하는 것을 정확하게 얻을 수 있다.

전문적인 사진가는 많은 비용을 필요로 하지만 그만한 가치가 있다. 일반인이 모르는 다양한 기술과 지식을 활용할 수 있다.

전문가를 고용할 여유가 없다면 지역 내 사진 동호회를 고려해볼 수도 있다. 사진 동호회에 있는 사진가는 취미로 활동하지만 실력은 높은 경우가 많다. 물론 보상을 해야 한다. 당신이 유급으로 일하듯이 그들도 마찬가지이다.

전문 사진가를 고용하든 아마추어 사진가를 고용하든 전문 지식이 중요하다는 것은 명심해야 한다. 전문 개발자와 경력을 쌓으려는 대학생 중 누구를 고용하겠는가? 둘 다 놀라운 결과를 얻을 수 있지만 전문가가 좀더 수월하게 요구사항이나 기대 수준에 맞는 품질을 만들어 낼 수 있다.

도 맞지 않고 너무 어둡거나 노출이 과도한 경우가 대부분이다. 포토샵을 사용해 이런 문제를 보정할 수 있지만 가장 좋은 접근은 좋은 사진에서 출발하는 것이다.

그럼 웹사이트에 적용할 좋은 사진은 어디서 얻을 수 있을까? 혹 예산 때문에 전문 사진작가를 고용할 여유가 없다면 iStockphoto[3]와 같은 사진 공유 사이트를 방문해보자. 플리커[4]에서도 자유롭게 사용 가능한 라이선스로 공개된 사진을 찾아볼 수 있다.

iStockphoto에서 예제에 사용할 만한 멋진 파스타 사진을 발견했다.[5] 매우 선명하고 밝게 나왔기 때문에 좋아하는 사진이다. 페이지에 바로 적용하기에는 너무 크지만 포토샵에서 이미지를 멋지고 알맞은 형태로 잘라내면 된다.

목업에 사용할 때는 비용을 지불하지 않아도 된다. iStockphoto의 모든 이미지는 구매하기 전에는 워터마크가 새겨져 있다. 이미지의 URL을 확인하려면 이미지 위에서 마우스 오른쪽을 클릭해 브라우저의 컨텍스트 메뉴를 호출한다.

---

3 http://www.istockphoto.com
4 http://www.flickr.com
5 http://www.istockphoto.com/stock-photo-3762141-italian-meatballs.php

그림 7.3 진행중인 작업

이미지를 복사해서 클립보드에 이미지를 위치시킨다.

이미지를 포토샵으로 가져오면서 높이와 넓이를 조절할 수 있다. 목업 작업 시에는 상관없지만 실제 애플리케이션에는 구매하기 전까지 이를 적용할 수 없 다.[6] 사진을 구매하고 나면 훨씬 크고 고화질의 사진을 사용할 수 있다. 하지만 이해관계자가 승인하기 전까지는 이미지를 구입하지 않길 바란다.

배너를 페이지에 배치하면 그림 7.3처럼 보일 것이다.

Main Content라는 이름으로 새로운 레이어 그룹을 만든다. 그룹 내에 Pasta Photo라는 이름으로 새로운 레이어를 만든다(Ctrl + Shift + N). 이미지를 붙여 넣고 이동 도구를 사용해 이미지의 왼편 상단이 306px, 108px 위치에 오도록 한 다. 해당 위치는 중앙 영역이 시작하는 곳이다.

배너를 위해 이전에 만든 가이드와 사이드바는 맞닿아 있는 지점이기도 하다.

---

6 별도의 레이어로 구성했기 때문에, 나중에 이미지를 사용하기로 결정하고, 이미지를 구매해서 목업에 반 영하면 그대로 적용이 된다.

> **거기 있다고 해서 공짜는 아니다**[7]
>
> 많은 이들이 웹이나 구글 이미지 검색에서 찾을 수 있는 이미지를 자신의 웹사이트에 사용해도 된다고 믿고 있다. 하지만 전혀 그렇지 않다. 사실 명시적으로 표시된 것을 보지 못했을 뿐 대부분의 이미지는 사진가나 이미지를 게시한 기관에게 저작권이 있다.
>
> 사용하길 원하는 사진은 허가를 받아야 한다. 가능하다면 계약서를 작성하거나 상업적인 사진 서비스 업체에서 사진을 구매해야 한다.

선택 도구(단축키 M)를 선택하고 새롭게 붙인 이미지 위에서 오른쪽 마우스를 클릭하고 자유 변형(Free Transform) 옵션을 선택한다. 시프트 키를 누른 채로 이미지의 오른편 하단 모서리를 대각선으로 잡아당겨 이미지의 우측 끝이 화면의 경계와 일치하게 만들고 엔터 키를 누르면 변경이 적용된다.

이제 선택 도구를 사용해 이미지가 최종적으로 위치하게 될 사각 영역을 선택한다. 가이드와 만나는 왼편 상단 모서리에서 시작한다. 선택한 영역은 이미 만든 가이드라인에 일치하게 될 것이다. 이동 도구(V)를 선택하고 방향 키로 선택된 대상이 파스타 이미지의 가운데 올 때까지 내려준다. 선택 영역 내에서 배치하고자 하는 이미지 영역을 만들고 메뉴에서 Select 〉 Inverse(Ctrl + Shift + I)를 선택한다. 남기고 싶은 영역 외의 나머지 모든 것은 삭제 키를 눌러 제거한다.

마지막으로 다시 이동 도구(V)로 전환하고 방향 키를 눌러 배너용 가이드 사이로 이미지를 올려준다.

7.5 메인 콘텐츠

Get Cookin'이라는 타이틀 외에는 홈페이지에 어떤 내용을 쓸지 아직 정해진 것은 없다.[8] 하지만 무언가는 채워주어야 한다. 아무 문장이나 채워도 되지만 이런

---

7 (옮긴이) 원문 It's Not Free Just Because It's There는 1923년 영국의 등산가 조지 맬러리가 '왜 에베레스트에 오르고 싶어하십니까?'라는 기자의 질문에 '거기 그 산이 있기 때문이지요'라는 대답으로 잘 알려져 있다.

8 (옮긴이) Cookin'이라는 표현은 Cooking의 줄임말이다.

시도를 실제 콘텐츠로 오해할 수도 있다. 대신에 전통적인 인쇄 목업에서 사용하는 로렘 입숨(Lorem Ipsum)을 적용할 것이다. 로렘 입숨은 500년 이상 인쇄기술에서 표준으로 사용된 아무 의미 없는 텍스트다.

언뜻 보면 실제 텍스트처럼 보이기 때문에 확정된 콘텐츠를 가지고 있지 않을 때 공간을 채우기에 알맞은 방법이다. http://lipsum.org/를 방문하면 원하는 만큼 텍스트 구문을 생성할 수 있다. 이것은 일반적인 임시 텍스트이기 때문에 사람들이 텍스트보다는 디자인에 집중하게 만든다. 모든 이들이 페이지에 표시된 텍스트가 아무런 의미가 없다는 것을 즉시 알 수 있기 때문이다.

페이지에 텍스트를 가져와보자! 텍스트 도구를 선택하고 텍스트 색상은 4B541C로 변경한다. 그리고 모노타입 코르시바 36px 크기의 글꼴을 설정한다. 그리고 페이지에 Get Cookin'이라는 텍스트를 입력한다. 새롭게 만든 타이틀을 상단 눈금자 기준으로 324px, 좌측 눈금자 기준으로 288px 지점으로 이동시킨다. 해당 지점은 첫 번째 태그 클라우드에서 태그의 두 번째 행 상단부분과 맞닿아있는 그리드라인과 일치한다.

본문 텍스트

Body Text라고 하는 새로운 레이어를 만들고 텍스트 도구를 선택한다. 좌측 눈금자에서 324px과 486px 위치에 가이드를 만들어 앞으로 사용할 텍스트 블록의 상하 경계를 지정한다. 612px 지점에는 수직 가이드를 배치하고 텍스트 블록의 폭을 지정한다. 텍스트 도구를 사용해서 가이드로 지정한 상자 크기만큼 사각형을 그린다. 로렘 입숨을 텍스트 영역에 채우고 텍스트의 줄 간격[9]을 18px로 변경하고 글꼴 크기는 12pt, 글꼴 색상은 000000(검정), 글꼴은 아리엘로 지정한다. 설정이 끝나면 텍스트를 그리드라인에 위치시킨다.

---

9 줄 간격은 줄 사이의 수직 간격으로 생각하면 된다(4장 「글꼴과 타이포그래피」를 참고하자).

7.6 브라우저 테스트

이제 페이지 목업 작업이 거의 완료되었지만 웹 브라우저에서 실제 어떻게 보일지는 정확하게 예측할 수 없다. 지정된 수치로 목업을 디자인했지만 웹은 생각보다 가변적이다. 와이드 모니터를 사용하는 경우 어떻게 보일지도 알고 있어야 한다.[10]

메뉴에서 Image 〉 Resize Canvas를 선택하고 width를 900px에서 1200px로 변경한다. 기본 설정에서 포토샵은 이미지 양쪽에 여분의 픽셀을 추가한다.

그림 7.4 그리그라인에 정렬될 수 있도록 텍스트 줄 간격을 설정한다.

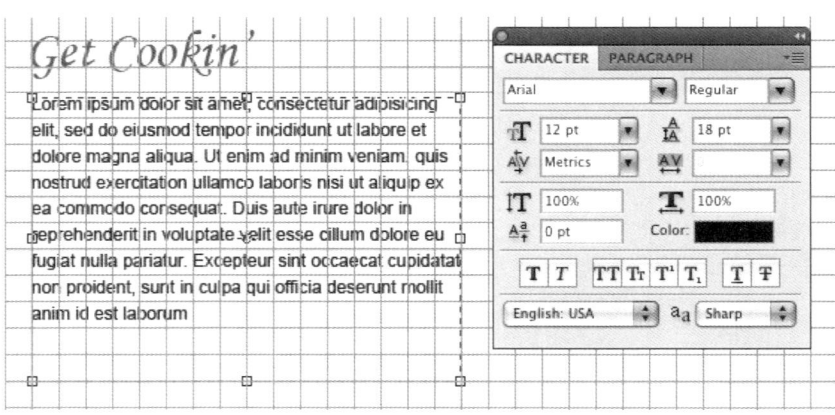

디자인을 처음 시작하면서 구현상의 편의를 위해 고정된 폭으로 디자인을 하기로 했다. 하지만 목업을 보면 페이지 양쪽에 빈공간이 너무 많다. 페이지를 가득 채울 수 있는 방법 중 하나는 원래 계획에서 로고와 브라우저 창에 보이는 사이트의 나머지를 가운데로 오게 하고, 헤더의 배경색을 창 전체 폭에 맞게 확장하는 것이다. 이렇게 하면 전체 스크린 사이트처럼 보이게 할 수 있지만, 더 많은 코딩 작업이 필요할 것이다.

---

10 종이로 작업하는 데 익숙한 경우에 큰 문제가 될 수 있다. 종이는 경계가 없는데 웹은 그렇지 않다. 모서리를 남기지 않고 어떻게 디자인할 수 있을지 항상 고민해야 한다.

이동 도구(V)를 선택하고 헤더 위에서 오른쪽 마우스를 클릭한다. 그리고 팝업 메뉴에서 header layer를 선택한다. 이렇게 찾는 것은 레이어 팔레트에서 모든 레이어를 뒤지지 않고 레이어를 선택하는 적절한 방법이다. 선택 도구를 선택하고 레이어 크기 변경 핸들을 활성화할 수 있게 헤더 위에서 오른쪽 마우스를 클릭하고 자유 변형 항목을 선택한다. 왼쪽과 오른쪽 크기 변경 핸들을 캔버스의 경계까지 드래그한다. 그리고 엔터 키로 변경을 확정한다.

칸버스를 확장해보면 스크린 가운데에 페이지가 어떻게 놓이는지 확인할 수 있다. 사이트의 영역을 지정하려면 포토샵의 모양 도구를 사용할 수 있으며 이렇게 하면 품질을 손상시키지 않고 쉽게 모양을 변경시킬 수 있다.

하이브리드 레이아웃

최근에 와이드스크린 모니터가 대중적으로 확산되면서 디자이너도 새로운 해상도를 고려하는 디자인을 요구받고 있다. 이런 요구에 따라 하이브리드 레이아웃이 호응을 얻고 있다. 일반적인 레이아웃은 고정폭을 사용하는데 하이브리드 레이아웃은 스크린의 전체폭으로 영역이 확장된다.

주로 우리가 만든 사이트처럼 헤더를 스크린의 전체 폭으로 채워지게 확장하는데 메인 콘텐츠는 가운데 남아있게 한다. 어떤 때는 푸터도 같이 확장하게 하는데 이렇게 하면 콘텐츠는 정형화된 구조로 읽기 편하게 놔두면서 스크린을 채워주는 효과를 낼 수 있다.[11]

7.7 요약

이번 장에서는 몇 가지 요소를 만들어보았으며 문서 내에서 콘텐츠가 어떻게 보이는지 확인할 수 있는 방법을 세웠다. 목업을 코드로 구현하기 전에 몇 가지 만들어야 할 요소가 남아 있다. 다음 단계에서 살펴보자.

---

11 (옮긴이) 하이브리드 레이아웃에는 여러 가지 방법이 있다. 아래의 글도 같이 참고하자.
   http://www.vanseodesign.com/css/hybrid-layout-code/

8장

W e b   D e s i g n   f o r   D e v e l o p e r s

목업 다듬기

Foodbox 사이트를 마무리하려면 몇 가지 요소가 추가되어야 한다. 검색 폼에서 버튼으로 사용할 검색 아이콘이 필요하고 사이트의 메인 영역 옆에 회원 가입 버튼이 필요하다.

검색을 위한 돋보기 아이콘을 직접 찾아보거나 버튼 생성 도구를 사용해 만들 수도 있다. 하지만 사이트 제작에 최적화된 자신만의 방법을 가지고 있다면 실제 코드로 구현할 때 좀더 나은 결과를 만들 수 있다. 적절하지 않은 아이콘을 사용하면 전체 디자인을 망칠 수 있다. 때론 적절한 아이콘을 찾을 시간에, 자신만의 아이콘을 직접 만들어도 된다.

새로 만들 이미지를 지금까지 목업을 만들었던 캔버스에 생성할 수도 있지만, 파일을 깔끔하게 정리하기 위해 새로운 파일을 사용할 것이다.

8.1 검색 아이콘 만들기

포토샵이나 일러스트레이터 중에서 어느 것을 사용하더라도 검색 아이콘을 만들 수 있다. 확장성을 고려하고 다양한 크기의 아이콘을 만들어야 한다면 일러스트레이터를 사용해야 한다. 로고를 만들 때 배웠듯이 벡터 그래픽은 이미지를 훼손시키지 않고 멋지게 크기를 확장할 수 있다. 하지만 이번에는 검색 버튼으로 사용할 간단한 검색 아이콘이 필요하다. 아이콘은 고정된 크기이므로 포토샵을 이용해서 빠르게 작성하는 것이 적절하다.

Search Icon이라는 이름으로 새로운 포토샵 파일을 만든다. 높이와 넓이는 18 픽셀로 지정하고 background Contents항목을 transparent로 설정하고 해상도 는 72dpi로 지정한다.

아이콘의 배경 만들기

Ctrl + 스페이스바를 누른 상태에서 마우스를 클릭하면 화면이 확대된다. 마우스를 클릭할 때마다 일정 수준으로 확대가 되는데 1200%까지 지원된다. 이때 캔버스에서 격자 줄무늬를 볼 수 있는데 이는 투명한 배경 상태에서 작업하고 있다는 것을 의미한다.

현재 설정된 Layer 1을 Background로 이름을 바꾸고 도구 팔레트에서 모서리가 둥근 사각형 도구를 선택하고 radius를 2px로 지정한다. 여기서 픽셀(px)로 설정하는 것이 중요하다. 따로 설정하지 않는다면 인치와 같은 기본 측정 단위를 사용할 것이다. 도구에서 픽셀 모드를 사용하게 하면 Fill Pixels 옵션을 설정할 수 있으며 안티알리아스를 적용할 수 있다. 사각형의 색상은 다음 단계에서 변경할 것이기 때문에 크게 신경 쓰지 않아도 된다.

픽셀 맞추기

도형을 정렬할 때 Snap to Grid 기능을 사용할 수 있다. 하지만 이번에는 모서리가 둥근 좀더 복잡한 도형을 만들 것이다. Snap to Grid는 각 둥근 모서리가 정확하게 동일하게 보이도록 도와줄 수 있다. 이런 모양을 만들기 위해서 픽셀에 맞게 그려주어야 한다. 옵션 툴바에서 도형 선택 버튼의 오른쪽 끝에 있는 드롭다운 화살표를 클릭하고 Snap to Pixels 체크박스를 선택한다. 목업을 개발하거나 버튼을 만들 때는 이 옵션을 사용할 것을 권장한다.

이제 커서를 캔버스 왼편 상단 구석에 위치시킨다. 클릭 후 오른쪽 하단 방향으로 드래그해 캔버스를 사각형으로 채운다. 캔버스 오른편 하단에 커서가 도달하면 마우스 버튼을 놓아 도형을 만든다.

레이어 썸네일에서 오른쪽 마우스를 클릭하고 Blending 옵션을 선택한다.

Gradient Fill 옵션을 선택하고 그라디언트를 편집할 수 있게 Gradient style 항목을 더블클릭한다. 그라디언트의 오른편 색상에는 타이틀에 사용한 것과 동일한 녹색을 선택한다. 그리고 그라디언트의 왼편은 000000(검정)으로 지정한다. 그라디언트를 설정하고 나면 그림 8.1과 같이 녹색에서 검은색으로 변하는 그라디언트가 채워질 것이다.

돋보기 만들기

이제 돋보기를 그릴 시간이다. 포토샵은 몇 가지 멋진 도형 도구를 가지고 있는데 여기에서는 좀더 고전적인 기술을 사용해 돋보기를 만들어 보겠다. 선택 도구를 사용해 만들어 보자.

Magnifying Glass라고 하는 새로운 레이어를 만든다. 그리고 도구 팔레트에서 타원형 선택 도구를 선택하고 시프트 키를 누른 채로 아이콘 영역에 꽉 차게 원을 그린다. 그림 8.1과 비슷한 결과를 얻었을 것이다. 메뉴에서 Edit 〉 Stroke를 선택해 폭은 2px로 하고 흰색으로 채운다.

그림 8.1 선택 도구로 원모양을 선택

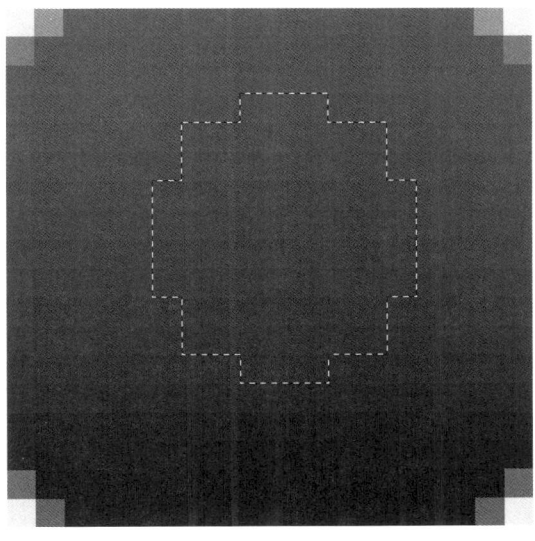

선 그리기 도구를 선택하고 두께를 2px로 지정한다. 돋보기 좌측 아래로 대각선을 그어 그림 8.2처럼 손잡이를 만든다.

이제 '반짝거리는' 효과를 만들고자 한다. 선택 도구를 사용해 원 모양 안쪽을 선택하려면 너무 많은 작업이 필요하다. 대신에 마술봉 도구를 사용한다. 도구 팔레트에서 마술봉 도구를 선택하고 원 안쪽의 아무 위치나 클릭한다. 그러면 원 안쪽 영역이 선택된다.

Glass라는 이름으로 새로운 레이어를 만든다. 전경색은 FFFFFF(흰색)으로 설정하고 Gradient Fill 도구를 선택한다. 옵션 툴바에서 gradient를 더블클릭하고 프리셋에서 Foreground to Transparent를 선택한다. 새로운 설정이 적용되면 도구를 가지고 돋보기 모양의 위쪽에서 아래쪽으로 직선을 그려준다. 다른 변형 도구나 선택 도구와 마찬가지로 시프트 키를 누르고 드래그하면 직선을 그릴 수 있다.

그림 8.2 손잡이를 가지는 돋보기

그림 8.3 완성된 아이콘

아이콘 작업을 마치면 그림 8.3과 같은 모습이 된다. 포토샵 파일을 originals 폴더에 search_button.psd라는 이름으로 저장한다.

검색 아이콘 배치하기

처음에 만들었던 목업 작업 파일로 돌아와서 메뉴에서 File 〉 Place 항목을 선택하고 이번 장에서 만든 search_button.psd 파일을 찾는다. 그리고 검색 폼 오른쪽 옆에 위치시킨다. 원하는 형태로 배치가 됐다면 파일을 저장한다. 최종적으

그림 8.4 완성된 검색 폼

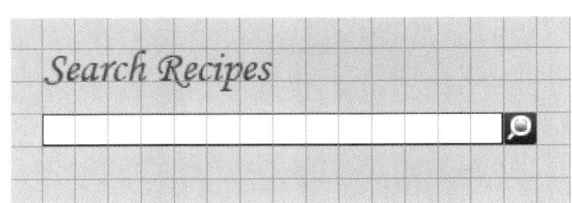

로 만들어진 검색 영역은 그림 8.4와 같은 모습이다.

8.2 회원 가입과 로그인 버튼 만들기

스케치를 보면 페이지의 오른편에 두 개의 큰 버튼이 보인다. 해당 공간에 이 버튼을 만들기 위해 8.1절에서 검색 아이콘을 만드는 데 사용했던 것과 동일한 방법을 사용할 것이다. 우선 button이라는 이름으로 배경이 투명한 새로운 파일을 만들자. 넓이와 높이는 남겨진 공간에 딱 맞아떨어지도록 216px과 72px로 지정한다.

도구 팔레트에서 둥근 모서리 사각형 도구를 선택하고 corner radius 값은 10px로 지정한다. 이렇게 하면 모서리가 멋지게 처리된 버튼을 만들 수 있다.

레이어 팔레트에서 Shift + Ctrl + N 단축키로 새로운 레이어를 만들고 라벨을 button background라고 수정한다. 새로운 레이어에 버튼을 그릴 것이다. 설정한 둥근 모서리 사각형을 사용해 버튼을 그린다. 캔버스의 왼편 상단에서 오른편 하단으로 클릭 후 드래그하면 된다. 전경색을 흰색이 아닌 다른 색으로 지정하면 결과를 좀더 명확하게 볼 수 있다. 다음 단계에서 변경이 가능하기 때문에 여기에서는 어떤 색을 선택하든 상관이 없다.

그러고 나서 버튼을 포함하는 레이어 위에서 오른쪽 마우스를 클릭하고 Blending 옵션을 선택한다. Layer 스타일 대화상자에서 Gradient Overlay 도구를 선택해 그라디언트를 위한 옵션을 볼 수 있게 한다. 에디터에서 그라디언트 이미지를 더블클릭하면 그라디언트 에디터가 나타난다. 그림 8.5에서 1로 표시된 것이 색상 바구니(color bucket)이고 2로 표시한 것이 전환점(transition point)이다.

버튼을 선명하게 보이게 하려면 그라디언트를 디자인할 필요가 있다. 그라디언트를 적절하게 설정할 때 중요한 점은 그라디언트 내에서 색상의 변화를 얼마나 섬세하게 조절하는가이다. 그라디언트 에디터에는 현재 그라디언트 설정이 색상의 긴 띠로 나타난다.

그림 8.5 그라디언트 옵션

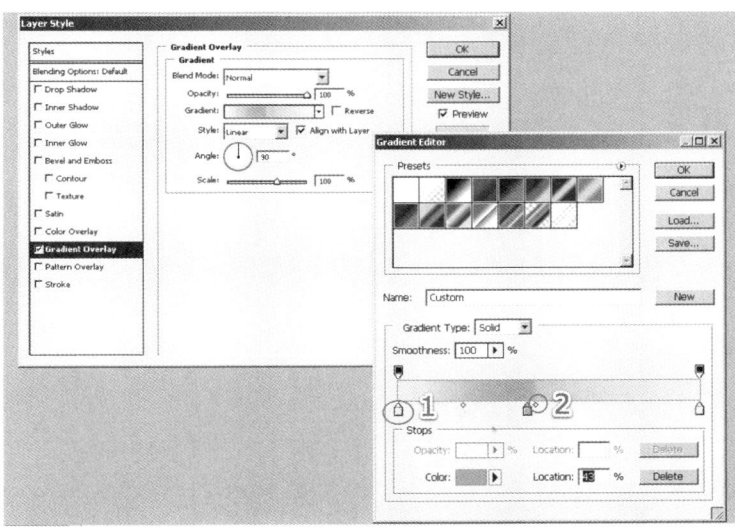

그라디언트 바 아래의 색상 바구니 중 하나를 선택해서 그라디언트의 색상을 지정할 수 있다. 그라디언트 바를 처음 열었을 때 기본 그라디언트는 두 개의 색만을 포함하고 있다. 하지만 색상 바구니 사이의 공간을 클릭하면 색을 추가할 수 있다.

버튼의 그라디언트는 두 개의 색만을 포함하고 있지만 전환 효과를 만들려면 세 개의 색상 바구니가 필요하다. 왼쪽과 오른쪽의 색상 바구니를 FFEABF로 지정하고 색상 바구니 사이의 바 아래쪽 공간을 클릭해서 세 번째 색상 바구니를 추가한다. 그리고 색상을 FFAE00으로 지정한다. 여기에 사용된 색은 사이드 바에 사용된 오렌지색을 조금 변형했다.

에디터에서 그라디언트 띠를 따라 작은 원이 있는 것을 확인할 수 있는데 원하는 색상 방향으로 포인터를 이동하면 혼합량을 늘리거나 감소시킬 수 있다. 이번에 만드는 버튼은 오른쪽에 위치한 포인트를 가능한 중간 색에 가깝게 왼쪽으로 드래그해서 강렬한 전환 효과를 만들 것이다. 이렇게 하면 버튼에 약간의 간격을 두고 멋진 수평선이 생긴다. 그림 8.5에서 여기에 사용된 설정 값을 확인할 수 있다. 그라디언트 에디터에서 OK를 클릭하면 그라디언트가 적용된다. 그라디언트 에디터를 다양한 방법으로 시도해보자. 그림 8.6에서 다른 효과를 적용한 예제를 볼 수 있다.

버튼 주변에 윤곽선인 스트로크를 추가해서 좀더 버튼을 드러나게 만들 수 있다. 레이어 효과 목록에서 Stroke를 선택하고 stroke width를 1px로 지정한다. 검은색과 같은 짙은 색상을 사용해 버튼을 좀더 돋보이게 하거나 연한 색상을 사용해 눈에 띄지 않게 할 수 있다. opacity 값을 45%로 낮추어 스트로크를 부드럽게 처리한다. 스트로크를 버튼 안쪽에 추가할 수 있는데 이렇게 하면 스트로크가 버튼의 넓이와 높이에 영향을 미치지 않는다.

그림 8.6 그라디언트를 사용해서 입체적으로 표현하기

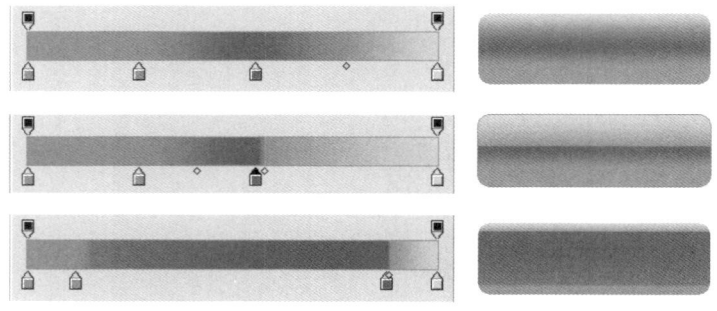

그림 8.7 완성된 버튼

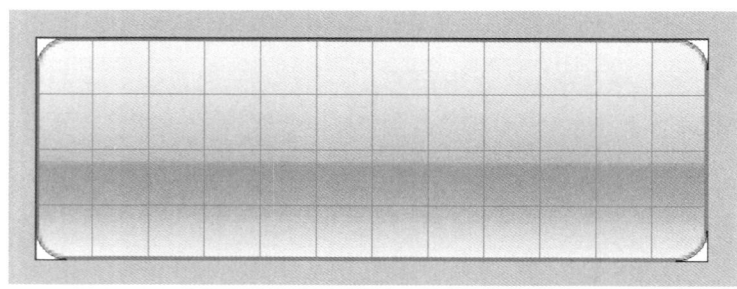

만들어진 버튼을 프로젝트의 originals 폴더에 button.psd라는 이름으로 저장한다. 나중에 로그인 버튼을 만들 때 필요할 것이다.

텍스트 추가하기

텍스트 도구를 선택하고 버튼에 회원 가입(Sign Up)이라는 텍스트를 추가한다. 색상은 색상 계획에서 정했던 대로 사용하면 된다. 버튼의 색상으로는 짙은 색상을 권장한다. 버튼의 배경과 텍스트가 명확하게 대비되도록 선택해야 한다. 레이어 이펙트를 사용하면 텍스트에 약간의 기울임 효과를 줄 수 있다.

파일을 signup_button.psd로 저장한다.

회원 가입 버튼 추가하기

이제 다시 목업 파일로 돌아와서 로고를 배치했던 것과 동일한 방식으로 회원 가입 버튼을 배치해보자. 회원 가입 버튼을 위해 남겨놓았던 공간에 위치시키면 된다. 그리고 목업 파일을 다시 저장한다.

로그인 버튼 만들기

signup_button.psd 파일을 다시 열어서 텍스트를 로그인(Log In)으로 변경한다.

그림 8.8 두 버튼을 배치했다

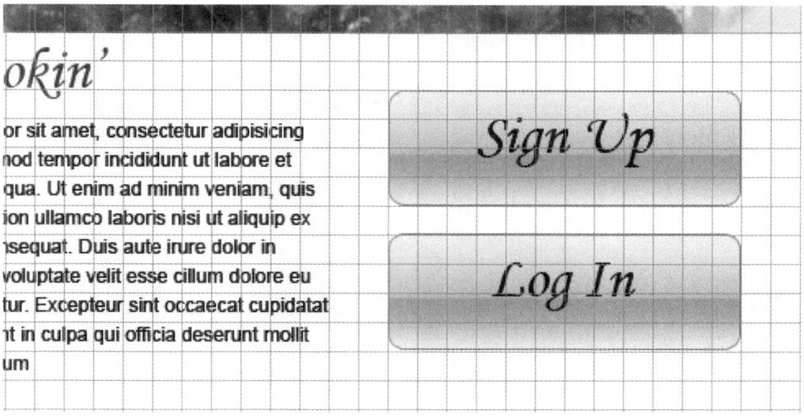

이동 도구를 선택하고 텍스트가 가운데로 오도록 살짝 밀어준다. 텍스트 레이어를 추가하고 위치를 조정했으면 login_button.psd로 파일을 저장하고 목업 파일을 열어서 회원 가입 버튼 아래에 위치시킨다.

그림 8.8에서 두 버튼의 위치를 확인할 수 있다.

8.3 콘텐츠가 도착했다!

조금 전 스티브에게서 연락이 왔는데 이해관계자가 메인 페이지에 어떤 메시지를 넣을지 최종적으로 결정했다고 한다. 사이트의 윤곽이 어느 정도 잡히는 것 같아 모든 사람들이 만족스러워했다. 하지만 이해관계자는 페이지에 너무 여백이 많다는 의견을 제시했다. 그래서 예전 사이트에 있던 기능 중에서 방문자가 최근에 추가한 레시피를 보여주는 기능을 도입하기로 결정했다. 또한 메인에 들어갈 안내문을 다음과 같이 적용하기로 결정했다.

Foodbox는 전세계에 퍼져있는 레시피를 모으고 공유하는 최선의 방법입니다. 명성 있는 요리사나 당신과 비슷한 사용자가 올린 수천 개의 레시피를 이용해 자신만의 레시피를 만들 수 있습니다. 또한 자신만의 비밀스런 레시피를 친구에게만 알려줄 수 있고 원한다면 전세계의 사용자들과 공유할 수 있습니다.

지금 계정을 만들고 요리를 시작해보세요!

더미 텍스트 대체하기

텍스트를 대체하기란 어려운 일이 아니다. 메인 텍스트 영역에서 더미 텍스트를 대체하면 된다. 적용이 끝나면 앞에서 사용했던 텍스트 블록보다 조금 짧다는 것을 알 수 있다. 약간 조절해 보자. 붙여 넣은 텍스트를 선택하고 글꼴의 크기를 14px로 변경한다. 그래도 여전히 약간의 여백이 남지만 이해관계자가 요청한 레시피 정보를 추가하기 위한 공간으로 남겨두자.

최근 추가된 레시피 영역 추가하기

페이지 하단의 모든 영역을 채울 필요는 없지만 타이틀과 레시피를 위한 텍스트 블록을 추가할 수 있다. 다른 타이틀과 마찬가지로 16px 크기로 모노타입 코르시바 글꼴을 적용해 최근 추가된 레시피(Latest Recipes)라는 타이틀을 만든다. 타이틀은 소개의 글 바로 아래에 위치하게 하지만 새로운 타이틀과 기존 콘텐츠 사이에 약간의 여백은 남겨놓는다. Get Cookin' 레이어를 복제해서 위치와 텍스트만 수정하고 새로운 타이틀을 빠르게 만들 수도 있다는 것을 잊지 말자. 이렇게 하면 색상, 글꼴, 크기를 설정하는 작업은 넘어갈 수 있다. 좀더 스마트하게 일하는 방법이다.

방금 추가한 타이틀 아래에 몇 개의 모조 레시피를 만든다. 여기에는 14px 크기의 아리엘 글꼴을 사용한다. 레시피는 태그 클라우드에 사용했던 것을 그리드 한 블록 정도 조금만 옆으로 밀어주면 멋지게 보일 것이다. 각 레시피 타이틀을 라인에 맞게 배치하고 그리드라인을 가이드로 사용해 공간을 적절하게 배치한다.

레시피 아래에는 12px 크기의 아리엘 글꼴로 간단한 설명을 추가한다. 텍스트 들여쓰기는 18px로 한다. 그림 8.9에서 결과를 볼 수 있다.

그림 8.9 최신 레시피 영역

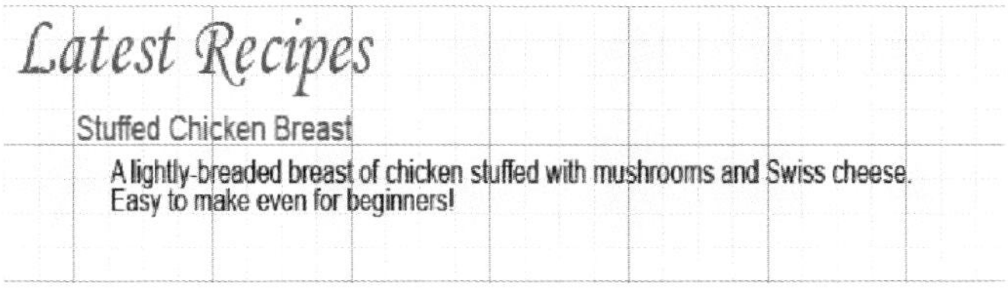

그림 8.10 완성된 목업

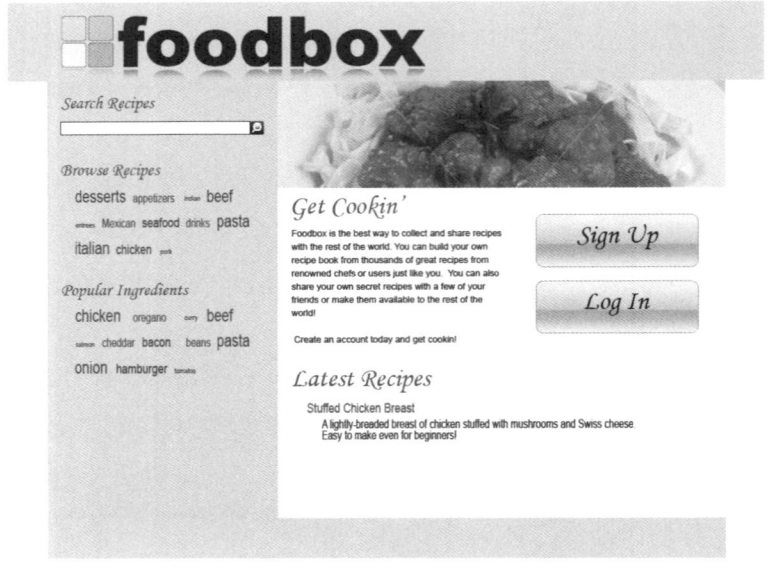

8.4 요약

이제 사이트 제작을 시작할 준비가 끝났다. 이번 장에서는 레이어 그룹을 어떻게 다루는지와 텍스트를 다루는 방법, 레이어 이펙트와 마스크를 적용하는 방법을 배웠다. 이번 장에서 배운 기법은 좀더 많은 사이트를 개발하는 데 유용하게 사용될 것이다. 덕분에 클라이언트에게 생기 있고 매력적인 목업을 제공하게되었다. 무엇보다도 최종 페이지를 만들 때 목업에서 바로 적용할 수 있는 자산을 갖게 됐다.

3부

사이트 만들기

Web Design for Developers

9장

HTML로 홈페이지 만들기

앞에서는 사이트 디자인에 많은 시간을 사용했는데, 이제는 목업을 실제 웹 페이지로 변환할 차례다. 몇 단계로 나누어 작업을 진행할 것이다. 콘텐츠를 담을 문서를 어떻게 구조화할 것인지를 먼저 결정해야 한다. 그러고 나서 HTML 문서의 뼈대를 잡고 이해하기 쉽게 구조화된 마크업을 기반으로 페이지의 다양한 영역을 정의해야 한다. 그리고 CSS(Cascading Style Sheets)를 사용해 레이아웃을 만들어 간단하게 기본적인 스타일을 적용할 것이다. 여기에는 색상, 글꼴, 이미지를 적용하는 것도 포함된다.

이번 장에서는 기본 HTML 문서를 만들겠다. 그리고 이어지는 세 장에서는 CSS를 가지고 문서에 디자인 요소를 적용하는 작업을 진행할 것이다.

웹 페이지는 포토샵 문서처럼 캔버스에 고정되어 있지 않기 때문에 정확하게 똑같이 만들지는 못할 수도 있다. 인쇄된 책자나 포스터와는 달리 웹 페이지는 고정된 크기를 제공하지 않는다. 웹 브라우저의 시각적인 영역은 사용자가 사용하는 스크린이나 창의 크기에 따라 달라질 수 있다. 예를 들어 사용자는 사이트를 작은 창에서 볼 수도 있고 풀스크린 상태로 꽉 채워서 볼 수도 있다. 이런 경우에 대비하여 약간의 사전 작업이 필요하다. 작업을 마치면 실제 페이지가 목업과 정확하게 동일한 모습은 아니지만 대부분 사용자가 차이를 구별하지 못할 정도로 보일 것이다. 모든 픽셀 하나하나를 정확하게 올바른 위치에 배치하는 데 너무 많은 고민을 하지 말자.

9.1 웹 표준으로 작업하기

관심사 분리는 노련한 개발자들이 언제나 생각해야 하는 것이다. 웹 애플리케이션을 개발할 때는 모델, 컨트롤, 뷰를 나누게 되는데 이는 화면 UI 구현을 비즈니스 로직과 분리하는 좋은 습관이다. 웹디자이너 역시 이런 콘셉트를 잘 이해한다. 웹 표준을 염두에 두고 웹사이트를 디자인하면 디자인과 사용자 인터랙션, 콘텐츠를 분리할 수 있다.

　웹 표준에 맞춰 디자인한다는 것은 표준화된 최적의 기법과 방법론을 이용한다는 말이다. 월드와이드웹 컨소시움(W3C)와 같은 표준기관에서 대부분의 표준을 제정하며 일부 표준은 선도적인 웹디자인 커뮤니티에서 최적의 기법으로 제시되기도 한다.

　웹 표준을 준수하는 웹사이트나 웹페이지는 다음과 같은 속성을 가진다.

- 콘텐츠와 구조가 유효한 HTML이나 XHTML을 사용한다. 여기에는 적절한 doctype과 문자셋이 포함된다.
- 화면에 표시되는 부분은 유효한 CSS를 사용해 그려진다. 즉 CSS가 사이트의 레이아웃, 글꼴 색상, 글꼴 스타일, 페이지 색상뿐 아니라 콘텐츠와 관련되지 않는 시각적인 영역까지 적용된다.

- 웹페이지는 웹브라우저나 플랫폼, 장애 여부와 관계없이 누구나 접근 가능해야 한다.
- 사이트는 내비게이션, 링크, 구조에 대한 기본적인 사용성 지침을 가질 수 있다.
- 사이트의 기능은 콘텐츠와 시각적인 영역으로부터 분리된다. 자바스크립트를 지원하는 모든 플랫폼에서 동작 가능하며, 적용된 기술을 사용할 수 없는 플랫폼이나 디바이스, 사용자에게는 적절하게 대체 콘텐츠를 제공한다.

나열된 항목은 당연한 내용처럼 보이지만 이처럼 구현하려면 어떻게 해야 할지 생각해보았는가? 우선 콘텐츠와 구조를 정의한 유효한 HTML 문서를 만드는 것부터 시작한다. 간단한 HTML도 만들어 본 적이 없더라도 아주 쉬운 일이 될 것이다. 그러니 걱정할 필요는 없다. 이전에 HTML을 전혀 손대보지 않았더라도 이번 장에서 빠르게 배울 수 있을 것이다.

9.2 홈페이지 구조

페이지를 행과 열이 아닌 콘텐츠 영역으로 시각화해 보자. 이렇게 하면 표준에도 적합할 뿐 아니라 스타일시트만 교체해 페이지의 레이아웃을 완전하게 변경할 수 있는 유연한 구조를 가져갈 수 있어 개발하기가 수월해진다.

Foodbox 사이트에서는 사이드바에 들어갈 내용과 메인에 들어갈 내용을 각각의 영역으로 나누려 한다. 목업을 만들 때 페이지를 섹션으로 나누어 작업했던 것과 동일한 작업을 진행하겠다.

목업은 네 개의 기본 영역으로 나눌 수 있다.

- 헤더
- 사이드바
- 메인
- 푸터

이 네 개의 영역은 쉽게 확인할 수 있다. 하지만 추후 페이지를 더 잘게 나누고자 할 때 쉽게 수정할 수 있는 유연한 구조로 만들어야 한다. 이렇게 하려면 콘텐츠를 논리적인 묶음으로 나누어야 한다.

예를 들어 목업 영역을 아웃라인 폼에 표현해보자.

- 페이지
  - 헤더
  - 미들
    * 사이드바
      · 레시피 검색
      · 레시피 둘러보기
      · 자주 쓰는 재료
    * 메인
  - 푸터

최상단에는 페이지라고 불리는 전체 영역이 있다. 이 영역은 다시 헤더, 미들, 푸터 영역으로 나뉜다. 부모 영역 혹은 바깥쪽 영역이라고도 하는 페이지 영역은, 요소의 위치를 결정할 때 기준점처럼 사용할 수 있다. 또한 바깥쪽 영역의 넓이를 조절하면 전체 페이지의 넓이도 조절할 수 있다.

사이드바와 메인 영역은 미들 영역 속에 들어 있다. 페이지 영역처럼 미들 영역도 위치 결정 시 기준점으로 삼을 수 있는데, 이 덕분에 페이지 구성을 유연하게 할 수 있다는 중요한 장점을 얻게 된다. 특정 페이지에서는 간혹 사이드바 영역이 필요없을 수도 있는데, 예를 들어 메인 영역을 가득 채워 콘텐츠를 보여주는 페이지가 그렇다. 이때는 사이드바와 미들 영역을 제거하고, CSS를 사용하여 메인 영역 콘텐츠의 넓이를 조정하면 된다.

이런 구조는 흔히 볼 수 있다. 헤더와 푸터가 있고 기본적인 컬럼 레이아웃을 제공하는 구조는 가장 일반적인 웹사이트 유형 중 하나다. 표준을 준수한 디자인을 사용하면 스타일시트에서 컬럼의 넓이와 색상, 다른 시각적인 요소를 정의하기 때문에 구조를 다른 프로젝트에 재활용할 수 있다.[1]

9.3 시맨틱 마크업

시맨틱 마크업은 문서를 구조화해주며 기계나 장치 또는 사람이 해석할 수 있게 한다. 예를 들어 구글의 웹 크롤러는 h1과 같은 태그나 링크로 달린 href 속성을 웹페이지나 콘텐츠의 중요성을 판단하는 데 사용한다.

김대리가
묻습니다
                                        목업을 분할하면 안되나요?

이전의 웹 개발(이전이라 함은 2004년 중반까지를 의미한다)에서는 일반적으로 개발자가 포토샵 문서를 가져와 파이어웍스나 이미지레디와 같은 도구를 사용해 이미지를 잘라내고 HTML을 만들었다. 이런 접근은 웹페이지를 빠르고 간편하게 만들 수 있는 방법을 제공한다. 하지만 여기에는 심각한 문제가 있었다.

예를 들어 레이아웃을 구현할 때는 대부분 HTML 테이블을 사용했다. CSS가 UI 영역을 대체하기 전에는 거의 모든 웹 디자이너가 웹페이지를 만들기 위해 사용했던 방법이다. 테이블을 사용하면 많은 문제가 생기는데 특히 스크린 리더를 사용해 웹을 탐색하는 사용자를 힘들게 했다.

또한 이런 접근은 디자인과 콘텐츠를 분리할 수 없게 만들어, 사이트의 콘텐츠를 출력하거나 모바일 디바이스에서 볼 수 있게 보완하고 다양한 매체에서 사이트를 사용하는 것을 어렵게 만들 수 있다.

마지막으로 좀더 중요한 문제는 레이아웃에 테이블을 사용하면 사이트의 모든 페이지에 테이블 HTML 코드가 중복되어 들어간다는 것이다. 페이지를 요청할 때마다 데이터는 최종 사용자에게 전송된다. 작은 규모의 사이트라면 페이지가 최종 사용자에게 전달되는 데 그리 오랜 시간이 걸리지 않겠지만 접속자 수가 많은 경우라면 ISP에 지불해야 하는 비용이 많아진다. 웹사이트를 직접 운영하더라도 서비스 트래픽에 대한 비용을 지불해야 하기 때문에 가능한 파일 크기를 줄이는 것이 최대의 관심사가 될 것이다.

CSS와 웹 표준으로 디자인하면 최종 사용자가 한 번만 내려 받아서, 모든 페이지에서 공유할 수 있게 시각적인 영역을 정의할 수 있다. 성능을 향상시킬 뿐 아니라 비용도 절감할 수 있는 방법이다.

---

1 이런 방식은 웹사이트에 스킨을 적용할 때 매우 유용하다. 사용자들이 자신만의 테마를 설정하도록 할 수도 있다. http://www.csszengarden.com에서 한 사이트를 다양한 방식으로 표현한 예를 볼 수 있다.

HTML 태그를 사용할 때는 포함된 콘텐츠를 적절하게 설명해 줄 수 있어야한다. 페이지에는 타이틀, 설명, 목록을 비롯한 여러 요소가 존재하며 HTML에는콘텐츠를 마크업할 수 있게 설계된 수많은 태그가 있다. 예를 들어 타이틀에는〈h1〉About Us〈/h1〉라는 구문을 사용한다. HTML 파서가 이런 태그를 만나면페이지의 가장 중요한 타이틀이라고 인식한다.

〈font size="+2"〉About Us〈/font〉와 같이 사용하는 것은 완전히 부적절한 구문이다. 불행하게도 많은 개발자가 h1 태그를 사용할때 콘텐츠 위에 여백이 만들어지고 행 바꿈이 들어가는 모양을 좋아하지 않기 때문에 font size 태그를 사용한다.[2]

어떻게 동작하는지 이해하기만 하면 CSS를 사용해 이런 시각적인 이슈를 매우 쉽게 해결할 수 있다. 예를 들어 CSS를 사용해 타이틀이 어떻게 보여질지 변경하거나 특정 페이지의 타이틀만 변경할 수 있다. 가장 좋은 방법은 하나의CSS 파일이 여러 페이지에 적용되도록 하는 것이다. 이렇게 하면 100페이지에 포함된 각 타이틀을 개별적으로 지정하는 대신에 스타일시트에 몇 줄만 추가해주면 된다.

9.4 홈페이지 구조

주로 사용하는 텍스트 에디터[3]를 실행시키고 새로운 파일을 만든다. 그리고 새로 만든 파일을 index.html이라는 이름으로 저장한다. index.html 파일을 사이트의 홈페이지로 만들 것이다. 웹 서버에서는 페이지를 지정하지 않고 경로만설정해서, 들어오는 요청이 있을 때 인덱스 페이지를 제공하게 된다.

Doctype

각 HTML 페이지에는 마크업 코드가 적절하게 작성되었는지 검증하는 과정을도울 수 있게 doctype 속성이 선언되어 있어야 한다. 스타일시트나 자바스크립

---

2 일부 WYSIWYG HTML 편집기가 이와 같이 동작한다. 그리고 보면 초보들만의 문제는 아니다.
3 윈도를 사용한다면 Notepad++를 추천하며, 맥을 사용한다면 TextMate를 추천한다.

트를 적용하기 전에 유효한 페이지를 완성하는 것은 매우 중요하다. 유효하지 않은 마크업에서는 스타일이 정확하게 적용되지 않거나 자바스크립트 코드가 끔찍한 실패를 일으킬 수도 있다. 웹 브라우저는 스타일을 적용하고 적절하게 행동할 수 있게 정형화된 문서에 의존하게 된다. 따라서 닫는 태그를 빠뜨리면 브라우저가 잘못 동작할 수 있다.

Doctype을 중요하게 다루는 이유는 브라우저마다 페이지를 다르게 해석할

기본 페이지 이름

웹 서버에서는 기본 페이지라고 하는 개념을 사용한다. 기본 페이지는 디렉터리만 지정하고 페이지를 지정하지 않았을 때 보이는 페이지다. 웹 서버는 디렉터리 구조에서 파일을 서비스한다. 폴더 안에 페이지를 가지고 있어야 하며 Universal Resource Locator(URL)에는 폴더의 경로와 사용자가 요청하는 파일이 포함되어 있어야 한다. 예를 들어 http://www.foo.com/products/superwidget/about.html URL을 요청했다면 http://www.foo.com에 있는 웹 서버에서 products/superwidget 폴더의 about.html이라고 하는 파일을 요청하는 것이다.

http://www.foo.com/products/superwidget까지만 URL을 요청한다면 불완전한 자원을 요청하는 것이며 웹 서버는 이것이 어떤 의미인지 해석하려 시도한다. 먼저 서버에 해당 위치가 실제로 있는지 확인하고, 폴더가 있다면 기본 파일명 목록을 체크해서 폴더 내에 해당하는 파일명이 있는지 확인한다. 일반적인 기본 파일명은 index.html, index.htm, default.htm 등이다.

서버에서 기본 파일을 찾지 못한다면 디렉터리 목록을 반환하거나, 디렉터리 목록을 반환하지 않게 관리자가 서버에 설정한 오류 메시지를 보여준다. 웹 마스터 중 대다수가 디렉터리를 탐색하지 못하게 하는 것이 사이트의 보안 수준을 높인다고 믿는다. 하지만 이것은 보안에 별 도움이 되지 않는다. 누군가 그것을 보지 못하게 하려면 아예 웹에 올리지 않아야 한다.

기본 페이지에 해당하는 자원에 링크를 만들 때도 URL에 파일명을 포함하거나 디렉터리명 뒤에 슬래시를 붙여야 한다. 이런 형식의 URL은 서버에게 사실상 디렉터리를 요청한다는 사실을 이야기해주며, 서버로부터 기본 파일을 내려받으리라 기대하게 된다. 주로 사이트의 홈페이지에 적용하게 된다.

최적의 성능을 내며 충돌을 피하려면 가능한 완전한 자원에 직접 연결해야 한다. 예를 들어 Foodbox 홈에 대한 링크는 index.html로 끝나야 한다. 이렇게 하면 서버에서 파일을 제공하고 다음 요청을 처리하는 데 집중할 수 있다.

수 있기 때문이다. 예를 들어 IE6은 quirks(하위 버전 렌더링 호환성 유지) 모드를 가지고 있는데 유효하지 않은 마크업을 다루는 데 매우 관대하다. 하지만 렌더링하는 방식이 좀더 엄격한 다른 브라우저에서 quirks 모드를 설정하면 페이지를 만들면서 헤더를 탐색하는 데 너무 많은 시간을 사용한다. 그래서 IE6에서 강제로 standard(표준 준수) 모드를 사용하도록 doctype을 지정한다면 완벽하지는 않지만 그럭저럭 쓸만하다.

몇 가지 다른 doctype을 선택할 수도 있다. 마크업을 체크하는 밸리데이션 규칙과 마찬가지로 doctype은 문서 내에서 사용할 수 있는 태그에 대한 규칙을 제시해준다. 주로 사용하는 두 가지 doctype은 XHTML 1.0 Transitional과 HTML 4.01 Strict이다.

XHTML 1.0 Transitional

오랫동안 XHTML Transitional은 웹 페이지를 만드는 일반적인 방법으로 간주됐다. 이것을 사용하는 주요 이유는 웹 브라우저를 standards 모드로 강제하기 때문이다. 최근 환경에서는 대단한 이슈가 아니지만, XHTML에는 일반적인 HTML에 비해 여전히 장점이 존재한다. XHTML 마크업은 좀더 엄격해서 개발자에게 페이지 구조를 고민하게 한다. 태그와 속성을 정의할 때에는 소문자를 사용해야 하며 이는 문서를 파싱하는 데 도움이 된다. 또 모든 태그는 닫는 태그를 필요로 한다.

불행하게도 일부 브라우저에서는 확장성을 포함해 XHTML을 사용하여 얻을 수 있는 장점을 약화시키는 문제가 있다. 인터넷 익스플로러는 콘텐츠 타입을 text/html 대신 좀더 적절한 application/xhtml+xml을 사용할 경우 XHTML을 어떻게 처리하는지 이해하지 못한다. XHTML을 HTML로 제공하게 되면 브라우저는 이를 구조화되지 못한 문서[4]로 다루게 된다. HTML 태그를 기대했는데 XHTML이 대신 들어오면 브라우저는 문서를 다시 작업하므로 시간이 소요된

---

4 (옮긴이) 원서에서는 tag soup라고 표현했다. 태그 스프는 태그를 사용한 마크업 언어에서 구조화되지 못하고 표준을 해치는 코드를 의미한다. 프로그램에서 나중에 추가된 코드를 끼워 맞추기 위해 복잡하게 구현된 스파게티 코드(spaghetti code)와 비슷한 의미를 가진다.

다.[5] 결국 XHTML에서 얻을 수 있는 수많은 장점을 잃어버리게 되고 브라우저만이 아니라 실제 페이지에 새로운 문제를 일으킬 수 있다. 예를 들어 self-closing 태그를 가지는 div나 span의 경우 XHTML에서는 완벽하게 유효하지만, text/html로 설정된 페이지에서 제공되는 경우에는 브라우저에 의해 슬래시가 제거되어 태그가 닫히지 않게 되며 관련된 모든 요소에 영향을 미친다.[6]

이런 문제로 인해 일부 디자이너와 개발자는 다시 HTML 4.01 Strict나 HTML 5 스펙과 같은 형태의 일반적인 HTML을 사용하고 있다.

HTML 4.01 Strict

이 책에 소개하는 예제는 HTML 4.01 Strict를 사용한다. HTML 4.01 Strict를 사용하면 각 요소의 계층 구조를 유지해야 하지만 대소문자는 문제가 되지 않으며 일부 태그는 닫지 않아도 괜찮으며 스스로 닫는 태그가 존재하지 않는다. 하지만 이런 것은 언어상의 이슈이며 XHTML의 구문보다 HTML 구문이 더 좋다 아니다를 판단하는 기준은 아니라는 사실을 명심해야 한다. 문서의 유효성을 유지한다면 브라우저 호환성이나 사용자 경험, 접근성, CSS, 자바스크립트를 적용하는 데 문제가 없을 것이다.

각 예제에서 HTML 4.01 Strict를 사용할 것이다. 하지만 정형화되고 유효하며 의미에 맞는 마크업을 사용했는지 검토할 것이다. 이런 과정은 나중에 XHTML 1.0 Strict나 HTML 5로 전환하는 작업을 간결하게 만들 수 있다. 어떤 doctype을 사용하든 브라우저에게 전달되는 것은 대부분 HTML이고 실질적인 차이는 구문적인 것뿐이다. 스스로를 성전(聖戰)에 밀어넣지 말자.

Doctype 추가하기

doctype 정의를 문서에 배치한다. 문서에서 나머지 요소는 doctype 이후에 오게 된다.

---

5 http://xhtml.com/en/xhtml/serving-xhtml-as-html/
6 http://www.webdevout.net/articles/beware-of-xhtml#myths에서 콘텐츠 타입이 XHTML로 작성된 페이지의 결과에 어떻게 영향을 미치는지에 대한 멋진 예제를 찾아볼 수 있다.

`homepage_html/index.html`

```
<!DOCTYPE HTML PUBLIC "-//W3C//DTD HTML 4.01//EN"
"http://www.w3.org/TR/html4/strict.dtd" >
```

직접 타이핑하려 애쓸 필요는 없다. 대부분의 웹 페이지 에디터는 바로 사용할 수 있는 템플릿을 제공하며 그렇지 않더라도 웹에서 HTML 4.01 Strict doctype을 검색하면 쉽게 예제를 찾을 수 있다.

HTML 태그

웹 페이지는 XML 문서와 비슷하게 요소 구조가 계층적이다. html 요소는 문서의 root 요소다. 문서상에서 나머지 요소는 html 요소 안에 위치하게 된다. 웹 페이지에서 거의 모든 요소는 여는 태그와 닫는 태그를 가지고 있다. 여는 태그와 닫는 태그는 자바에서의 중괄호와 마찬가지로 범위를 제한하는 역할을 생각하면 된다.

문서에서 doctype 바로 뒤에 html 태그를 추가하고 닫는 태그를 추가할 수 있다. 웹 페이지 개발을 본격적으로 시작하면서 이런 습관을 익히면 좋다. 요소의 태그를 추가하면서 바로 닫는 태그를 추가해주고 여는 태그와 닫는 태그 사이에 커서를 위치시킨다. 요소의 닫는 태그를 잊어버리면 결과적으로 유효하지 않은 마크업을 만들게 되고 브라우저에 스타일이 잘못된 형식으로 적용될 수 있다. 유효하지 않은 마크업은 또한 다른 웹 개발자에게 피해를 줄 수도 있기에 이를 피하기 위해 최선을 다해야 한다.

`homepage_html/index.html`

```
<html lang="en">

</html>
```

W3C는 최근 XHTML의 다음 버전 작업을 중단하고 HTML 5에 자원을 집중하겠다고 결정했는데 그렇다고 해서 XHTML 1.0이 퇴출되는 것은 아니다.[7] 하지만 이러한 결정은 HTML 5가 앞으로 가야 할 길이라는 사실을 보여주고 있다.

많은 개발자들과 표준 옹호자들이 HTML보다 XHTML을 선호하는 주된 이유는 엄격한 문법 때문이다. 모든 태그는 닫는 태그를 가지고 있어야 하고 모든 태그와 속성은 소문자로 지정하며 속성 값은 인용 부호로 감싸야 하며 br, img, meta, hr과 같은 독립적인 요소는 슬래시를 표기해주어야 한다. 슬래시를 표기해주는 독립적인 요소를 제외하면 HTML 4.01 Strict에서 완벽하게 호환된다. HTML 5에서도 마찬가지로 적용할 수 있다.

XHTML은 더이상 발전하지 않을 것이므로 죽었다고 할 수 있다. 이는 코볼을 가리켜 죽었다고 하는 것과 비슷하다. 하지만 코볼은 여전히 사용되고 있으며 당장 사라지지는 않을 것이다. 마찬가지로 당장 HTML 4.01 Strict나 HTML 5로 바꾸어야 하는 것은 아니며 새로운 사이트를 시작할 때 선택사항 정도로 고민해야 할 것이다.

속성

각 태그를 정의하면서 다양한 속성을 지정할 수 있다. 속성은 태그를 좀더 상세히 묘사하도록 도와준다. 앞에서는 문서 내에서 사용할 언어를 html 태그의 속성으로 지정했다.

자립 태그(self-closing tags)

XML을 사용한다면 자립 태그 또는 닫는 태그 없이 슬래시를 가지고 있는 태그 개념에 익숙할 것이다. HTML 4.01 Strict doctype에서는 지원하지 않으며 XHTML 1.0 Strict와 Transitional, HTML 5 doctype에서는 지원하고 있다.

---

7 http://www.w3.org/News/2009#item119

Head와 Body

대부분의 경우 html 요소 내에서 head와 body 요소를 찾을 수 있다. head 요소는 외부 자바스크립트 파일과 스타일시트 파일, 다른 자원들과 함께 북마크 링크와 브라우저의 타이틀바에 나타나는 페이지 타이틀을 포함한 페이지에 대한 모든 메타데이터를 포함한다. body 요소는 웹 페이지의 시각적인 콘텐츠를 포함한다.

조금 전 지정한 html 태그 바로 아래 head 태그를 추가하고 닫는 태그도 추가한다.

```
homepage_html/index.html
```
```
<head>

</head>
```

if..else 구문을 사용할 때 들여쓰기를 하듯 태그를 사용할 때 들여쓰기를 사용하는 것은 좋은 습관이다. 문서가 길어지면 이런 습관이 도움이 될 것이다.

head 요소에 다음 내용을 추가한다.

```
homepage_html/index.html
```
```
<meta http-equiv="Content-Type" content="text/html;
charset=utf-8">
<title>Foodbox</title>
```

닫는 태그가 없는 태그

HTML에서 일부 태그는 아무 콘텐츠도 포함하지 않거나 콘텐츠에 어떤 영향도 미치지 않기 때문에 범위를 가지지 않는다. 이런 태그는 콘텐츠 자체로 취급된다.

대표적인 예가 문서에 이미지를 추가하는 img 태그와 행을 구분해주는 br 태그, 가로선을 만들어주는 hr 태그이다.

meta 태그도 콘텐츠 요소의 예다. 이 태그는 메타데이터로서 문서를 설명해

HTTP 헤더에 콘텐츠와 인코딩을 설정해야 하는가?

헤더는 정확하게 설정되어야 한다. 하지만 일부 브라우저에서는 유효성 검사를 하듯이 메타 태그 값을 사용하기도 한다. 페이지 소스에서 메타 태그를 사용하는 것은 콘텐츠를 잘 설명하기 위한 것뿐이다. 개발자들은 메타 태그를 보고 어떻게 작업해야 하는지 작성자의 의도를 알 수 있다.

마지막으로 가장 중요한 것은 메타 태그를 사용하면 서버를 거치지 않아도 HTML을 개발하고 유효성을 확인할 수 있게 한다. 하드 드라이브에서 HTML 파일을 열었을 때도 정확한 인코딩으로 표현될 수 있다.

서버에서 파일을 서비스하게 될 때는 메타 태그에서 지정한 값과 콘텐츠 타입 헤더의 값을 확인하게 된다.[8]

준다. 콘텐츠에서 사용할 문자셋을 브라우저나 인터프린터에게 전달할 때 meta 태그를 사용하면 된다. 다른 소스에서 콘텐츠를 가져오는 경우 브라우저나 컴퓨터에서 볼 수 없는 심벌이나 굽은 따옴표, 다른 문자가 포함될 수 있다. 특정 문자셋을 지정하면 이런 예외적인 사항을 포함하는 콘텐츠를 사용할 때 HTML 밸리데이터가 이를 알려준다.

mata 태그를 사용해서 좀더 많은 정보를 브라우저나 검색 엔진, 페이지의 다른 사용자에게 전할 수 있다. 18장 「검색엔진 최적화」에서 좀더 많은 일을 해보자.

페이지 타이틀

title 태그는 중요하다. 해당 요소 안에 있는 텍스트는 웹 브라우저의 타이틀 바에 나타난다. 그리고 페이지를 북마크했을 때 기본적인 텍스트로 사용되며 대부분의 검색 엔진에서 검색 결과로도 보여진다. 홈페이지의 경우에는 사이트 이름만으로 충분하지만 하위 페이지는 '사이트에 대해 | Foodbox'나 '주요 레시피 | Foodbox'와 같은 추가 텍스트가 보여져야 한다. 타이틀은 사이트 북마크나 타이틀바에 보여지기 때문에 사이트 이름이 모든 헤딩에 보여지길 원할 것이다.

---

8 (옮긴이) 메타 태그와 헤더에 다른 값이 선언되어있는 경우에는 헤더를 우선순위에 놓는다.

블록 요소와 인라인 요소

페이지의 body 태그 안에 놓여져 있는 거의 대부분의 요소는 블록 요소이거나 인라인 요소다. 이 두 요소의 차이점을 명확하게 이해한다면 CSS 작업을 준비하는 데 많은 시간이 절약될 것이다.

기본적으로 블록 요소는 새로운 줄에서 시작한다. 블록 요소는 div, h1, h2, h3, p, ul, li, table, form 등이다.

인라인 요소는 이와 반대로 기본적으로 다른 요소와 마찬가지로 동일한 줄에 표현된다. 인라인 요소는 a, b, i, span, em, strong, label, select, input, textarea, u, br 등이다.

기억해야 할 점은 다음과 같다. 블록 요소는 다른 블록 요소나 인라인 요소를 포함할 수 있다. 인라인 요소는 텍스트나 다른 인라인 요소만을 포함할 수 있으며 블록 요소는 포함시킬 수 없다.[9]

하지만 이때 글자가 잘릴 수도 있기 때문에 타이틀의 중요한 부분이 먼저 보이게 해야 한다. 예를 들어 '최근 레시피 | Food...'라고 보이는 것이 'Foodbox | 최신 레...'보다 사용자와 검색 엔진에게 더 유용하게 사용될 수 있다.

페이지의 head 섹션에는 사이트가 완성되어 가면서 더 많은 요소를 포함하게 될 것이다. 하지만 지금은 페이지에서 보여지는 부분부터 시작해야 한다. 검색 엔진 최적화나 스크립트를 작성하는 것은 아직 이른 일이다.

Body : 메인 이벤트

페이지의 대부분 시각적인 콘텐츠는 body 태그 내에 위치한다.

문서에 body 태그와 닫는 태그를 추가하고 각 태그 사이에 작업할 수 있는 공간을 만들어 준다. 이렇게 하면 기본적인 HTML 4.0 Strict 템플릿이 만들어진 것이다(그림 9.1 참조).

9.2절 '홈페이지 구조 섹션'에서 페이지의 각 요소를 자세히 살펴봤다. 이제 코드를 채울 것이다. 먼저 div 태그를 사용해 페이지를 영역으로 나눈다. div 태그는 비시각적인 요소이며 렌더링되는 시점에서 페이지의 어떤 영역도 차지하지

---

9 이렇게 한다면 브라우저에서는 처리될지도 모르지만 페이지의 유효성을 상실하게 되고 스타일을 적용하거나 자바스크립트를 적용할 때 여러 가지 어려움을 만나게 될 것이다.

그림 9.1 기본 HTML 템플릿 예제

```
homepage_html/index.html

<!DOCTYPE HTML PUBLIC "-//W3C//DTD HTML 4.01//EN"
  "http://www.w3.org/TR/html4/strict.dtd">

<html lang="en">
  <head>
    <meta http-equiv="Content-Type" content="text/html;
charset=utf-8">
    <title>Foodbox</title>
  </head>

  <body>

  </body>
</html>
```

않는다. 다만 몇 가지 특징이 있는데, block 요소이기 때문에 새로운 줄에서 시작한다는 점도 그 중 하나다. 140쪽 사이드바에서 block 요소에 대한 상세한 설명을 읽기 바란다.

페이지 래퍼

최상위 레벨 영역을 만들면서 지정한 900px의 페이지에 모든 콘텐츠를 제약할 수 있다. 사이드바나 헤더, 푸터와 같이 페이지의 모든 다른 영역을 배치할 것이다. 그렇게 하고 나면 모든 다른 요소를 위한 참고 기준으로 바깥쪽 영역을 사용할 수 있다. 좋은 코더는 코드와 HTML에 주석을 남긴다. 래퍼 코드는 body 태그 바로 아래 추가한다.

```
homepage_html/index.html

<div id="page"> <!-- start of the page wrapper -->

</div> <!-- end of the page wrapper -->
```

브라우저가 페이지의 영역을 인식할 수 있는 방법을 제공해주어야 스타일을 적용하고 다른 작업을 진행할 수 있다. 문서 내에서 id 속성의 값은 유일해야 함을 기억하자. 즉 한 페이지에서 동일한 아이디를 중복해서 사용할 수는 없다. 중복된 아이디가 만들어지면 페이지는 유효하지 않게 되고 스타일도 제대로 적용되지 않는다.

코드에서 HTML 주석은 문서가 길어져서 읽기 힘들 때 큰 도움이 된다.

네 개의 콘텐츠 영역

div 요소를 사용해서 페이지의 영역을 헤더, 푸터, 사이드바, 메인으로 토막낼 수 있다.

`homepage_html/index.html`

```
    <div id="header"> <!-- start of header -->

    </div> <!-- end of header -->
    <div id="middle"> <!-- container for the sidebar and main
region -->
        <div id="sidebar"> <!-- the sidebar -->

        </div> <!-- end of the sidebar -->
        <div id="main"> <!-- start of main content -->

        </div> <!-- end of main content -->
    </div> <!-- end of middle container -->
    <div id="footer"> <!-- start of the footer -->

    </div> <!-- end of the footer -->
    </div> <!-- end of the page wrapper -->
  </body>
</html>
```

예제는 middle이라고 부르는 여분의 div 영역을 포함하고 있다. 두 영역을 서로 나란히 배열하고자 한다면 해당 영역을 다른 영역으로 감싸주면 된다. 이렇게 하면 문서에 부가적인 마크업을 추가할 필요가 없으며 좀더 유연한 디자인이 가능하다. 예를 들어 사이트의 특정 페이지에서 사이드바가 보이지 않아야 한다면, 내부 영역은 건드리지 않고 바깥쪽 영역의 스타일만 조정해서 처리할 수 있다. 여기서는 사이드바와 메인 영역을 전체 페이지를 감싼 것과 동일한 방법으로 감싸주었다.

전체적인 구조를 세웠으면 이제 콘텐츠를 추가할 차례다.

대체 텍스트

이미지의 alt 속성은 사이트의 사용성과 접근성을 향상시키기 위한 손쉬운 방법을 제공한다. 대체 텍스트는 이미지가 처리되지 않았을 때에만 나타난다. 시각 장애를 가진 사용자는 이미지를 이해하기 위해 대체 텍스트에 의존한다. 그래서 모호한 표현보다는 서술적인 설명을 제공하는 것이 좋다. '파란색 자동차'라는 표현보다는 '도심 쇼핑 센터 앞에 서있는 1957년형 파란색 시보레'라고 표현하는 것이다.

대체 텍스트는 또한 텍스트 기반 브라우저와 네트워크 사정이 좋지 않은 곳에서 모바일 폰을 사용하는 경우에도 도움이 된다. 이미지에 적절한 대체 텍스트 설명을 포함해야 하는 또 다른 이유는 검색 엔진에서 이들을 사용하기 때문이다[10]. 검색 엔진은 이미지를 읽을 수 없기 때문에 검색 결과에 노출되려면 대체 텍스트 설명이 매우 중요하다. 16.2절 '대체 텍스트 속성'에서 좀더 상세히 다루겠다.

9.5 헤더

헤더에 들어가는 콘텐츠는 img 태그로 포함시킬 Foodbox 로고뿐이다. img 태그는 이미지의 경로를 src 속성으로 지정한다. a 태그에 사용되는 href 속성과 비슷한 형식으로 경로를 지정할 수 있다. URL이 될 수도 있고 파일에 대한 상대 경로 형식으로 사용할 수 있다. 9.6절의 '레시피 태그 클라우드'에서 URL에 대한 상세한 이야기를 다룰 것이다.

웹 페이지에 이미지를 배치할 때 이미지의 높이와 넓이를 지정하는 것이 좋다. 당장 이미지를 확인할 수 없다면 필요한 시점에 지정할 수 있다. 하지만 반드시 다시 돌아와서 확인하기를 바란다. 여기에서는 이미지 소스를 지정하고 alt 속성

---

10 (옮긴이) 구글을 비롯한 최근의 검색 엔진에서는 이미지에서 텍스트를 추출해서 수집하는 기술을 사용하고 있지만 대체 텍스트만큼 적절한 설명을 제공하지는 못한다.

에 텍스트를 입력한다. 대체 텍스트는 이미지를 불러올 수 없을 때 나타나며 스크린 리딩 소프트웨어를 사용하는 사용자에게 꼭 필요한 정보를 제공한다.

id="header"로 정의된 div 해당 영역을 찾아 다음 코드를 삽입시킨다.

`homepage_html/index.html`

```
<img src="images/banner.png" alt="Foodbox">
```

이제 작업된 내용을 저장하자. 이렇게 해서 헤더 영역을 모두 만들었으니 다음 영역으로 넘어가자.

9.6 사이드바

사이드바 영역은 꽤 많은 콘텐츠를 포함한다. 검색 영역과 레시피 태그 클라우드, 재료 태그 클라우드를 가지고 있다. 이를 표현할 때 쉽게 위치를 배정할 수 있게 컨테이너 내에서 다양한 영역으로 감싸줄 것이다. HTML 폼부터 시작해 보자.

검색 폼

HTML 폼은 간단하다. 가장 어려운 부분이라면 백엔드 시스템과 연동하는 부분 정도다. Foodbox 사이트의 간단한 검색 폼은 두 개의 요소만을 가지고 있다. 키워드 필드와 전송 버튼이다. 해결하기 난감한 문제는 HTML 폼에서는 결과값을 URL로 보내야 한다는 것이다. 폼을 만들기 위해서는 서버 사이드 코드에서 처리할 폼 필드뿐 아니라 데이터를 처리할 수 있는 URL도 알고 있어야 한다. 그래야 데이터를 처리할 수 있다.

다행히 기존 Foodbox 사이트의 코드에서 필요한 정보를 확인할 수 있었다.

```
<form method="get" action="/recipes/" >
  <input type="text" name="keywords" >
  <input type="submit" value="search" >
</form>
```

위의 코드는 우리가 사용할 폼이 recipes URL에 데이터를 보낼 때 GET 요청을 사용한다고 알려준다. 또한 폼에서 keywords 필드를 호출해야 한다는 것도 확인할 수 있다. 하지만 기존 코드에는 문제가 있어 이를 수정해야 한다.

먼저 input 태그는 닫는 태그를 가지고 있지 않다. 아마 기존 개발팀에서 잊어 버렸거나 기존에 사용하던 HTML 버전에서는 태그를 닫을 필요가 없었기 때문 일 수도 있다. 우리가 사용하는 doctype도 마찬가지로 닫는 태그가 필요하지 는 않지만 이번 단계에서는 적용해 보겠다. input 태그는 self-closing이라서 쉽 게 수정할 수 있다.

두 번째로 폼과 두 개의 input 태그에는 모두 id 속성이 있어야 한다. 그렇게 해야만 원하는 시점에 스타일을 지원할 수 있다. 마지막으로 버튼 대신에 돋보 기 이미지를 보여줄 것이다.

또한 폼은 제외하더라도 검색 영역은 검색 결과(Search Results)라는 타이틀이 필요하다.

머리글자(Headings)

페이지에 텍스트 콘텐츠를 배치하는 것은 적절한 영역에 텍스트를 입력하는 것만큼 간단하다. 하지만 텍스트가 어떻게 표현될지는 고민해보아야 한다.

HTML에서는 텍스트의 형식을 디자인하기 위한 몇 가지 태그를 제공한다. HTML은 헤드라인의 형식을 지정할 수 있는 h1, h2, h3, h4, h5, h6과 같은 태그를 포함하고 있다. 숫자가 낮을수록 좀더 중요한 텍스트의 형식으로 다루어진다.

모든 웹 페이지는 h1 태그를 사용하는 메인 헤드라인을 최소한 하나 이상 가지고 있어야 한다. 검색 엔진은 해당 태그와 그 밖의 헤드라인을 사용하여 콘텐츠가 얼마나 중요한지 판단한다. 여기에서는 메인 콘텐츠 영역은 메인 헤드라인을 위해 예약해놓 고 섹션 헤딩은 h2 태그를 사용할 것이다.

사이드바 영역에 검색 섹션을 만들기 위해 아래 코드를 추가한다.

`homepage_html/index.html`

```
<div id="search">
  <h2 id="search_header">Search Recipes</h2>
```

```
<form id="search_form" method="get" action="/recipes/">
  <div>
    <input type="text" id="search_keywords" name="keywords">
    <input type="image" alt="Search" src="images/search.png">
  </div>
</form>
</div>
```

예제를 따라 코드를 작성해보자. 사이드바 영역의 검색 섹션은 별도의 ID를 지정한 div로 감싸여 있다. 이렇게 하면 문서에 스타일을 추가할 때 유연성을 더할 수 있다. 검색 폼은 기존 사이트의 원래 폼과 일부 비슷한 점이 있지만 개별적인 ID를 가지고 있어 스타일 요소를 적용할 수 있으며 자바스크립트를 추가하기도 편해졌다.

폼의 input 필드 주변에 div 태그를 배치해서 밸리데이션을 편하게 작업할 수 있도록 만들 수 있다. HTML 4.01 Strict를 사용할 때 input 태그는 div 안에 위치하거나 headline이나 paragraph와 같은 블록 단위 요소 내에 배치해야 한다.

가장 의미 있는 변화라면 더이상 폼이 전송 버튼을 갖고 있지 않다는 점이다. 이미지 버튼이 전송 버튼을 대신한다.

김대리가 묻습니다   **폼을 전송할 때 전송 버튼 대신 링크를 사용할 수 있나요?**

물론 할 수 있다. 하지만 좋은 생각은 아니다. 버튼이 정보를 전송하는 수단이라면 링크는 정보를 연결하는 수단이다. 이런 표준과 반대로 가는 것은 곤란한 일이며 필요치 않은 사용성 이슈를 만들 수 있다.

그리고 링크를 사용해서 폼을 전송하려면 자바스크립트를 사용해야 한다. 링크에 폼을 전송하는 자바스크립트 함수를 연결해두고, 링크를 눌렀을 때 이 자바스크립트 함수를 호출할 수 있다. 이런 방법을 권장하지 않기에 어떻게 하는지는 보여주지 않겠다. 자바스크립트를 사용하지 않는 사용자를 배척하는 방법이기 때문에 적절하지 않다.

이런 이야기를 하면 어쩔 수 없는 선택이라고 변명하는 사람도 있다. 하지만 본질을 들여다보면 특정한 시각적인 효과를 만들려는 것뿐이다. 이미지 버튼을 사용해서 좀 더 매력있는 폼을 만들 수 있으며 적절한 대안으로 CSS를 사용해서 버튼을 링크처럼 보이도록 만들 수도 있다.

　이미지 버튼은 일반적인 전송 버튼처럼 동작한다. 사용자가 이미지 버튼을 클릭하면 폼의 데이터가 지정된 URL로 전송된다. 이미지 버튼을 사용하면 평범하고 지루한 운영체제 종속적인 전송 버튼을 원하는 이미지로 대체할 수 있다.[11]

레시피 태그 클라우드

일반적으로 태그 클라우드는 사용 빈도에 따라 가장 인기있는 태그를 데이터베이스에서 가져오는 메커니즘을 서버상에서 구현해놓았을 것이다. 그럼 이제는 결과값을 보여줄 수 있는 HTML 코드를 만들어야 한다. 태그를 빈도와 연결지어 스타일을 조절할 수 있도록 CSS 스타일을 사용할 것이다. 이 책은 디자인에 관한 책이기 때문에 서버 사이드 구현까지 다루지는 않겠다. 대신 태그 클라우드 목업에 어떻게 스타일을 적용하는지에 집중할 것이다.

　이미 이야기한 것처럼 클라우드에서의 태그는 얼마나 인기가 있는지에 따라 스타일을 달리 적용하게 된다. 어떤 태그에 관련된 레시피가 많다면 다른 것들에 비해 좀더 크게 보여야 하며 관련이 적은 태그는 작게 보일 것이다. 작업을 단순하게 처리할 수 있게 태그 클라우드의 단계를 다섯 개로 유지하겠다. 첫 번째 레벨은 가장 인기 있는 태그이며 다섯 번째 레벨은 가장 덜 사용된 태그다.

　태그 클라우드 내의 각 항목은 해당 태그와 연결된 레시피를 보여주는 페이지로 링크된다. 그렇다면 스타일을 어떤 식으로 적용하는 것이 좋을까? 클라우드와 관련된 스타일을 재사용하고 싶다는 것은 class 속성을 사용하길 원한다는 표현이기도 하다. id 속성과 마찬가지로 class 속성은 HTML 문서 내에 모든 요소에 적용할 수 있다.

　우리는 a 태그나 anchor 태그를 사용해 링크를 정의한다. 동일한 서버나 다른 서버, 심지어는 동일한 페이지의 특정 위치로 링크를 정의할 수 있다. 링크를 만들기 위해 anchor 태그를 정의하고 링크로 연결될 지점의 URL을 href 속성에 지

---

11 체크박스나 라디오버튼, 드롭다운 선택 상자, 텍스트 상자, 버튼과 같은 폼 필드는 사용자의 그래픽 인터페이스에서 스타일을 상속받는다. 다른 대안이 없다면 웹사이트를 디자인할 때 운영체제에서 어떻게 보이는지 테스트해 보아야 한다.

정한다. 여는 태그와 닫는 태그 사이에 위치하는 텍스트는 하이퍼링크가 된다. 하이퍼링크의 다양한 형태를 좀더 살펴보자.

절대 링크

절대 링크는 리소스에 대한 완전한 경로를 의미한다. 프로토콜, 서버명, 리소스의 위치로 표기한다.

```
<a href="http://www.google.com/" >Google</a>
```

상대 링크

상대 링크는 현재의 경로를 기준으로 표기한 링크다. 사이트 내부에 있는 문서 간에 링크를 만들 때 현재 파일과 동일한 폴더에 있다면 해당 리소스를 기준으로 상대적인 경로를 사용할 수 있다.

```
<a href="about/index.html" >About Us</a>
```

또한 현재 파일 상위의 폴더 리소스도 참고할 수 있다.

```
<a href="../index.html" >Back to the home page</a>
```

상대 링크는 사이트의 루트를 기준으로 표기할 수도 있다.

```
<a href="/index.html" >Back to the home page</a>
```

리눅스 기반 파일 시스템에서 파일 트래버설과 비슷하다고 생각한다면 맞다.

앵커

또한 페이지의 특정 지점에 대한 링크를 만들 수 있다. a 태그를 다음 코드처럼 사용해 앵커의 이름을 지정할 수 있다.

```
<a name="ingredients"></a>
<h1>Ingredients</h1>
....
```

그러고 나서 클릭했을 때 페이지의 해당 부분으로 바로 갈 수 있게 링크를 만들게 된다.

```
<a href="#ingredients">Ingredients</a>
```

절대 경로나 상대 경로를 사용할 때에도 앵커를 적용해, 사용자가 링크된 페이지의 특정 부분으로 바로 이동하게 할 수 있다.

```
<a href="http://www.yourfoodbox.com/recipes/55#ingredients">Ingredients</a>
```

앵커는 많은 양의 콘텐츠를 보여주어야 하는 긴 페이지에서 특히 유용하다. 페이지의 목차(TOC)를 만드는 데에도 사용하면, 사용자가 원하는 페이지로 바로 이동하게 할 수 있다. 그리고 각 섹션이 끝나는 부분에는 다시 목차로 돌아가는 링크를 추가할 수 있다. 이렇게 제공되는 링크는 사용자가 스크롤을 사용하지 않고도 목차로 돌아갈 수 있게 해준다.

태그 클라우드 목업에서 모든 링크에 URL을 붙일 수도 있다. 하지만 이렇게 하면 시간이 너무 오래 걸리고 나중에 적절한 코드로 대체해주어야 한다. 그래서 이번 단계에서는 링크는 만들지만 클릭했을 때 아무런 동작도 하지 않게 만들 것이다. 파일이나 웹 주소 대신에 파운드(#) 문자를 사용할 수 있다. 실제 환경에서 링크가 어떻게 보이는지 확인할 수 있다. 목업을 위해 링크를 간결하게 표현한 것이라 볼 수 있다.

다음 단계는 사이드바 영역 내에서 첫 번째 태그 클라우드를 위한 섹션을 만드는 것이다.

```
homepage_html/index.html
```

```
<div id="browse_recipes">
  <h2 id="browse_recipes_header">Browse Recipes</h2>
  <a class="level_1" href="#">desserts</a>
  <a class="level_4" href="#">appetizers</a>
  <a class="level_5" href="#">indian</a>
  <a class="level_2" href="#">beef</a>
  <a class="level_5" href="#">entrees</a>
  <a class="level_4" href="#">mexican</a>
  <a class="level_3" href="#">seafood</a>
  <a class="level_4" href="#">drinks</a>
  <a class="level_2" href="#">pasta</a>
  <a class="level_1" href="#">italian</a>
  <a class="level_2" href="#">chicken</a>
```

```
      <a class="level_4" href="#">pork</a>
  </div> <!-- end browse_recipes -->
```

각 하이퍼링크에는 관련된 class가 지정되어 있으며 스타일시트를 만들면서 각 클래스에 다른 글꼴 크기를 지정할 것이다. 또한 해당 섹션을 div 태그로 감싸고 검색 섹션처럼 h2 태그로 타이틀을 표기할 것이다.

재료 태그 클라우드

두 번째 태그 클라우드의 구조는 9.6절에서 본 '레시피 태그 클라우드'의 모습과 동일하며 ID와 타이틀, 태그 콘텐츠만 바꾸어 주면 된다. 이미 작성된 태그 클라우드에서 동일한 HTML 블록을 복사해서 콘텐츠만 대체하는 것을 나쁘게 생각할 필요는 없다. 이번 단계에서는 코드보다는 콘텐츠를 만들어야 한다. 같은 구문을 반복하지 않는다는 일반적인 규칙은 적용하지 않아도 되며 할 수 있는 한 빨리 작업을 마치는 것이 중요하다. 콘텐츠를 의미론적으로 정확한 구조로 만드는 일이 매력적인 작업은 아니다. 사람들은 어떻게 만들어졌는지가 아니라 어떻게 보이는지를 중요하게 여긴다.

새로운 섹션을 마치면 아마도 다음과 같이 보일 것이다.

homepage_html/index.html

```
<div id="popular_ingredients">
  <h2 id="popular_ingredients_header">Popular Ingredients</h2>
  <a class="level_2" href="#">oregano</a>
  <a class="level_4" href="#">garlic</a>
  <a class="level_3" href="#">black beans</a>
  <a class="level_3" href="#">apples</a>
  <a class="level_3" href="#">bananas</a>
  <a class="level_5" href="#">cheese</a>
  <a class="level_3" href="#">lettuce</a>
  <a class="level_1" href="#">chicken</a>
</div> <!-- end popular_ingredients -->
```

레시피 클라우드처럼 해당 영역 내에 타이틀과 링크가 지정된다.

작업된 클라우드 코드는 사이드바 영역에 감싸인다. 이제 작업을 저장하고 지금까지 작업한 결과가 어떻게 보이는지 확인하자.

김대리가
묻습니다

파운드 기호는 어떻게 사용하나요?

파운드 기호(#)[12]는 HTML 문서 내의 위치를 참조한다. 즉 문서 내에서 특정 영역에 더한 링크를 만들 수 있게 해준다. 예를 들어 〈a href="index.html#news"〉News〈/a〉라는 링크는 인덱스 페이지를 호출하고 〈a name="news"〉News〈/a〉라는 앵커를 정의한 페이지 내의 영역으로 바로 이동하게 된다.

터그 클라우드 예제에서는 URL을 표기할 때 파운드 기호 하나만을 표기하고 있는데 브라우저에서는 "페이지 처음으로 바로 이동하기"라고 해석한다. 기본 상태에서는 아무 일도 일어나지 않는다.

참고로 더 이야기하면 간혹 자바스크립트 코드에서 onclick 속성을 사용하면서 형식적으로 파운드 기호를 사용하는 것을 볼 수도 있다.

〈a href="#" onclick="showAddUserForm(); return false;"〉Add New User〈/a〉

이런 형식은 자주 보이는 해결책이지만 가능하면 피해야 하는 방법이다. 자바스크립트를 사용하지 않는 경우에는 해당 링크를 사용하지 못하고 페이지의 상단으로 이동하려 하기 때문이다. 대신에 동일한 기능을 구현할 때는 실제 링크를 사용해야 한다. 이 경우에는 사용자를 추가할 수 있는 별도의 페이지로 연결된 링크가 있어야 한다. 그리고 나서 클릭 이벤트에 대응하는 자바스크립트를 추가적으로 사용할 수 있다.

9.7 메인 콘텐츠

메인 콘텐츠는 커다란 메인 이미지와 텍스트 컬럼, 회원 가입, 로그인 버튼, 최신 레시피 영역으로 구성되어 있다. 해당 요소 중 세 가지는 목업에서 이미지로 뽑아내야 한다. 아직 그렇게는 하지 않았기 때문에 검색폼에서 이미지 버튼을 만들었던 방식을 활용할 것이다.

파스타 이미지

배너 작업에서 했던 것처럼 img 태그를 사용해서 파스타 이미지에 대한 경로를

---

12 (옮긴이) 파운드 기호(#)는 북미 일부 지역에서 부르는 말이다. 국내에서는 해시 기호라고 하거나 샵(음악에서 올림표), 우물 정(#)이라고 부르기도 한다.

추가해보자. 〈main〉...〈/main〉 태그 사이에 코드를 배치한다.

```
homepage_html/index.html
```

```
<img id="main_image" src="images/pasta.jpg"
    alt="Pasta and marinara sauce" >
```

위의 코드에서 추정할 수 있는 것은 폴더 내에 pasta.jpg 파일을 가지고 있을 뿐 아니라 images 폴더도 가지고 있어야 한다는 것이다. 폴더와 파일이 설정되기 전까지는 alt 속성에 지정한 텍스트가 보여지게 된다.

대체 텍스트

사이트의 모든 이미지 요소는 사용자가 스크린 리더를 사용하거나 텍스트 기반 브라우저를 사용해서 이미지를 불러오지 못했을 때 보여질 대체 텍스트를 가지고 있어야 한다. alt 속성으로 대체 텍스트를 지정할 수 있다. 이 속성을 사용할 때 내용을 적절하게 서술하는 것이 중요하다. '이미지'라고 적기만 해도 유효성 검사는 통과하겠지만 사용자에게 도움을 주지는 못한다. 사진의 내용을 설명해 주어야 한다.

텍스트 콘텐츠

텍스트 콘텐츠 영역은 Get Cookin'이라는 타이틀과 바로 아래 문장으로 구성되어 있다. 헤더를 이미지(다른 헤더와 마찬가지로)로 대체하는 데 CSS를 사용할 것이며, 텍스트 콘텐츠는 〈p〉 태그로 감쌀 것이다. 검색이나 태그 클라우드와 같은 사이드바 요소에 적용한 것처럼 영역을 별도로 설정하여 타이틀과 문장을 배치할 것이다.

```
homepage_html/index.html
```

```
<div id="main_text">

  <h1 id="get_cooking">Get Cookin...</h1>
  <p>Foodbox is the best way to collect and share recipes
    with the rest of the world. You can build your own
    recipe book from thousands of great recipes from
```

```
   renowned chefs or users just like you. You can also
   share your own secret recipes with a few of your friends
   or make them available to the rest of the world!</p>

 <p>Create an account today and get cookin!</p>
</div><!-- end main_text -->
```

문장을 두 개로 구분했다는 것에 주목하자. 목업에서 'Create an account...' 부분은 앞 문장으로부터 분리되어 있다. 일반적으로 라인을 분리할 때는 〈br /〉 태그를 사용하지만 콘텐츠가 무엇을 나타내려 하는 것인지 고려할 필요가 있다. 두 개의 분리된 문장절을 가지고 있으면 문서를 다루듯이 처리할 수 있다.

회원 가입과 로그인 버튼

회원 가입과 로그인을 위해 사용할 버튼을 배치하는 데 img 태그를 사용한다. 해당 영역은 문서에서 별도의 영역으로 다루어야 한다. 새로운 div를 만들고 ID를 적절히 지정한 후 버튼을 위한 이미지를 추가한다.

버튼을 클릭 가능하게 만들 수도 있지만 아직은 어떤 데이터도 전송되지 않는다. 따라서 폼은 사용할 필요가 없고 이미지를 하이퍼링크로 만들 것이다. 어떻게 a 태그가 동작하는지 기억하는가? 여는 태그와 닫는 태그 사이에 있는 어떤 것이든 하이퍼링크가 된다. a 태그가 img 태그를 감싸고 있는 경우에도 마찬가지다. 다음과 같이 간단하게 클릭 가능한 이미지를 얻을 수 있다. 두 개의 img 태그를 추가하고 링크로 감싸준다. 하나는 회원가입 버튼이고 하나는 로그인 버튼이다.

김대리가 묻습니다	왜 섹션 헤딩에 CSS로 스타일을 지정하는 대신에 버튼 이미지를 삽입하는 건가요?

사용자에게 의도한대로 어떻게 보여지게 하는지 설명하려고 이미지 대체를 사용한 것이다. 로그인과 회원 가입 버튼은 인터페이스 상에서 텍스트보다는 콘트롤처럼 동작하기 때문에 CSS를 사용해도 무관하다. 이런 접근 방식을 선호한다면 12장 「커버업 기법으로 타이틀 영역 대체하기」를 참고해 헤딩을 대체할 수 있다.

```
 homepage_html/index.html
<div id="signup_login">
  <a href="/signup/">
    <img src="images/btn_signup.png" alt="Sign up">
  </a>
  <a href="/login/">
    <img src="images/btn_login.png" alt="Log in">
  </a>
</div><!-- end signup_login -->
```

이미지 태그 각각에도 버튼의 텍스트에 맞게 alt 속성이 지정되어 있다는 것에 주목하자. 이렇게 하면 시각 장애인과 스크린 리더 사용자가 버튼을 좀더 쉽게 찾아낼 수 있다. 링크된 이미지는 테두리선을 표시해주어 클릭할 수 있다는 것을 표시해준다. 보기에 좋지 않다면 필요에 따라 CSS를 사용해 제거할 수 있다.

최근 레시피 섹션

이제 태그 클라우드에서 했던 것처럼 최근 레시피 섹션을 위한 두 개의 레시피를 만들어야 한다. 물론 나중에는 데이터베이스에서 n개의 최근 레시피를 가져오는 코드를 사용해야겠지만 지금은 디자인상의 피드백을 받기 위해 구현하는 것인 만큼 그런 과정을 따르지 않아도 된다.

이번에 적용할 스타일은 다른 섹션보다 조금 더 복잡하다. 레시피 타이틀은 일반적인 타이틀이지만 문장절은 들여쓰기를 적용해야 한다. 수월한 작업을 위해 문장절 태그에 class 속성을 사용했다. class 속성을 사용하면 요소 그룹이나 하위 요소에 스타일을 쉽게 적용할 수 있다. ID가 latest_recipes인 div 요소의 하위 문장절만 들여쓰도록 스타일을 적용할 것이다.

```
 homepage_html/index.html
<div id="latest_recipes">

  <h2 id="latest_recipes_header">Latest Recipes</h2>

  <div id="latest_recipe_1" class="latest_recipe">
```

```
    <h3><a href="#">Stuffed Chicken Breast</a></h3>
    <p>A lightly breaded breast of chicken stuffed with mushrooms
        and Swiss cheese. Easy to make even for beginners.</p>
</div>

<div id="latest_recipe_2" class="latest_recipe">
    <h3><a href="#">Chocolate Pancakes</a></h3>
    <p>This complete-from-scratch classic pancakes recipe is sure
        to please even the pickiest eater, especially chocolate
        lovers.</p>
</div>

</div>
```

각 레시피의 clsss 속성을 latest_recipe로 지정했다. id 속성과는 다르게 class 속성은 여러 번 반복할 수 있다. 콘텐츠를 코드로 작성할 때 디자인과 스타일을 어떻게 적용할지 미리 생각해야 한다.

돈업을 디지털로 표현하면 일부 영역이 어떻게 스타일 영역을 공유하는지 알 수 있기 때문에 이런 작업이 좀더 쉬워진다.

9.8 푸터

페이지의 푸터 영역은 카피라이트 공지와 개인보호 정책, 서비스 규약에 관한 하이퍼링크를 포함한다. 기존 사이트에서는 카피라이트 부분에 특수문자가 포함되어 일부 브라우저에서 제대로 표시되지 않았다. 개발자가 드림위버나 프런트페이지와 같은 비주얼 에디터를 사용하고 마이크로소프트 워드에서 콘텐츠를 복사해서 붙여 넣는 경우에 이런 특수문자가 페이지에 포함될 수 있다.

카피라이트 심벌이나 왼쪽, 오른쪽 굵은 따옴표 같은 특수문자를 입력할 때는 엔티티 코드를 사용해야 한다.

푸터 영역 내에는 다음과 같은 텍스트가 들어간다.

`homepage_html/index.html`

```
<div id="footer"> <!-- start of the footer -->

    <p id="copyright">Copyright &copy; 2010 Foodbox,
```

```
      LLC, all rights reserved.</p>
    <p id="privacy_and_terms">
      <a href="terms.html">Terms of Service</a> |
      <a href="privacy.html">Privacy Policy</a>
    </p>
  </div> <!-- end of the footer -->
```

©는 엔티티 코드 중 하나다. 브라우저는 엔티티 코드를 만나면 적절한 문자로 표현해 준다. 이제 카피라이트 심벌이 사용자가 가지고 있는 다양한 브라우저와 글꼴에 따라 정확하게 표현된다.

예제에서는 새로운 div 태그를 지정하는 대신에 paragraph 태그에 ID를 지정했다. paragraph 태그는 이미 블록 요소다. 블록 요소의 텍스트는 각각 한 라인을 차지하기 때문에 div 태그를 별도로 추가하지 않아도 된다.

유연한 콘텐츠 문서를 만들려면 불필요한 요소는 추가하지 말아야 한다.

엔티티 코드

카피라이트 심벌에 엔티티 코드를 어떻게 사용하는지 배워봤다. 이런 방식은 다른 사례에도 활용할 수 있다.

브라우저에서는 하나 이상의 공백은 무시하고 처리한다. 하지만 가끔 문장 사이에 공백이 많이 필요한 경우가 있다. 이럴 때에는   엔티티 코드를 사용하거나 브라우저에서 공백 문자를 표시할 수 있도록 강제하는 줄 바꿈 없는 공백(nonbreaking blank space)을 사용한다.

또, 회사 홍보팀과 같이 인쇄 작업에 익숙한 이들은 HTML에서 제공하는 일반적인 따옴표를 좋아하지 않을 수 있다. 대신에 굽은 따옴표를 써달라고 요청할 것이다. 이런 경우에는 "와 "를 사용할 수 있다.[13]

이런 코드에 대한 좀더 많은 예제는 HTML 엔티티 코드를 검색해보기를 권장한다. 성가신 강세표시를 포함한 외국어를 비롯하여 모든 특수 문자에 대해 엔티티 코드가 존재한다.

---

13 (옮긴이) 마이크로소프트 오피스에서는 곧은 따옴표와 둥근 따옴표로 표기하며 인디자인과 같은 도구에서는 삐침 따옴표와 굽은 따옴표라고 표기한다. 일반적으로 워드에서는 자동으로 둥근 따옴표로 바뀌도록 설정되어 있다.

이제 아래 코드와 같은 페이지가 거의 완성되었을 것이다.

`homepage_html/index.html`

```html
<!DOCTYPE HTML PUBLIC "-//W3C//DTD HTML 4.01//EN"
"http://www.w3.org/TR/html4/strict.dtd" >

<html lang="en">

  <head>

  <meta http-equiv="Content-Type" content="text/html; charset=utf-8">
  <title>Foodbox</title>
  </head>

  <body>
    <div id="page"> <!-- start of the page wrapper -->

      <div id="header"> <!-- start of header -->

        <img src="images/banner.png" alt="Foodbox">
      </div> <!-- end of header -->
      <div id="middle"> <!-- container for the sidebar and main
region -->
        <div id="sidebar"> <!-- the sidebar -->
          <div id="search">
            <h2 id="search_header">Search Recipes</h2>
            <form id="search_form" method="get" action="/recipes/">
              <div>
                <input type="text" id="search_keywords" name="keywords">
                <input type="image" alt="Search"
                  src="images/search.png">
              </div>
            </form>
          </div>

          <div id="browse_recipes">
            <h2 id="browse_recipes_header">Browse Recipes</h2>
            <a class="level_1" href="#">desserts</a>
            <a class="level_4" href="#">appetizers</a>
            <a class="level_5" href="#">indian</a>
            <a class="level_2" href="#">beef</a>
            <a class="level_5" href="#">entrees</a>
            <a class="level_4" href="#">mexican</a>
            <a class="level_3" href="#">seafood</a>
```

```
            <a class="level_4" href="#">drinks</a>
            <a class="level_2" href="#">pasta</a>
            <a class="level_1" href="#">italian</a>
            <a class="level_2" href="#">chicken</a>
            <a class="level_4" href="#">pork</a>
        </div> <!-- end browse_recipes -->

        <div id="popular_ingredients">
            <h2 id="popular_ingredients_header">Popular Ingredients</h2>
            <a class="level_2" href="#">oregano</a>
            <a class="level_4" href="#">garlic</a>
            <a class="level_3" href="#">black beans</a>
            <a class="level_3" href="#">apples</a>
            <a class="level_3" href="#">bananas</a>
            <a class="level_5" href="#">cheese</a>
            <a class="level_3" href="#">lettuce</a>
            <a class="level_1" href="#">chicken</a>
        </div> <!-- end popular_ingredients -->
    </div> <!-- end of the sidebar -->

    <div id="main"> <!-- start of main content -->

        <img id="main_image" src="images/pasta.jpg"
            alt="Pasta and marinara sauce" >

        <div id="main_text">

            <h1 id="get_cooking">Get Cookin...</h1>
            <p>Foodbox is the best way to collect and share recipes
                with the rest of the world. You can build your own
                recipe book from thousands of great recipes from
                renowned chefs or users just like you. You can also
                share your own secret recipes with a few of your friends
                or make them available to the rest of the world!</p>

            <p>Create an account today and get cookin!</p>
        </div><!-- end main_text -->
        <div id="signup_login">
            <a href="/signup/">
                <img src="images/btn_signup.png" alt="Sign up">
            </a>
            <a href="/login/">
                <img src="images/btn_login.png" alt="Log in">
            </a>
        </div><!-- end signup_login -->
        <div id="latest_recipes">
```

```
        <h2 id="latest_recipes_header">Latest Recipes</h2>
        <div id="latest_recipe_1" class="latest_recipe">
          <h3><a href="#">Stuffed Chicken Breast</a></h3>
          <p>A lightly breaded breast of chicken stuffed with
             mushrooms and Swiss cheese. Easy to make even for
             beginners.</p>
        </div>
        <div id="latest_recipe_2" class="latest_recipe">
          <h3><a href="#">Chocolate Pancakes</a></h3>
          <p>This complete-from-scratch classic pancakes recipe is
             sure to please even the pickiest eater, especially
             chocolate lovers.</p>
        </div>
      </div>
    </div> <!-- end of main content -->
  </div> <!-- end of middle container -->
  <div id="footer"> <!-- start of the footer -->

    <p id="copyright">Copyright &copy; 2010 Foodbox,
       LLC, all rights reserved.</p>
    <p id="privacy_and_terms">
      <a href="terms.html">Terms of Service</a> |
      <a href="privacy.html">Privacy Policy</a>
    </p>
  </div> <!-- end of the footer -->
  </div> <!-- end of the page wrapper -->
  </body>
</html>
```

9.9 마크업 유효성 검사

HTML 코드를 하나하나 직접 다루는 이유 중 하나는 유효한 문서를 만들기 위해서다. HTML, XHTML, CSS에 대한 구현 표준을 정의하고 있는 W3C에서는 URL을 입력하거나 직접 소스코드를 전송해 검사할 수 있는 온라인 유효성 검사 도구를 제공하고 있다.

HTML 편집을 지원하는 일부 텍스트 에디터는 로컬 파일의 유효성을 쉽게 검증할 수 있는 기능을 가지고 있지만 개인적으로는 파이어폭스 웹 브라우저와 웹 디벨로퍼 툴바를 좀더 선호한다. 이 둘의 조합은 모든 플랫폼에서 동작하기 때문에 언제든지 사용할 수 있다.

웹 페이지 개발을 위한 파이어폭스 설정하기

파이어폭스는 대중적인 웹 브라우저면서 웹 사이트 개발을 위한 최선의 도구이기도 하다. 파이어폭스는 플러그인이나 확장 기능 같은 새로운 기능을 브라우저에 더할 수 있다. 파이어폭스와 몇 가지 확장 도구를 사용하면 웹사이트와 웹 애플리케이션을 개발하고 테스트하는 것을 도와줄 것이다.

만약 최신 버전의 파이어폭스를 설치하지 않았다면 파이어폭스 웹사이트[14]를 방문해서 설치 프로그램을 다운로드하고 설치한 후 실행한다.

웹 개발자 툴바

웹 개발자 툴바는 파이어폭스 브라우저를 웹 애플리케이션 개발자와 웹 디자이너를 위한 강력한 개발 환경으로 만들어준다. W3C 페이지 검증 서비스에 비해 페이지 유효성 검사를 쉽게 해주며 다음 장에서 사용할 라이브 CSS 에디터 기능을 제공한다.[15]

https://addons.mozilla.org/firefox/60/에서 웹 개발자 툴바를 설치할 수 있다. 'Firefox에 추가' 버튼을 클릭하면 소프트웨어를 설치할지 확인하는 대화상자가 나타난다.[16]

확장 기능을 설치한 이후에는 파이어폭스 브라우저를 다시 시작해야 한다. 파이어폭스를 다시 시작하면 북마크 툴바 바로 아래에 새로운 웹 개발자 툴바를 찾을 수 있다.

---

14 http://www.getfirefox.com/
15 애플리케이션 개발자라면 웹 개발자 툴바에서 세션 쿠키를 초기화하는 기능과 헤더를 검증하는 기능에 관심이 갈 것이다.
16 (옮긴이) 파이어폭스가 아닌 다른 브라우저에서 접속했을 경우에는 다운로드 버튼이 보여진다.

김대리가
묻습니다

**대부분 인터넷 익스플로러를 사용하는데
왜 파이어폭스로 개발하나요?**

파이어폭스로 디자인하고 개발하면 인터넷 익스플로러를 사용할 때보다 개발 과정에서 상당히 많은 시간을 절감할 수 있다. 파이어폭스는 페이지를 표시하는 데 있어 그렇게 까다롭지 않지만 IE는 스타일시트를 적용하면서 발생하는 문제에 대응하기가 악몽과 같을 수 있다. 인터넷 익스플로러에서도 어떻게 동작하는지 테스트해야 하지만, 일단 파이어폭스에서 기본적인 작업을 수행하고 IE에 특화된 스타일을 상태에 따라 적용하는 것을 권장한다. 이렇게 하면 사이트 제작에 훨씬 적은 시간이 들어갈 것이다.

인터넷 익스플로러 역시 새로운 버전이 나올 때마다 표준을 준수하려고 노력하고 있다. 그리고 가능한 많은 플랫폼을 테스트하는 것 역시 중요하다. 하지만 파이어폭스는 페이지를 개발하는 최선의 방법이다. 표준을 준수하기 때문만이 아니라 개발에 필요한 강력한 플러그인을 쉽게 찾을 수 있기 때문이다.

파이어폭스 리눅스 버전

리눅스 사용자는 배포판의 관련 문서를 참고해야 한다. 소스를 가지고 파이어폭스를 빌드하거나 패키지 관리 시스템에서 파이어폭스 패키지를 설치할 수 있다. 예를 들어 우분투 사용자는 다음과 같이 파이어폭스를 설치할 수 있다.[15]

sudo apt-get install mozilla-firefox

파이어버그

파이어버그 확장 기능을 사용하면 HTML, CSS, 자바스크립트를 좀더 손쉽게 디버깅하고 검사할 수 있다. 이 책에서 자세한 내용은 다루지 않겠지만 직접 사용해보면 매우 유용한 도구임을 알 수 있을 것이다. 파이어버그는 모든 CSS 스타일의 정의와 넓이와 높이, 기타 요소의 속성을 보여준다. 웹 개발자들이 디버깅하는 데 필수적인 기능이다. 파이어버그 라이트는 인터넷 익스플로러에서도 이런 문제에 대응할 수 있게 지원해준다.[16]

17 (옮긴이) 리눅스 설치와 관련해서는 파이어폭스 도움말을 참고할 수 있다.
http://support.mozilla.com/ko/home

문서의 유효성 검증하기

유효성 검증에는 시간이 많이 들지 않는다. 코드에 오류가 없다면 페이지가 유효하다는 친절한 메시지를 볼 수 있다. 오류가 있는 경우에는 유효성 검증 보고서에서 코드의 어느 부분이 문제가 있는지 알려준다. 문제가 발견되면 위에서부터 시작해서 한 번에 하나씩 오류를 수정해야 한다. 앞에서 발견된 오류 하나가 열 개 이상의 추가적인 오류를 발생시킬 수 있기 때문이다. 첫 번째 문제를 수정하고 다시 유효성을 검사한다.

유효성 검사 기능에서 엠퍼샌드 문자와 같은 일부 기호의 부적절한 사용도 잡아낼 수 있다. 많은 수의 애플리케이션 개발자가 아래와 같이 서버에 값을 넘기기 위한 질의문을 사용한다.

```
http://www.example.com/search?first_name=homer&last_name=simpson
```

URL이 동작하는 데 문제가 없더라도 코드 내에 있다면 유효성 검사시 오류로 인식하게 된다. 해당 항목의 검사를 건너뛰기 위해서는 소스 내의 모든 엠퍼샌드를 &로 부호화해주어야 한다. 최신의 웹 프레임워크를 사용할 경우에는 문제가 되지 않지만 해당 이슈가 간혹 발생할 수 있다는 것을 알아야 한다.

9.10 HTML 5

HTML 5는 이 글을 쓰는 시점까지 드래프트 상태였다.[19] 물론 이미 다양한 부분에서 반영이 되고 있다. 모든 브라우저에서 폭넓게 지원되고 있는 것은 아니지만 이전 버전에 대한 완전한 호환성을 제공한다. 사실 HTML 5 doctype은 인터넷 익스플로러 6이 standards 모드를 사용하게 강요한다. 이런 호환성은 CSS를 사용해 수용할 수 있는 웹사이트를 좀더 쉽게 만들 수 있다. HTML 5 갤러리[20]에서 제공하는 웹사이트를 확인해보면 다양한 사례를 만날 수 있다.

---

18 http://getfirebug.com/
    http://getfirebug.com/lite.html
19 (옮긴이) http://www.w3.org/TR/html5/에서 현재 상태를 확인할 수 있다.
20 http://html5gallery.com

HTML 5가 흥미로운 이유는 콘텐츠를 만드는 부분을 좀더 강화하고 있기 때문이다. 이번 장에서는 타이틀, 사이드바, 메인 콘텐츠, 푸터를 만드는 데 div 요소를 사용했다. HTML 5를 사용한다면 다음과 같아진다.

`homepage_html/index_html5.html`

```html
<!DOCTYPE html>

<html lang="en-US">
  <head>
    <meta http-equiv="content-type"
      content="text/html;charset=utf-8" />
    <title>Foodbox</title>
  </head>

  <body>
    <section id="page">

      <header id="header">
        <img src="images/banner.png" alt="Foodbox">
      </header>
      <section id="middle">
        <aside id="sidebar">

          <section id="search">
            <h2 id="search_header">Search Recipes</h2>
            <form id="search_form" method="get" action="/recipes/">
              <div>
                <input type="text" id="search_keywords"
                  name="keywords">
                <input type="image" alt="Search"
                  src="images/search.png">
              </div>
            </form>
          </section>

          <section id="browse_recipes">
            <h2 id="browse_recipes_header">Browse Recipes</h2>
            <a class="level_1" href="#">desserts</a>
            <a class="level_4" href="#">appetizers</a>
            <a class="level_5" href="#">indian</a>
            <a class="level_2" href="#">beef</a>
            <a class="level_5" href="#">entrees</a>
            <a class="level_4" href="#">mexican</a>
            <a class="level_3" href="#">seafood</a>
            <a class="level_4" href="#">drinks</a>
```

```
        <a class="level_2" href="#">pasta</a>
        <a class="level_1" href="#">italian</a>
        <a class="level_2" href="#">chicken</a>
        <a class="level_4" href="#">pork</a>
      </section>

      <section id="popular_ingredients">
        <h2 id="popular_ingredients_header">
          Popular Ingredients</h2>
        <a class="level_2" href="#">oregano</a>
        <a class="level_4" href="#">garlic</a>
        <a class="level_3" href="#">black beans</a>
        <a class="level_3" href="#">apples</a>
        <a class="level_3" href="#">bananas</a>
        <a class="level_5" href="#">cheese</a>
        <a class="level_3" href="#">lettuce</a>
        <a class="level_1" href="#">chicken</a>
      </section>
    </aside>

    <section id="main">
      <img id="main_image" src="images/pasta.jpg"
        alt="Pasta and marinara sauce" >

      <article id="main_text">
        <h1 id="get_cooking">Get Cookin...</h1>
        <p>Foodbox is the best way to collect and share recipes
        with the rest of the world. You can build your own
        recipe book from thousands of great recipes from
        renowned chefs or users just like you. You can also
        share your own secret recipes with a few of your friends
        or make them available to the rest of the world!</p>

        <p>Create an account today and get cookin!</p>
      </article>

      <section id="signup_login">
        <a href="/signup/">
          <img src="images/btn_signup.png" alt="Sign up">
        </a>
        <a href="/login/">
          <img src="images/btn_login.png" alt="Log in">
        </a>
      </section>

      <section id="latest_recipes">
        <h2 id="latest_recipes_header">Latest Recipes</h2>
        <article id="latest_recipe_1" class="latest_recipe">
```

```
            <h3><a href="#">Stuffed Chicken Breast</a></h3>
            <p>A lightly breaded breast of chicken stuffed with
            mushrooms and Swiss cheese. Easy to make even for
            beginners.</p>
          </article>
          <article id="latest_recipe_2" class="latest_recipe">
            <h3><a href="#">Chocolate Pancakes</a></h3>
            <p>This complete-from-scratch classic pancakes recipe is
            sure to please even the pickiest eater, especially
            chocolate lovers.</p>
          </article>
        </section>
      </section>
    </section>

    <footer id="footer">
      <p id="copyright">Copyright &copy; 2010 Foodbox,
      LLC, all rights reserved.</p>
      <p id="privacy_and_terms">
        <a href="terms.html">Terms of Service</a> |
        <a href="privacy.html">Privacy Policy</a>
      </p>
    </footer>
  </section>

  </body>
</html>
```

HTML 4.01 Strict 기준으로 만들어지는 코드보다 좀더 서술적인 표현을 할 수 있다. 하지만 HTML 5는 아직 변경될 여지가 있기 때문에 이 책에서는 HTML 4.01 Strict를 기준으로 삼을 것이다. 물론 약간의 모험심을 가지고 HTML 5 템플릿을 사용해 이 책의 예제를 연습해보아도 괜찮다.[21]

9.11 요약

이번 장에서는 어떻게 문서의 콘텐츠를 구조화하고 유효성을 확인하고 스타일을 적용할 준비를 하는지 배웠다. 여기서 만든 구조는 콘텐츠와 구조화된 요소

---

21 구형 브라우저는 aside와 같은 새로운 요소를 인식하지 못해 이를 처리하지 못한다. 하지만 자바스크립트에서 document.createElement() 메서드를 사용하면 브라우저가 새로운 요소를 인식하게 할 수 있다. 하지만 이런 기능도 사용자가 자바스크립트를 사용할 수 있는 경우에 한정된다.

만을 가지고 있기 때문에 나중에 진행될 프로젝트에 다시 사용할 수 있다. 문서가 구조화된다는 말은 유연성을 가진다는 의미만이 아니라 의미론적인 마크업과 유효성 검증도 포함한다는 점을 이번 장에서 꼭 기억해야 한다. 각 논리적인 요소 그룹을 마크업으로 분리했고 나머지 콘텐츠를 다루기 위해 HTML 내에 사용 가능한 마크업 태그를 설정했다. 이제는 CSS를 사용해서 문서를 변화시킬 시간이다.

10장

목업에서 이미지 만들기

홈페이지를 만들기 위한 구조가 어느 정도 갖추어졌다. 이제는 웹에 사용할 로고와 이미지를 준비해야 한다. 목업에 있던 리소스를 최종적인 웹 페이지에 사용할 것이다. 이번 장에서는 웹사이트에서 사용할 수 있는 다양한 그래픽 파일 포맷을 배워볼 것이다. 또한 포토샵 파일을 어떻게 잘라내고 HTML 문서나 스타일시트에 적용할 개별적인 파일로 내보내는지 배울 것이다.

10.1 그래픽 최적화

이미지를 가져오기 전에 파일 크기나 파일 형태, 이미지 최적화 같이 웹에 사용되는 그래픽과 관련된 몇몇 이슈에 익숙해야 한다. 그래픽 도구를 사용하면 대부분 최적화를 지원하지만 상황에 맞는 최선의 선택을 하려면 어떻게 최적화가 이루어지고 왜 필요한지 이해하고 있어야 한다.

　그래픽 최적화는 웹 페이지에 사용될 이미지의 품질과 선명도를 유지하면서 파일 크기를 줄이는 과정이다. 최적화 작업에는 다음과 같은 장점이 있다.

작은 이미지는 최종 사용자가 좀더 사용하기 쉽다

이미지를 최적화하면 웹 페이지를 좀더 빠르게 다운로드할 수 있다. 웹사이트가 좀더 빠르게 보인다면 거대하고 최적화되지 않은 이미지가 나타나기까지 짜

증내며 기다리지 않아도 된다.

작은 이미지는 대역폭에 주는 장점도 있다

웹호스팅을 이용한다면 일반적으로 제공할 수 있는 데이터 용량이 제한된다. 이미지가 작으면 용량 초과의 부담을 덜어줄 수 있다. 일부 업체의 경우 용량 제한을 넘어서면 비용이 추가되기도 한다. 웹사이트를 자체적으로 호스팅한다고 해도 대역폭에 따른 비용은 마찬가지다. 이런 것이 사소해 보일지 모르지만 사이트 방문자가 늘어나면 절감되는 비용도 누적된다.

작은 이미지는 물리적인 공간도 덜 차지한다

물론 디스크 비용이 점점 저렴해지고는 있지만 엄청난 이미지를 저장할 디스크를 구입하지 않아도 된다면 디스크 비용은 좀더 저렴해질 것이다. 아마존의 S3 서비스는 파일과 대역폭을 사용하는 공간에 비례하여 비용을 청구한다. 이미지 크기를 줄이는 데 관심을 기울이면 스토리지와 데이터 전송 비용도 줄일 수 있다.

다운로드 시간

많은 이들이 초고속 인터넷 라인을 가지고 있지만 여전히 이미지 다운로드 시간은 최적화 대상이다. 100KB 크기의 JPEG 파일은 작아 보이지만 이런 파일 다섯 개가 모이고 122KB 크기의 Prototype 자바스크립트 라이브러리와 몇 개의 CSS 파일, 그 외 자원들이 모이면 이미지를 다운로드하는 데 몇 초 이상이 소요된다. 사용자는 생각보다 이런 것을 참지 못하기 때문에 모든 부분의 페이지 로드는 가능한 빠르게 만들어야 한다.

페이지의 전체 크기를 측정하는 방법은 여러 가지를 사용할 수 있다. 페이지에 포함된 스크립트, 스타일시트, 이미지 파일의 크기를 합산하는 방법이 있고, 좀더 정확한 방법은 외부 서비스를 이용하는 것이다. http://www.websiteoptimization.com/services/analyze/를 방문하여 사이트 주소를 입력하면 관련 리포트를 얻을 수 있다.[1]

10.2 다양한 그래픽 포맷 다루기

이미지 최적화 시에는 작업할 이미지의 타입을 고르기가 어려울 수 있다. 예를 들어 사진은 차트나 로고와는 다른 방식으로 최적화되어야 한다.

웹 브라우저에서 작업한다면 GIF, PNG, JPEG 그래픽 포맷을 주로 다루게 된다. 사이트에 각 포맷을 적용해 보자.

GIF

GIF는 Graphics Interchange Format의 약자이며 24비트 RGB 색상 공간에서 256가지 색상을 사용할 수 있는 그래픽 포맷이다. 색상의 제약 때문에 사진보다는 로고에 적합하다. GIF 포맷은 애니메이션을 지원한다.

GIF는 투명도를 지원하기 때문에 주로 로고와 버튼에 사용됐다. 투명도를 적용한 GIF를 페이지에 배치하면 로고 사이로 배경이 보인다. 하지만 최근에는 품질이 더 좋은 투명도를 지원하는 PNG가 점차 확산되고 있다.

GIF 최적화

GIF 이미지는 최대 256색을 지원하지만 파일에 저장될 색상의 수를 줄여서 GIF를 최적화할 수 있다. 로고에 16색상만 사용한다면 그래픽 소프트웨어에서 출력되는 결과물을 16색으로 제한할 수 있다. 색상을 줄이면 파일 크기도 줄어들지만 이미지가 훼손될 수도 있다. 복잡한 이미지일수록 좀더 많은 색상을 저장해야 한다. 포토샵에서는 최적화된 이미지를 미리 볼 수 있는 기능을 제공하고 있으며 각 설정에 따라 어떻게 보여질지 확인할 수 있다.

GIF에서 최적화할 색상의 숫자는 2의 배수로 관리되는데 16, 32, 64, 128, 256색이 적용 가능한 색상 수다. 다른 값을 설정하면 실제 어떤 값이 저장되는지 알 수 없으며 16색보다 낮은 값을 사용하면 문제가 발생할 수 있다. 드물게는 아예 이미지가 그려지지 않을 수 있기 때문에 적절한 값을 적용하는 것이 좋다.

---

1 이 방법을 적용하려면 페이지나 애플리케이션을 외부에서 접속할 수 있어야 한다. 이렇게 할 수 없다면 직접 크기를 측정하거나 드림위버와 같은 편집기를 사용하면 페이지의 크기와 측정된 다운로드 시간을 알려준다.

그림 10.1 포토샵에서 Save for Web & Devices 옵션은 이미지에서 필요한 색을 자동으로 뽑아
        내 몇 가지 GIF 템플릿을 제공한다.

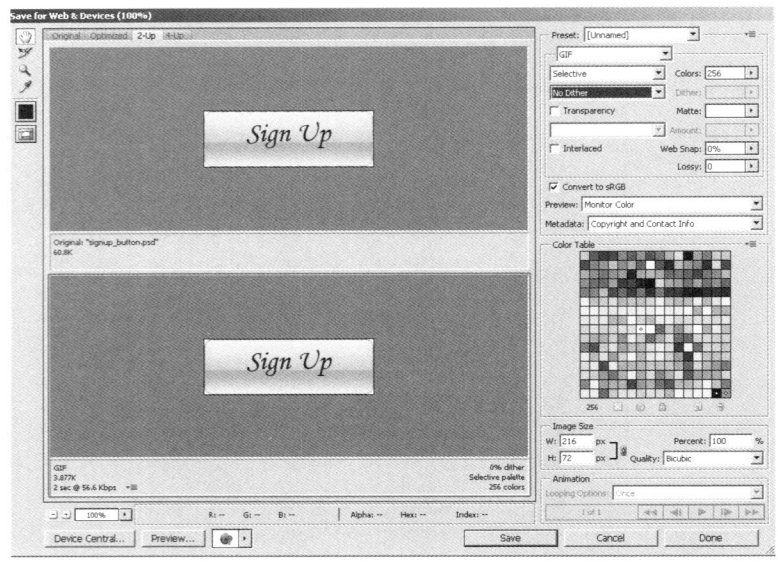

포토샵에서 Save for Web & Devices 기능은 그림 10.1에서 보이는 것처럼 GIF에서 사용하는 색상을 조정할 수 있게 한다.

PNG

PNG는 Portable Network Graphics의 약자로 무손실 압축을 사용하는 비트맵 이미지 포맷이며 GIF 포맷을 대체할 수 있게 디자인됐다. RGB 색상만을 지원하며 웹에 적합하다. 또한 투명도도 잘 지원하고 있다. 불행하게도 최신의 브라우저에서만 투명도를 지원하고 있지만 이미지 품질이 놀랄 만큼 뛰어나기 때문에 적용해보길 권장한다.

PNG 최적화

PNG를 최적화할 때 이미지의 비트 깊이를 선택할 수 있다. 이미지가 복잡해지면 파일의 크기가 커진다. 하지만 JPEG와 다르게 PNG 파일은 무손실 압축을

사용하고 있어 사진이 아닌 이미지 특히 로고나 아이콘, 버튼에 명암을 표현하거나 그림자를 그리고 광택이 나도록 표현하는 데 적합하다.

PNG를 사용할 때는 파일 크기에 주의해야 한다. 24비트로 투명도가 있는 PNG 파일을 만들면 매우 커질 수 있다.

JPEG

JPEG는 사진 이미지를 압축하기 위한 포맷이다. 널리 지원되고 있지만 비가역 압축을 사용하기 때문에 너무 많이 압축하거나 여러 번 재압축을 하면 손을 댔다는 느낌이 들 수 있다.

JPEG는 투명도를 전혀 지원하지 않는다. 사진에 주로 사용하며 로고나 스크린샷, 그라디언트에 JPEG를 적용하는 것은 적절하지 않다.

JPEG 최적화

JPEG 최적화는 이미지를 단순하게 압축시켜 간단하게 만드는 과정이다. 압축은 파일의 크기를 상당히 줄일 수 있지만 이미지 품질 또한 떨어진다. JPEG 이미지를 최적화할 때는 파일 크기와 품질 사이의 균형을 조정해야 한다.

JPEG 파일을 재압축하지 말자!

가능한 JPEG 파일을 다시 압축하는 일은 피해야 한다. 원본 이미지를 20퍼센트 압축률로 압축했을 때 원하는 파일 크기를 얻지 못할 수 있다. 그렇다고 해서 압축된 파일을 다시 압축하면 안 된다. 대신 원본 파일을 다시 압축해야 한다. 원본 파일은 압축하지 않은 상태로 유지해야 한다. 그래야만 다시 처음으로 돌아가서 원하는 작업을 진행할 수 있기 때문이다.

JPEG로 파일을 저장할 때는 압축을 사용한다. 예를 들어 포토샵에서 파일을 JPEG로 저장할 때는 그림 10.2에 나오는 것처럼 압축 수준을 선택하게 된다. JPEG를 압축할 때 모든 그래픽 프로그램은 동일한 방식으로 동작하며, 이미지의 품질을 기준으로 압축 수준을 지정해야 한다. 압축률이 높아지면 품질은 낮

그림 10.2 JPEG 압축

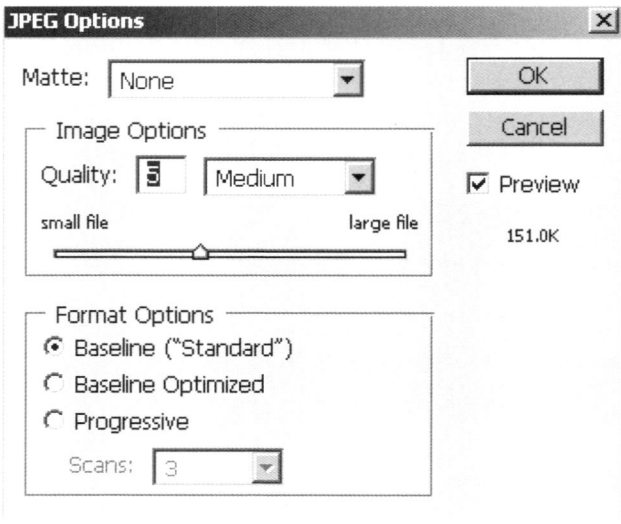

아진다.

압축을 한 이후에도 이미지가 여전히 크다면 이미지의 높이와 넓이를 줄여 파일 크기를 작게 할 수도 있다.

디지털 카메라

일부 디지털 카메라는 사진 이미지를 JPEG 파일로 저장한다. 카메라가 이미지를 JPEG로 저장한다면 어느 정도의 압축률로 저장하는지 반드시 확인해야 한다. 가능하다면 원본 이미지는 압축되지 않아야 한다. 일부 카메라는 이미지 저장 방식을 변경할 수 있는 설정을 제공하고 있다. 가능하면 RAW 형식으로 이미지를 저장할 것을 권장한다. 포토샵에서 해당 파일을 JPEG로 변환할 수 있다. 매뉴얼을 확인해보고 관련 정보를 확인해보자.

사진작가에게 사진을 받는 경우에는 RAW 형식이나 디지털 네가티브(DNG) 파일로 받을 수 있는지 확인해보자. 사진을 의뢰하기 전에 먼저 확인해보아야 한다.[2]

10.3 문서 잘라내기

목업 파일을 열어보자. 파일에서 일부 이미지를 슬라이스와 슬라이스 선택 도구를 사용해 가져오려고 한다. 포토샵에서는 약간의 조작만으로 그래픽 최적화를 할 수 있다. 하지만 전체 목업이 자동으로 웹 사이트에 적용되기를 원하지는 않는다. 그보다는 스타일시트에서 사용할 수 있는 일부 이미지만 필요하다.

목업에 대한 재확인

모든 요소가 그리드라인에 맞추어져 있는지 확인해야 한다. 슬라이스를 만들기 위한 가이드로 그리드라인을 사용하고 글자나 이미지가 잘못해 잘려나가지 않게 하자. 화면을 300퍼센트 정도 확대하고 스페이스바를 누른 채로 손툴(Hand tool)을 활성화시킨다. 마우스 포인터를 클릭하고 드래그해서 캔버스를 확인해보고 로고와 타이틀, 이미지가 그리드라인 내에 적절하게 포함되어 있는지 확인한다. 글꼴이나 이미지의 경계가 그리드라인을 벗어나는 상황은 원하지 않을 것이다. 그림 10.3에서 문제가 될 수 있는 상황을 확인할 수 있다.

　그리드라인과 겹쳐 있는 것을 발견한다면 이동 도구를 선택하고 라인과 겹치는 캔버스 영역에서 오른쪽 마우스 클릭(윈도) 또는 Command + 클릭(맥)을 한다. 컨텍스트 메뉴에서 커서 아래에 있는 레이어를 볼 수 있다. 문제가 되는 요소의 레이어를 선택하고 방향 키로 이미지가 적절한 곳에 위치할 때까지 조금씩 이동시킨다.

10.4 슬라이스 만들기

기존 파일에서 몇 개의 슬라이스를 만들 것이다. 필요하다면 다른 파일 포맷으로 슬라이스를 저장할 것이다. 하지만 잘라내는 프로세스는 동일하다. Foodbox 로고를 슬라이스로 전환하는 것부터 시작해보자.

---

2 (옮긴이) DNG 파일은 어도비 DNG 파일이라고 불리우며 각 제조업체마다 다른 RAW 파일 알고리즘을 호환성 있는 범용 RAW 파일 형식으로 만든 것이 DNG 파일이다.
　http://en.wikipedia.org/wiki/Digital_Negative_(file_format)

도구 팔레트에서 슬라이스 도구[3]를 선택한다. 그리고 슬라이스 도구를 사용해 Foodbox 로고 주변에 로고를 둘러싼 그리드라인을 기준으로 상자를 그린다. 왼쪽 상단에 72px, 18px 위치에서 558px, 108px 지점까지 이어지게 될 것이다. Snap to Grid 옵션은 이 단계를 손쉽게 처리할 수 있게 해준다.

이제 슬라이스 선택 도구를 선택한다. 이 도구는 팔레트에서 슬라이스 도구 아래에서 찾을 수 있다(이것을 보이게 하려면 팔레트를 클릭한 채로 잠시 기다려야 한다). 그리고 로고 슬라이스를 더블 클릭해 이름을 banner로 지정한다. 여기에서 정한 이름은 파일로 내보낼 때 파일명으로 사용된다. 내보내고자 하는 슬라이스에 각각 이름을 붙여야 한다. 이름을 붙이지 않으면 포토샵에서 슬라이스의 이름을 붙여준다. 이렇게 하면 나중에 관리하기가 어렵다.[4]

그림 10.3 그리드라인에 해당 요소가 정확하게 일치하지 못함

---

3 포토샵 이전 버전에서는 슬라이스 도구에 자체 메뉴 아이템을 가지고 있었다. 하지만 포토샵 CS4에서는 자르기 도구 아래에 위치한다.

가이드를 기준으로 잘라내기

목업을 만들면서 가이드를 충실하게 사용했다면 수작업으로 잘라내기 작업을 하지 않아도 된다. 분할 툴(Slice tool)을 선택하면 Slices from Guides 기능을 사용할 수 있다. 이 버튼을 클릭하면 나중에 취소할 수 있는 추가적인 슬라이스가 생성된다. 가이드를 적절하게 배치했다면 좋은 결과를 얻을 수 있을 것이다. 그렇지 않다면 의도치 않게 이미지가 반으로 잘라질 수도 있다.

필요한 슬라이스의 숫자에 따라 이 방법이 시간을 절약해주기도 하고 나중에 추가적인 수작업을 필요로 할 수도 있다. GIMP에서도 이미지를 분할할 수 있는 다양한 플러그인을 제공하고 있다.

나머지 이미지 잘라내기

배너에 사용했던 것과 동일한 방법으로 나머지 요소에 대한 슬라이스를 만든다. 앞에서 한 것처럼 각 슬라이스의 이름을 붙여주어야 하는 것을 잊지 말자. 작업을 마치면 다음 요소에 대한 슬라이스를 가지게 될 것이다.

- 레시피 검색 헤더 (search_recipes)
- 검색 버튼 (search)
- 레시피 탐색 헤더 (browse_recipes)
- 가장 많이 쓰는 재료 헤더 (popular_ingredients)
- 파스타 이미지 (pasta)
- Get Cookin' 헤더 (get_cookin)
- 최근 레시피 헤더 (latest_recipes)
- 로그인 버튼 (btn_login)
- 회원 가입 버튼 (btn_signup)

슬라이스를 잘라내는 작업 시에는 그리드라인에 따라 잘라내어야 한다. 이미

---

4 수작업으로 만들어진 슬라이스에 이름을 붙이는 것은 포토샵에서 만든 것을 인식하는 데 도움이 된다. 이 과정에서 겹쳐진 슬라이스가 생길 수도 있고 내보내지 않을 슬라이스가 선택되기도 한다. 파일명은 어던 슬라이스가 좋은지 어떤 것을 무시해도 되는지 구분할 수 있게 한다.

그림 10.4 작성된 슬라이스

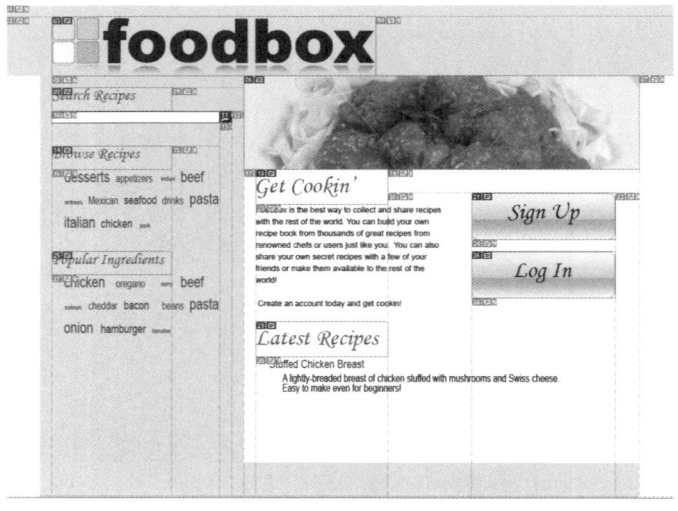

지의 여러 부분이 그리드라인에 걸쳐있는 경우에는 다음 그리드라인으로 간다. 우리가 만든 슬라이스는 line-height 값인 18px로 균등하게 나누어져야 한다. 그래야 베이스라인 그리드[5]를 벗어나지 않는다. 그림 10.4에서 어떻게 슬라이스가 만들어지는지 볼 수 있다.

CSS로 사이드바 헤더에 대한 이미지를 대체하려 할 때 슬라이스를 동일한 높이와 넓이로 정확하게 180×36의 크기로 만들어놓으면 일을 좀더 수월하게 할 수 있다. Get Cookin'과 최신 레시피의 이미지는 198px×54px로 만든다.

슬라이스의 수치는 슬라이스 이름을 설정할 때 보이는 슬라이스 정보를 보고 확인할 수 있다. 예를 들어 슬라이스 선택 도구를 선택하고 Get Cookin' 슬라이스를 더블 클릭하면 된다. X와 Y 좌표는 슬라이스의 시작점을 보여준다. 높이와 넓이는 시작하는 좌표에 상대적으로 표기된다. Get Cookin' 슬라이스는 X 좌표값이 378, Y 좌표값이 252가 될 것이다. 넓이는 162px, 높이는 54px이 되어

---

5 원하는 크기로 슬라이스를 만들어도 되지만 CSS에 사용된 이미지 요소에 정확한 마진과 패딩을 추가해 그리드를 벗어나지 않게 해야 한다.

야 한다.

작업된 문서를 저장한다. 지금까지 만든 슬라이스 설정은 문서에 같이 저장이 되어 다음 번 작업 시에 슬라이스를 만들지 않아도 된다.

10.5 투명한 PNG로 배너 만들기

로고는 어떤 포맷으로든 원하는 대로 만들 수 있다. 하지만 여기에서는 PNG를 사용할 것이다. PNG는 손실이 없으며 다양한 색상을 지원할 수 있다. 만들려는 로고에 희미한 반영(reflection)을 적용했기 때문에 standard GIF보다는 조금 더 복잡하고 JPEG로 로고를 압축하면 이미지가 깨져 보일 수 있다.

군이 이미지를 투명하게 만들 필요는 없고 노란색 배경 위에 놓여져 있기만 하면 된다. 아무도 페이지에서 나타나는 차이를 구별하지 못할 것이다. 하지만 투명한 PNG를 어떻게 만드는지 보여주고 필요할 때 사용할 수 있게 할 만한 구실이 필요했다. 파일을 만들 때는 배경색을 흰색으로 설정한다. 포토샵에서는 투명한 PNG로 만들려면 그 아래에 있는 모든 레이어를 제거해야 한다. 무슨 말인가 하면 배경 레이어를 실제 레이어로 바꾸어야 한다는 것이다. 레이어 팔레트에서 배경 레이어를 찾아서 더블 클릭해 레이어 속성 상자를 보이게 한다. 이름은 background_layer로 하고 OK 버튼을 클릭한다.

그림 ˙0.5 투명한 레이어로 처리된 FOODBOX 로고

레이어 감추기

배너를 투명한 PNG로 내보내려면 배너 아래에 있는 다른 레이어를 감춰야 한다. 배경 레이어와 노란색 헤더 레이어를 레이어 항목 옆에 있는 눈 모양 심벌을 클릭해서 감춘다. 포토샵에서는 투명한 영역에 대해 그림 10.5와 같은 체크무늬의 패턴을 보여준다.

슬라이스 저장하기

포토샵에서는 이미지를 웹에 최적화시켜 저장하기 위한 명령으로 일반적인 저장 명령보다는 Save for Web & Devices 메뉴 아이템을 사용한다. 해당 명령을 선택하면 멋지게 잘라진 문서의 미리 보기를 볼 수 있다.

그림 10.6 FOODBOX 로고 내보내기

로고 슬라이스를 선택하자. 슬라이스를 선택할 때마다 우측에 있는 속성창은 특정 슬라이스에 대한 속성을 보여준다. 각 슬라이스마다 출력 설정을 정할 수 있어서 각 설정에 따라 PNG, JPEG, GIF로 파일을 내보낼 수 있다.

타입은 PNG-24로 설정하고 투명도 옵션을 선택한다. 투명도 옵션을 선택하면 로고 뒤의 배경은 하얀색에서 그림 10.6에서 보았던 캔버스와 동일한 체크박스 패턴으로 변경된다.

저장 버튼을 클릭하면 Save Optimized As 대화상자가 나타난다. Foodbox 프로젝트 폴더로 저장 위치를 설정한다. 포토샵에서는 자동으로 images 폴더를 만들어준다. 파일명은 그대로 유지하고 타입을 images only로 슬라이스 옵선은 Selected Slices로 변경한다. 파일명은 자동으로 이미 지정한 슬라이스 이름으로 생성된다.

　작업 폴더 안에 있는 images 폴더에 banner.png 파일이 생성되어있는지 확인한다. 이제 나머지 이미지도 내보낼 준비가 됐다.

10.6 나머지 요소 내보내기

배경 레이어와 헤딩 레이어를 다시 보이게 하고 Save for Web & Devices 옵션을 다시 선택한다. 파스타 이미지 슬라이스를 선택하고 파일 타입을 JPEG로 설정한다. 품질 슬라이더는 80으로 조정한다. 품질을 높이면 파일의 크기는 그만큼 커진다. 최적의 상태로 보일 수 있게 균형을 유지해야 한다.

　로그인 버튼 슬라이스를 선택하고 PNG 8 옵션을 선택한다. 이번에는 투명도 옵션을 선택하지 않는다. 회원 가입 버튼 슬라이스와 검색 아이콘에서도 동일하게 적용한다. 아이콘에 적은 수의 색상만 적용됐고 그것만으로 충분하기 때문에 24비트 PNG에서 제공하는 추가적인 정보가 필요하지 않다.

　헤더 이미지는 GIF[6]로도 충분히 잘 동작한다. Get Cookin' 슬라이스를 선택하고 Shift 키를 누른 채로 다른 헤딩을 클릭한다. 모든 슬라이스가 선택되고 나면 간단하게 타입을 GIF로 변경할 수 있다. 해당 설정은 모든 슬라이스에 적용된다.

　Shift 키를 누른 채로 파스타 이미지와 검색 버튼, 로그인 버튼, 회원가입 버튼 슬라이스를 클릭한다. 선택된 모든 슬라이스가 images 폴더에 저장되도록 설정하고 저장 버튼을 클릭한다. Save Optimized As 대화상자에서 동일한 설정을 사용하면 이미지가 원하는 경로에 저장된다.

　이미지를 내보내고 나면 포토샵 문서를 저장한다. 포토샵은 문서 내에 슬라이스와 설정 정보를 유지하고 있기 때문에 손쉽게 그래픽을 변경하고 내보낼 수 있다.

---

6 예제를 설명하기 위해 PNG 대신 GIF를 사용했지만 8비트 PNG를 적용해도 무관하다.

10.7 요약

이번 장에서는 웹 페이지에서 사용되는 다양한 이미지 타입과 디자인을 설계할 때 사용된 목업에서 그래픽 이미지를 어떻게 잘라내는지를 배워봤다. 포토샵에서 이미지를 최적화하는 데 슬라이스를 사용하면 나중에 사이트의 외관을 변경하는 작업을 쉽게 할 수 있다. 기본 목업만 수정하고 슬라이스를 다시 내보내면 다른 사이트에서 활용할 수 있다.

이제 시각적인 스타일을 사용해 웹사이트를 멋진 모습으로 만들 시간이다.

11장

CSS로 레이아웃 설정하기

디자인을 향상시키기 위해 긴 여정을 따라왔다. 이제 거의 결승점이 눈앞에 보이는 시점이다. 이번 장에서는 웹 디자인에서 개념적으로 좀더 어려운 부분 중 하나인 CSS로 요소를 배치하는 방법을 다루어볼 것이다. 구현 자체는 복잡하지 않지만 어떻게 동작하는지 이해하기가 색상의 조합을 이해하는 것보다 어려울 수 있다. 이번 장에서는 CSS의 다양한 기법을 익혀 단순한 콘텐츠를 어떻게 다루고 목업에 맞게 변형시킬 수 있는지 배워볼 것이다.

11.1 브라우저는 무시무시하다

웹 브라우저가 하나였다거나 경쟁적인 산업 구조가 아니었다면 CSS 기반 웹 디자인은 쉬운 일이었을 것이다. 불행하게도 우리는 오픈소스 진영과 상업적인 소프트웨어 개발자가 어떻게 표준이 구현되어야 하는지에 대해 끊임없이 싸우고 있는 세상에 살고 있다. 이전에도 몇 차례 이야기한 것처럼 인터넷 익스플로러와 파이어폭스는 동일한 방법으로 콘텐츠를 표현하지 않는다. 두 브라우저에서 동작하는 웹 디자인을 지원하는 것만도 매우 어려운 일이지만, 애플의 사파리나 다양한 오페라 기반 브라우저, 구글 크롬도 잊지 말아야 한다. 각 브라우저는 장단점을 가지고 있다. 웹 개발자라면 각 특성을 이해하고 사용자에게 유용하고 매력적인 사이트를 제공할 수 있어야 한다.

브라우저에 있는 CSS 해석기의 허점을 이용하여 특정 브라우저가 특정 규칙을 무시하게 만드는 여러 CSS 규칙을 사용할 수도 있다. 하지만 이렇게 하는 것은 위험한 접근이다. 이런 임시적인 방편은 브라우저의 버그에 의존하는 것인데 이런 문제는 언젠가는 수정될 수 있다. 개발자가 인터넷 익스플로러 6버전과 quirks 모드에 익숙해져 있으며 페이지가 원하는 대로 보이도록 다양한 CSS 핵에 의존해 페이지를 만들었다고 하자. (이 브라우저는 5년 동안이나 업데이트되지 않았다.) 인터넷 익스플로러 7이 나왔을 때 수많은 개발자들은 기존에 만들어진 페이지를 수정해야 한다는 사실을 깨달았을 것이다. 아마 이런 개발자들의 전철을 밟지 않고 앞으로도 계속 사용 가능한 코드를 작성하고 싶을 것이다.

코드를 그냥 가져다 쓰지 말자!

웹에서 찾은 코드를 무작정 가져다 쓰지는 말자! 깔끔하게 정리된 CSS 트릭을 찾을 수 있지만 대부분 브라우저의 취약점이나 기능에 대한 추측에 의존하고 있다. 내용을 이해하지 못한다면 애플리케이션에 포함하지 않을 것을 권장한다. 사이트에 CSS를 적용하기 전에도 애플리케이션에 포함된 다른 코드와 마찬가지로 적용할 CSS가 어떻게 구성되었고 어떻게 동작하는지 알고 있어야 한다.

11.2 CSS의 기초

연속형 문서 양식(캐스캐이딩 스타일시트, CSS)은 HTML 문서가 어떻게 보일지를 설명하기 위해 사용되는 언어다. 웹을 조금이라도 다루어 본 사람이라면 대부분 CSS로 텍스트의 모양을 변경하는 것부터 시작한다.

그리고 수백 페이지의 각 단락에 스타일을 지정하는 대신에 사이트의 모든 단락에 스타일 규칙을 설정할 수 있다는 것을 곧 발견하게 된다.

하지만 이것은 빙산의 일각일 뿐이다. CSS를 사용해 문서에 색상과 이미지를 추가하고 심지어는 레이아웃 전체 구조를 변경할 수도 있다. 이번 장에서는 앞에서 지정한 다양한 영역에 어떻게 스타일 규칙을 적용하고 Foodbox의 레이아웃을 지정할 수 있는지 배울 것이다.

그림 11.1에서 보이는 것처럼 CSS 규칙은 선택자와 선언부로 구성된다.

그림 11.1 CSS 규칙의 요소

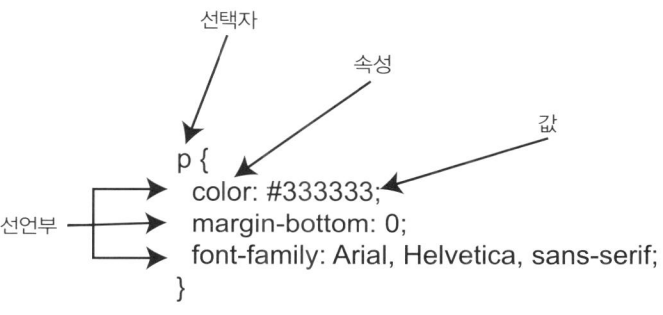

선택자

선택자는 어떤 요소 혹은 요소들에 규칙을 적용할지를 지정하는 규칙이다. 선택자는 HTML 태그나 ID, class를 가리킨다.

선택자 타입

HTML 태그를 가리키는 선택자는 꺾쇠 괄호를 제외한 태그 자체로 이루어진다. 예를 들어 h1 태그를 모두 파란색으로 지정하려면 다음과 같이 한다.

```
h1{
  color:#009;
}
```

p, h1, body와 같은 것이 HTML 태그를 가리키는 선택자의 예다.

HTML 문서에서 ID를 가리키는 선택자는 해시 기호로 시작한다. ID가 page인 요소의 넓이를 지정하는 코드는 다음과 같다.

```
#page{
  width:900px;
}
```

#page, #header, #footer 모두 ID를 가리킨다.

마지막으로 class를 가리키는 선택자는 마침표로 시작한다.

```
.box{
  border:1px solid #000;
}
```

.box, .importans, .newsitem 모두 특정 클래스 요소에 규칙을 적용한다.

선언부 : 속성과 값

선언부는 선택자에 지정하는 스타일을 정의한다. 각 선언부는 CSS 속성에 값을 정의한다. 그래서 모든 h1 요소의 텍스트 색상을 빨간색으로 지정하고자 한다면, color 속성을 빨간색을 나타내는 16진수값인 #F00으로 지정한다. 아래에서 실제 적용 코드를 확인할 수 있다.

```
h1{
  color:#F00;
}
```

선언부에서는 속성과 값을 콜론으로 구분하며 각 속성-값의 짝은 세미콜론으로 구분한다.[1] 하나의 규칙이 여러 개의 선언을 포함하고 있다면 아래와 같이 배치하면 된다.

```
h1{
  font-size:24px;
  font-weight:bolder;
  color:#f00;
}
```

또는 아래와 같이 모든 항목을 한 줄에 표현할 수도 있다.

```
h1{font-size:24px;font-weight:bolder;color:#f00;}
```

규칙을 한 줄에 표현하는 것은 보기에는 부담스럽지만 행 구분자와 여백을 제거해서 대역폭을 줄일 수 있는 방법이며 페이지를 불러오는 시간을 줄일 수

---

1 CSS 규칙에서 마지막 세미콜론은 생략할 수 있다. 하지만 해당 규칙에 다른 선언을 추가하는 경우 문제가 될 수 있기 때문에 잊지 않는 것이 좋다.

있다. 개발하는 동안은 잘 정리된 코드를 관리하다가, 서버에 올리기 전에 모든 여백과 행 구분자를 제거하도록 설정하기가 그리 어렵지는 않다. 이런 전략은 빈 칸과 행 구분자를 무시하는 HTML에서도 마찬가지로 적용할 수 있다.

겹치는 부분

하나의 규칙에 모든 규칙을 선언할 필요는 없다. 여러 파일에 나누어 선언하거나 인라인 스타일이나 페이지 레벨 스타일을 사용해 CSS 규칙에 계속해서 추가할 수 있다.

```
/* line height 선언 */
p{line-height:18px;}
/* 색상 선언 */
p{color:#003;}
```

이런 특징 덕에 스타일을 기능적으로 구분할 수 있다. 페이지의 레이아웃을 제어할 수 있는 CSS 파일을 따로 만들고, 다른 파일에서는 글꼴과 색상을 지정할 수도 있다.

하지만 요소에 적용된 CSS 스타일이 서로 충돌을 일으킬 수도 있다. CSS는 캐스케이드라고 불리는 순서를 지정하는 독자적인 방법을 가지고 있다. 스타일시트는 세 가지 다른 소스에서 나올 수 있다. 개발자(아마 당신), 사용자(사용자가 기존 소스에 자신만의 스타일을 덮어쓸 수 있다), 브라우저 기본값이다. 캐스케이드에서는 출처에 따라 각 스타일 규칙의 중요도를 지정한다. 스타일을 간결하게 유지해야 스타일시트 내에서의 충돌에 대응할 수 있다. 사용자가 브라우저에서 조정하는 것은 그렇게 걱정하지 않아도 된다.

개발자가 만든 스타일시트는 브라우저 기본값이나 사용자가 정의한 값보다 우선순위가 높다. 하지만 스타일시트 규칙을 정의하면서 충돌이 발생할 수 있다. 캐스케이드가 어떻게 동작하는지를 이해하면 이런 스타일 간의 충돌을 피할 수 있으며 적절한 상황에서 스타일을 안전하게 덮어쓸 수 있다.

ID 선택자

ID 선택자는 다른 선택자에 비해 좀더 특별함을 가진다. 예를 들어 모든 h2 태그를 파란색으로 지정했을 때 특정한 것은 빨간색으로 지정하길 원한다면 ID 선택자를 적용해야 한다. 해당 부분 선택자에 ID를 사용해 표기하는 것이다.

```
css_layout/examples/01_selectors.html
```

```html
<h2>Products</h2>
<h2>Clearance Items</h2>
<h2 id="special_promotion">Hot Deals!</h2>
```

```
css_layout/examples/01_selectors.html
```

```css
h2{color:#00 F;}
#special_promotion{color:#F00;}
```

예를 들어 그림 11.2처럼 타이틀은 파란색으로 하고 Hot Deals! 타이틀은 빨간색으로 할 수 있다. 일반적인 상황에서 ID는 다른 스타일 정의보다 우선순위가 높다.[2]

그림 11.2 ID 선택자를 사용해 다른 규칙을 덮어써 헤딩을 빨간색으로 만들었다.

Products

Clearance Items

Hot Deals!

클래스 선택자

클래스 선택자는 일반적인 HTML 선택자보다는 특별하지만 ID만큼은 아니다. 다음 예제와 같이 타이틀에 promo 클래스를 적용할 수 있다.

---

2 ID는 페이지 내에서 유일해야 하기 때문에 좀더 나은 방법은 클래스를 사용하는 것이다.

`css_layout/examples/02_selectors.html`

```
<h2>Products</h2>
<h2 class="promo">Clearance Items</h2>
<h2 class="promo" id="special_promotion">Hot Deals!</h2>
```

그리고 타이틀을 위한 스타일을 다음과 같이 정의할 수 있다.

`css_layout/examples/02_selectors.html`

```
h2{color:#00 F;}
#special_promotion{color:#F00;}
.promo{color:#0 F0;}
```

그림 11.3에 보여지는 것처럼 Products라는 타이틀을 파란색으로 표기하고 Clearance Items라는 타이틀은 녹색, Hot Deals라는 타이틀은 빨간색으로 보여줄 수 있다. 클래스는 h2 태그에서 지정한 규칙을 덮어쓰게 되지만 ID 선택자에서 지정된 규칙은 여전히 우선순위가 높다.

그림 11.3 CSS 클래스 선택자는 두 번째 아이템을 녹색으로 바꾸었지만 세 번째 아이템은 덮어쓰지 못했다. 클래스 선택자보다 ID 선택자의 우선순위가 높기 때문이다.

Products

Clearance Items

Hot Deals!

다른 문제

우선순위를 결정하기 어려울 때 캐스케이드는 가장 최근에 지정된 스타일을 선택한다. 이런 특성은 페이지나 요소 단위로 스타일을 덮어쓸 수 있게 하며 CSS의 가장 유용한 기능 중 하나다. 스타일시트는 여러 파일로 나눌 수 있다. 그리고 브라우저에서 그것을 발견했을 때 요소에 규칙을 적용하게 된다. 캐스케이드가 어떻게 동작하는지 주의하고 이해한다면 이런 유연성이 주는 장점을 활용할 수 있다.

예를 들어 아래와 같은 타이틀에 대한 스타일을 살펴보자.

```
h2{color:#00 F;}
#special_promotion{color:#F00;}
.promo{color:#0 F0;}
```

그리고 나서 페이지 레벨에서 새로운 스타일을 추가한다.

```
#special_promotion{color:#FF0;}
```

페이지 레벨에서 이 규칙은 스타일시트에 있는 규칙을 다시 정의하여 덮어쓰게 된다. 그래서 Hot Deals! 타이틀은 빨간색 대신에 노란색으로 표시된다(그림 11.4를 참고하자).

충돌이 발생했을 때 전체 CSS 규칙을 덮어쓰지는 않는다는 점이 중요하다. 단지 개별적인 선언에 대한 충돌만 영향을 받는다.

우리는 이번 장에서 여러 차례 규칙을 재정의하겠지만 결국에는 규칙을 모두 하나로 만들 것이다. 규칙을 덮어쓰는 것이 목표가 아니라 디자인에서 레이아웃을 분리해내는 것이 목표다.

그림 11.4 Hot Deals! 헤딩에 두 번 색을 지정했다. 브라우저에서는 마지막에 발생된 선언이 적용됐다.

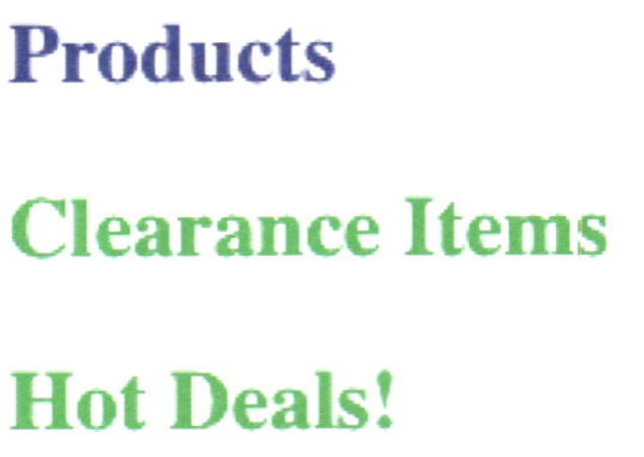

Products

Clearance Items

Hot Deals!

!important의 중요성

가끔은 원하는 대로 규칙을 적용할 수 있게 캐스케이드가 동작하는 방식을 변경할 필요가 있다. CSS에서는 순서에 상관없이 규칙을 적용할 수 있도록 캐스케이드를 강제하는 !important라는 키워드를 제공한다. 예를 들어 11.2절 클래스 선택자를 보자. ID 선택자의 우선순위가 높기 때문에 promo 클래스에 묶여 있는 규칙은 special_promotions ID 뒤에 붙여도 덮어쓰지 못한다. 그러나 우선순위를 높이려는 정의에 !important를 더하면 promo 클래스의 규칙을 강제로 적용시킬 수 있다.

```
css_layout/examples/04_selectors_important.html

h2{color:#00 F;}
#special_promotion{color:#F00;}
.promo{color:#0 F0 !important;}
```

이번에는 Hot Deals! 타이틀이 그림 11.5에 보이는 것처럼 초록색이 된다.

그림 11.5 !important 키워드를 사용해 이전에 선언된 규칙을 덮어썼다.

Products

Clearance Items

Hot Deals!

11.3 브라우저에서는 CSS를 어떻게 사용하나

스타일을 어떻게 정의하는지 알아봤다. 이제는 웹 브라우저의 관점에서 스타일을 적용하는 프로세스가 어떻게 동작하는지 알아야 한다. 웹 페이지를 요청할 때 브라우저는 HTML을 분석하고 화면에 표현하기 시작한다. 이런 과정에서 브라우저가 스타일이나 스타일시트 참조를 만나면 해당 규칙을 적용한다. 스타일시트는 세 가지 방법으로 참조할 수 있다.

인라인 스타일

HTML 요소는 모두 요소의 선언부에 스타일 속성을 정의할 수 있도록 하고 있다.

```
<h1 style="color:#f00;font-size:18px;">Welcome</h1>
```

이 방법은 애플리케이션 개발자들이 헬퍼 함수나 태그 라이브러리를 디자인할 때 종종 사용된다. 멋진 기능이긴 하지만 문서에 스타일을 적용하는 가장 나쁜 방법 중 하나다. 아래와 같은 문서를 생각해보자.

```
<h3>Services</h3>
<ul>
  <li style="color:#300;">컴퓨터 수리</li>
  <li style="color:#300;">중소 기업 네트워크 지원</li>
  <li style="color:#300;">컴퓨터 하드웨어 판매</li>
  <li style="color:#300;">웹 개발</li>
</ul>
```

동일한 스타일 정의를 반복적으로 사용해서 HTML 문서의 코드 양도 늘어나고 있다. 이런 방식은 스타일 정보를 재사용하지 못하게 된다. 여러 페이지에서 동일한 내용을 적용해야 한다면 매번 스타일 정의를 반복해야 한다. 클라이언트가 빨간색 대신에 파란색을 사용하기로 결정한다면 모든 구문을 찾아 다시 변경해주어야 한다. 그리고 우리가 피하고 싶었던 결과인 디자인에 콘텐츠가 섞인 문서가 만들어진다.

이런 기술이 모두 나쁜 것은 아니다. 어떤 경우 특정한 페이지의 특정한 요소를 조금만 바꾸어야 하는 경우가 있을 수 있으며 이런 것을 글로벌 스타일시트에 포함하기에는 귀찮을 수 있다. 이 방법이 어떻게 동작하는지 알고 있으면 상황에 따라 적절히 활용할 수 있다. 하지만 이 기술은 너무 쉽게 남용될 수 있다. 아래와 같이 처리한 서버사이드 프로그래머의 경우를 보자.

```php
<?php
  echo '<p style="font-size:18px;color=' . $color . ';">' .
  $description + '</p>';
?>
```

대단히 괜찮은 방식인 것처럼 보이지만 나중에 색상과 글꼴을 바꾸기가 쉽지 않을 것이다. 서버사이드 코드를 바꾸는 것보다 스타일시트를 변경하기가 더 쉽다. 제발 지구의 평화를 위해서라도 이렇게 CSS를 남용하는 일은 피하자. 물론 코드를 작성하는 게 쉽기 때문에 유혹이 있을 수 있다. 대신 다음과 같이 class를 사용하면 된다.

```php
<?php
  echo '<p class="description">' . $description + '</p>';
?>
```

description class로 정의하면 다른 곳에서도 서버사이드 코드를 변경하지 않고 어떻게 보일지 결정할 수 있다.

Style 태그

HTML의 style 태그는 문서 헤더 내에서 전체 스타일시트를 정의하는 데 사용한다.

```
<style>
  body{
    font-family: Arial, Helvetica, sans-serif;
    font-size:12px;
    line-height: 18px;
  }
  h1{font-size:18px; line-height:36px;}
  h2{font-size:16px;}
  h3{font-size:14px;}
  #page{
    width:900px;
  }
</style>
```

이 방법은 공통으로 사용하는 스타일시트 대신 자체적인 스타일 요소를 필요로 하는 페이지의 경우 유용하게 적용할 수 있다. 헤더 내에 스타일을 정의하는 것은 인라인 스타일과 비슷한 문제가 있다. 콘텐츠와 분리되지 않는다는 점과 사이트의 다른 페이지와 스타일을 공유하지 못한다는 점이다.

템플릿에 일부 CSS 규칙을 처음 구현할 때는 추가적인 파일을 만들 필요 없이 헤더 내에 스타일을 정의하는 것도 적절한 방법이다. 스타일 요소 내에서 사용하는 CSS 코드는 실제 페이지를 만들 준비가 되면 별도의 CSS 파일로 잘라서 붙여 넣으면 된다.

김대리가
묻습니다

Hex 코드는 여섯 자리인줄 알았는데
세 자리 색상 코드는 뭔가요?

CSS에서는 각 쌍의 값이 같다면 색상 코드에 대한 단축 코드를 사용할 수 있다. 예를 들어 빨간색은 #ff0000으로 표시된다. 풀어서 설명하면 "빨간색을 적용하고 녹색과 파란색은 적용하지 않는다"와 같은 의미이다. 여기에서 F, 0, 0이 반복되기 때문에 해당 코드는 #F00으로 줄여서 표기할 수 있다. 이는 문서의 크기를 줄일 수 있는 방법이기도 하다.

외부 CSS 파일

link 태그를 사용하면 외부 자바스크립트 파일처럼 HTML 문서에 스타일시트를 붙여 넣을 수 있다. 사용자의 브라우저는 외부 파일을 내려받아 페이지에 적용한다.

그리고 동일한 파일이 다시 필요한 경우 브라우저에 캐시된 파일을 사용한다. 따라서 동일한 파일을 여러 페이지에서 사용할 수 있게 하면 별도의 CSS 코드를 제외한 페이지 콘텐츠만 내려받기 때문에 사용자 경험을 명확하게 향상시킬 수 있다.

외부 CSS 파일을 사용하는 방식은 스타일시트를 다루는 가장 최선의 방법이다. 이 책의 나머지 예제에서도 이 방법을 사용할 것이다. 직접 스타일을 지정하는 방식은 간혹 한 번만 스타일을 지정할 필요가 있을 때만 적절하다.

11.4 새로운 스타일시트를 만들고 링크 걸기

텍스트 에디터를 열어서 새로운 문서를 만든다. 문서는 stylesheets 폴더에 layout.css라는 이름으로 저장한다. 이 파일에 이제부터 사이트의 레이아웃과 정렬을 정의하는 모든 CSS 규칙을 정의한다. 나중에 다른 파일에서 글꼴과 색상에 대한 규칙을 정의하겠다.

텍스트 파일을 닫는다. 스타일을 편집하기 위해 텍스트 파일을 사용하지는 않을 것이다. 대신 파이어폭스 웹 개발자 툴바를 사용할 것이다.

홈페이지 HTML 문서를 열고 〈head〉...〈/head〉 영역 내에 다음 코드를 추가한다.

```
<link rel="stylesheet" href="stylesheets/layout.css"
  type="text/css" media="screen" charset="utf-8" />
```

외부 스타일에 대한 링크를 추가하는 예다. 여기서는 stylesheets 폴더에 있는 layout.css 파일을 링크로 사용했다. img 태그와 마찬가지로 스타일시트에 대한 링크는 현재 문서를 기준으로 상대적이다. 사이트 루트(/)에 상대 경로로 표시하거나 다른 서버에 있는 스타일시트의 절대 경로를 사용할 수도 있다.

스타일시트는 출력 형식에 따라 제어할 수 있다. 예를 들어 문서를 모니터로 볼 때만 사용하거나 페이지가 종이로 출력될 때만 스타일시트를 지정해서 사용할 수 있다. 이렇게 하면 프린터나 모바일 디바이스에서 보이는 디자인을 좀더 쉽게 적용할 수 있다. 하지만 media type을 절대적으로 신뢰해서는 안된다. 웹 브라우저에서 당연히 이런 내용을 해석해주어야 하지만 스크린 리더나 일부 모바일 디바이스에 포함된 브라우저는 그렇지 못할 수 있다. 항상 사이트를 테스트해야 한다.

11.5 기본 구조, 헤더, 푸터 정의하기

파이어폭스에서 index.html 파일을 열어준다. 현재까지 페이지는 평범하지만 읽기 쉽고 유용하다. 마치 텍스트 기반 브라우저나 스타일시트를 지원하지 않는 다른 기기에서 보이는 것과 비슷하다. 웹 개발자 툴바의 CSS 편집 기능을 사용해 문서를 조금 바꾸어 볼 것이다. 변경 사항이 실시간으로 작용되는 것을 볼수 있다.

웹 개발자 툴바에서 Ctrl + Shift + E 단축키를 사용하거나 메뉴에서 CSS 〉 Edit CSS를 선택해 파이어폭스의 CSS 편집기를 연다. CSS 편집기 창은 일반적으로 브라우저의 하단에 보인다. 편집기 창에서 Edit CSS 탭 오른쪽에 있는 Position 버튼을 클릭해 문서의 왼쪽 편으로 편집기 창의 위치를 바꾸어준다.[3]

문서 내 head 태그에 다른 스타일이 정의되어 있거나 별도의 스타일시트를 정의하고 있다면 에디터에서 확인하고 수정할 수 있다. 하지만 우리는 빈 캔버스에서 시작할 것이다.

브라우저 기본값

각 브라우저는 페이지를 보여주는 자신만의 방법을 가지고 있다. 브라우저마다 페이지를 보여주기 위한 마진, 줄 간격, 글꼴 크기, 색상이 각각 다르다. 이런 점은 line-height나 다른 요소를 정의하려고 시작할 때 복잡하게 만들기도 한다. 하지만 CSS 규칙을 정의해 주요 요소의 기본값을 초기화시키면 이런 문제를 처리할 수 있다. CSS 편집기에 다음 규칙을 반영해보자. 줄 간격이 사라진 것을 확인할 수 있다.

자주 저장하자!

자주 저장해야 한다는 것은 잘 알고 있겠지만 파이어폭스에서 CSS 에디터로 작업할 때는 특히 작업을 저장하는 데 신경을 써야 한다. 다른 페이지로 이동하거나 페이지를 다시 불러오면 에디터에서 작업한 스타일이 원래대로 돌아가게 되고 작업한 내용이 사라진다. 실시간으로 CSS 변경 사항을 처리해주는 것이 좋긴 하지만 자주 사용하는 텍스트 에디터를 사용하는 것이 좀더 편할 수도 있다.

---

3 (옮긴이) Position 버튼을 클릭할 때마다 시계 방향으로 해당 편집기 창의 위치가 바뀐다.

css_layout/layout.css

```css
body, p, h1, h2, h3, h4, h5, h6, ul, li, form{
  margin:0;
  padding:0;
  line-height:18px;
}
p, h2, h3, h4, h5, h6{
  margin-bottom:18px;
}
```

첫 번째 규칙은 마진(요소 주변의 여백)과 패딩(요소 내의 여백)을 요소에서 제거한다. 또한 기본 line-height를 18px로 적용해서 브라우저에서 기본값으로 사용하는 line-height를 덮어쓰게 했다.

두 번째 규칙은 단락과 타이틀의 아래쪽 마진을 18px로 다시 정의했다. 이렇게 하면 모든 항목이 우리가 원하는 대로 정확하게 그리드 위에 자리잡는다.

규칙 공유하기

선택자는 그룹으로 모을 수 있어 규칙을 공유할 수 있다. 항상 필요한 것은 아니지만 CSS 문서에서 코드의 양을 줄이는 좋은 방법이다. 다음 세 가지 규칙을 살펴보자.

```css
p{
  line-height:18px;
}
h2{
  line-height:18px;
}
h3{
  line-height:18px;
}
```

선택자를 쉼표로 구분해 하나의 규칙을 여러 요소에 적용할 수 있다.

```css
p, h2, h3{
  line-height:18px;
}
```

코드를 덜 사용하는 것은 전송할 문자열이 줄어든다는 의미다. 코드를 작게 유지하는 좋은 방법처럼 보이지만 이런 접근은 문서를 정리하는 데는 어려움이

> **김대리가**
> **묻습니다**
>
> **공개된 CSS 리셋을 사용할 수 있나요?**
>
> 물론 사용해도 되지만 그대로 사용하는 것을 권장하지는 않는다. 11.1절에서 이야기한 팁을 다시 한번 생각해보자. 많이 알려진 에릭 마이어의 리셋 스타일시트[4]를 도입한다고 했을 때 무척 편리한 방법이지만 보편적인 사용을 위해 만들어졌다는 것을 고려해야 한다. 여기에는 페이지에서 한 번도 사용하지 않는 수많은 정의가 포함되어 있다는 것을 알고 있어야 한다. 자신이 만든 스타일이라면 직접 CSS 리셋을 만들 것을 권장한다.[5]

있을 수 있다는 것도 명심해야 한다.

박스 모델

HTML에서 모든 블록 요소는 기본적으로 박스이며, 박스의 넓이와 높이는 요소 자체의 면적으로 구성된다. 여기에 패딩, 테두리선, 마진이 추가된다. 50px 넓이의 박스를 선언하고, 각 면에 2px의 패딩과 1px의 테두리선을 더했다고 하자. 그리고 왼쪽과 오른쪽에 5px 마진을 정의하게 되면 요소의 넓이는 50 + 2 + 2 + 1 + 1 + 5 + 5 즉 66px이 된다. 이런 계산법은 실제 폭이 50px인 공간에 새로운 박스를 추가하려 할 때 중요하게 고려되어야 한다.

다른 박스 모델

한 번 더 강조하지만 브라우저 간에 일관성이 없는 것은 웹 개발자에게 심각한 문제이다. 몇 년 동안 인터넷 익스플로러는 박스의 넓이를 해석하는 데 다른 알고리즘을 사용했다. 경계선과 패딩을 콘텐츠의 넓이로 고려하는 것이다. 즉 앞에서 50px로 선언한 콘텐츠 영역은 44px(50 - 2 - 2 -1 -1)로 줄어들게 된다. 이 때문에 생길 수 있는 문제를 한번 상상해보자.

인터넷 익스플로러 6과 7은 모두 박스의 넓이를 계산하는 데 기본적인 알고리즘을 사용한다. 하지만 standards 모드에서 페이지를 표현할 때만이다. 불행

---

4 http://meyerweb.com/eric/tools/css/reset/
5 (옮긴이) 이와 관련해서 신현석 님의 글을 추천한다. http://hyeonseok.com/soojung/css/2011/01/02/623.html

하게도 기본적인 렌더링 모드는 예전 알고리즘을 사용하는 quirks 모드이다. quirks 모드를 하위 호환성의 하나라고 생각할 수 있다. 하지만 아주 귀찮은 골 칫거리이다.

다행스럽게도 IE가 standards 모드에서 동작하게 하는 것은 올바른 doctype 과 캐릭터 인코딩을 선택하는 것으로 해결할 수 있다. 앞에서 HTML 템플릿을 만들면서 다루었던 내용이기 때문에 요소의 넓이와 관련된 어떤 것도 이슈가 되지 않을 것이다.

콘텐츠 가운데 정렬

포토샵에서 레이아웃을 정의할 때 페이지 자체의 넓이를 900px로 지정했다. 이제 웹 페이지의 넓이가 웹 브라우저의 넓이라는 것을 알게 됐다. 여기에서는 창의 넓이를 넓게 하거나 좁게 하면서 동적인 레이아웃을 구현하는 것까지는 하지 않는다. CSS를 사용해서 페이지 자체의 넓이를 지정할 것이다.

index.html 페이지에서 헤더, 푸터, 미들 영역을 담고 있는 div 태그의 ID는 page다. 이 태그에 몇 개의 다른 속성과 함께 width를 적용한다.

```
css_layout/layout.css
```
```
#page{
  display:block;
  width:900px;
  margin: 0px auto;
}
```

이 규칙은 요소의 넓이를 900px로 정의하고 상단과 하단 요소의 마진을 0px로 하며, 좌우측의 마진은 자동으로 계산되도록 했다.

마진과 관련된 정의는 다음과 같이 표현할 수 있다.

```
margin-top:0;
margin-right:auto;
margin-bottom:0;
margin-left: auto;
```

하지만 다음과 같이 짧게 줄여서 지정할 수도 있다.

```
margin:0px 5px 5px 0px
```

이 코드는 요소의 상단, 우측, 하단, 좌측면 마진을 정의한다. 처음에는 까다로워 보이지만 시계 방향이라고 생각하면 된다. 상단은 12시, 우측은 3시, 하단은 6시, 좌측은 9시와 연결 지을 수 있다.

이전 예제에서 사용한 것과 동일한 구문을 사용한다면 코드를 좀더 압축할 수 있다. margin:0은 네 면의 마진을 모두 0으로 지정한다. 이런 형태는 문자열을 줄이고 페이지의 다운로드 시간을 줄일 수 있기 때문에 자주 볼 수 있다.

에디터에서 코드를 입력하면 바로 결과를 볼 수 있다. 페이지는 브라우저 창을 기준으로 제한되고 가운데로 정렬됐다. 이제는 문서를 저장할 시간이다. CSS 에디터 내에서 Save 버튼을 클릭하고 스타일시트를 stylesheets/layout.css 파일로 프로젝트 폴더에 저장한다.

헤더와 푸터 지정하기

헤더와 푸터의 넓이는 페이지에 꽉 차게 설정된다. 하지만 높이와 텍스트 정렬 방식은 서로 다르다. 사이트 목업에서 헤더의 높이를 지정한 것을 보면 108px로 지정한 것을 찾을 수 있다. 해당 코드를 CSS 편집기에 추가한다.

```
css_layout/layout.css
```
```
#header{
  height:108px;
  width:100%;
}
```

요소의 height를 원하는 높이로 설정했다. 이때 width는 100%로 지정했는데 언뜻 보기에는 스크린 기준으로 100% 넓이를 설정하는 것으로 생각할 수 있지만, 사실은 상위 요소나 이미 900px 넓이로 지정한 페이지 넓이의 100%를 요소의 넓이로 지정하는 것이다.

푸터에 대한 정의도 거의 비슷하다. height 값만 36px로 조정하면 된다.

```
css_layout/layout.css
```

```
#footer{
  width:100%;
  height:36px;
}
```

11.6 하나의 컬럼을 두 개로 나누기

아직까지는 페이지에 눈길을 끄는 무언가가 없어 보인다. 하지만 이번 단계를
통해 많은 변화가 있을 것이다. CSS의 기능 중 가장 유용한 기능 중 하나가 기
존 배치에서 요소를 빼내 재배치하는 것이다. 우리가 만들려는 페이지에는 옆
부분에 보여주어야 할 사이드바와 사이드바 요소가 있다. floating이라고 하는
단순한 기법을 사용해 이를 구현해볼 것이다.

문서 플로우

9.4절에서 block, inline, invisible과 같이 요소를 보여주는 다양한 방법을 배웠
다. 이들의 차이를 이해해야만 CSS를 효과적으로 레이아웃에 적용할 수 있다.
CSS를 사용하면 요소의 기본적인 동작 방식을 바꿀 수 있다. 예를 들어 div 태
그는 기본적으로 block 요소다. 브라우저는 새로운 줄에 페이지의 가능한 전체
넓이에 맞추어 해당 요소를 표현하려 한다. 하지만 CSS의 display 속성을 사용
하면 이런 속성을 변경할 수 있다.

```
#page{
  display:inline;
}
```

display 속성에 지정할 수 있는 값은 다양하지만 여기에서는 세 가지만 신
경 쓰면 된다. block을 적용하면 해당 요소를 block 요소인 것처럼 표현하고
inline을 적용하면 inline 요소인 것처럼 표현한다. none은 문서에서 요소를 완
전히 삭제한다.

띄우기

잡지나 신문, 책을 읽다보면 이미지를 둘러싼 텍스트를 본 적이 있을 것이다. CSS의 float 속성을 사용하면 동일한 결과를 구현할 수 있다. 동일한 원칙을 마치 텍스트 컬럼처럼 두 요소로 나란히 배치하는 데 적용할 수 있다.

요소를 띄운다는 것은 일반적인 문서의 흐름에서 뽑아낸다는 말이다. 뽑아낸 콘텐츠는 남아 있고 나머지가 이를 둘러싸게 된다. 두 요소를 서로의 옆에 띄우고 두 요소의 넓이를 지정한다면, 2단 컬럼 같은 효과를 만들 수 있다.

간단한 구조를 살펴보자. 작은 callout 박스와 콘텐츠 부분으로 이루어진 div 두 개다.

`css_layout/float_wrap.html`

```
<div class="callout">
  <p>Lorem ipsum dolor sit amet, consectetur adipisicing elit.</p>
</div>
<div class="content">
  <p>Lorem ipsum dolor sit amet, consectetur adipisicing elit, sed
    do eiusmod tempor incididunt ut labore et dolore magna
aliqua.
    Ut enim ad minim veniam, quis nostrud exercitation ullamco
    laboris nisi ut aliquip ex ea commodo consequat. Duis aute
    irure dolor in reprehenderit in voluptate velit esse cillum
    dolore eu fugiat nulla pariatur. Excepteur sint occaecat
    cupidatat non proident, sunt in culpa qui officia deserunt
    mollit anim id est laborum.</p>
</div>
```

callout 박스를 띄우면 callout 박스 주변을 텍스트 콘텐츠가 둘러싼다.

`css_layout/float_wrap.html`

```
.callout{float:left; width:108px;}
```

결과는 그림 11.6처럼 보인다. 하지만 인접한 2개의 영역을 모두 띄우면 그림 11.7에 보여지듯이 컬럼처럼 정렬이 된다.

그림 11.6 한 쪽에만 띄우기를 적용하면 콘텐츠를 둘러싼 것처럼 보인다.

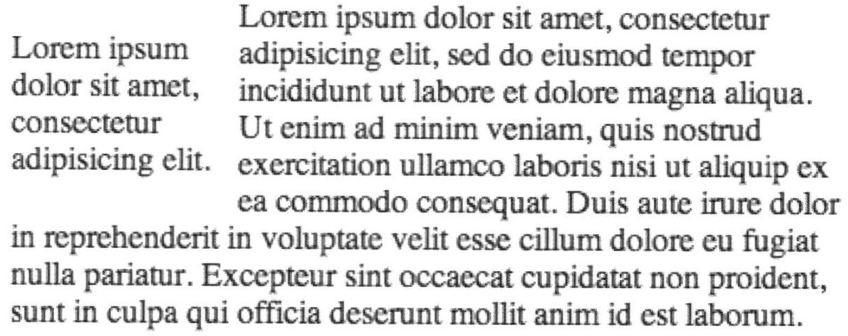

Lorem ipsum dolor sit amet, consectetur adipisicing elit. Lorem ipsum dolor sit amet, consectetur adipisicing elit, sed do eiusmod tempor incididunt ut labore et dolore magna aliqua. Ut enim ad minim veniam, quis nostrud exercitation ullamco laboris nisi ut aliquip ex ea commodo consequat. Duis aute irure dolor in reprehenderit in voluptate velit esse cillum dolore eu fugiat nulla pariatur. Excepteur sint occaecat cupidatat non proident, sunt in culpa qui officia deserunt mollit anim id est laborum.

그림 11.7 두 영역을 띄워서 컬럼을 만든다.

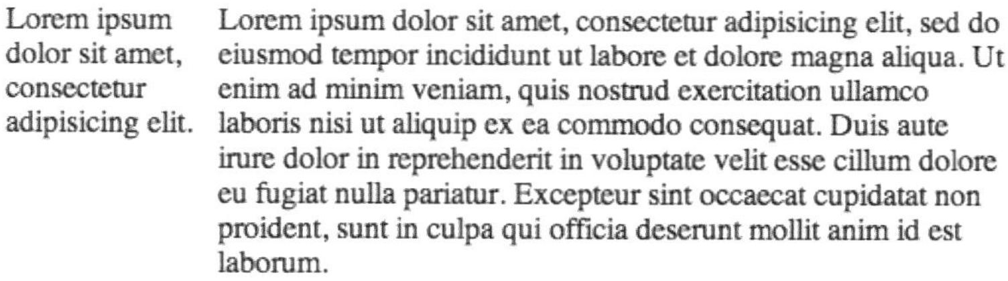

Lorem ipsum dolor sit amet, consectetur adipisicing elit. Lorem ipsum dolor sit amet, consectetur adipisicing elit, sed do eiusmod tempor incididunt ut labore et dolore magna aliqua. Ut enim ad minim veniam, quis nostrud exercitation ullamco laboris nisi ut aliquip ex ea commodo consequat. Duis aute irure dolor in reprehenderit in voluptate velit esse cillum dolore eu fugiat nulla pariatur. Excepteur sint occaecat cupidatat non proident, sunt in culpa qui officia deserunt mollit anim id est laborum.

`css_layout/float_columns.html`

```
.callout{float:left; width:108px;}
.content{float:left; width:400px;}
```

사이드바와 사이드바 영역을 만들면서 메인과 사이드바 영역을 띄워야 한다. HTML 코드에서 두 영역을 middle이라는 이름으로 감싸준다.

middle 영역은 넓이를 100%로 정의한다. 넓이를 지정하지 않는다면 기대와 달리 확장되지 않을 것이다.

`css_layout/layout.css`

```
#middle{
  width:100%;
  float:left;
}
```

다음에는 사이드바를 정의한다. 목업에 표현한 것처럼 사이드바의 넓이는 306px이다. float:left라는 구문은 다른 어떤 요소의 좌측에 요소를 놓겠다는 의미다. 이렇게 하면 요소 주변에 떠있게 된다. CSS 에디터에 코드를 배치하면 사이드바 콘텐츠가 사이드바 바로 옆에 떠 있는 것을 확인할 수 있다.

`css_layout/layout.css`

```
#middle #sidebar{
  width:306px;
  float:left;
}
```

사이드바 주변을 main 영역이 둘러싸는 것은 원하지 않으며 두 요소가 컬럼처럼 보이길 원할 것이다. 물론 가장 단순한 접근방법은 메인 영역을 좌측에 띄우는 것이다. 그리고 다른 요소와 마진, 경계선, 패딩을 뺀 전체 넓이보다 크지 않게 한다. 계산할 필요 없이 포토샵에서 가져온 파스타 이미지와 동일한 넓이인 594px이다. 이미지는 메인 영역의 전체 넓이를 채우게 된다.

`css_layout/layout.css`

```
#middle #main{
  width:594px;
  float:left;
}
```

포토샵에서 그리드에 투자한 모든 시간이 성과를 낸 것이다.

이런 CSS 규칙에는 선택자 범위(scoped selectors)가 적용된다. 선택자 사이에 공백이 있다면, 이는 특정 범위를 나타낸다. 예를 들어 #middle #sidebar의 경우에 이 규칙은 기본적으로 "ID가 middle인 요소의 하위 요소 중 ID가 sidebar인 요소"를 가리킨다. ID는 유일해야 한다. 여기에서는 코드를 조직화하고 읽기 쉽게 만드는 것 이상으로는 선택자 범위에 대해 깊이 다루지는 않을 것이다. 하지만 선택자 범위를 좀더 파고든다면 아래와 같이 강력한 기능을 활용할 수 있다.

```
a{color:#339;}
#sidebar a{color: #fff;}
```

이 규칙을 적용하면 sidebar의 링크는 페이지 내의 일반적인 링크 색상과 다른 색상으로 표현된다. 이 방법을 적용하면, 메인 영역보다 사이드바의 배경색을 더 진하게 할 수도 있다.

배경과 띄우기의 문제

파이어폭스 등 표준을 준수하는 브라우저는 일반적인 문서 플로우상에서 모든 자식이 제거된 어떤 div에도 배경색이나 경계선을 적용하지 않는다. 대신 컨테이너의 높이가 무너져 배경 이미지, 경계선, 배경색을 볼 수 없다. 예를 들어 다음 코드를 살펴보자.

```
<div id="container">
  <div id="col1">
    <p>foo</p>
  </div>
  <div id="col2">
    <p>bar</p>
  </div>
</div>

#container{
  background-color:#ffe;
}
#col1{
  float:left;
  width:400px;
}
#col2{
  float:left;
  width:400px;
  background-color:#eee;
}
```

중첩된 선택자 들여쓰기

CSS 코드는 중첩된 생성자를 사용한다면 해당 요소를 들여쓰는 것이 훨씬 읽기 편하다. 예를 들어 아래와 같은 코드는 읽기가 쉽다.

```
#navbar {
  height: 36px;
  margin-bottom: 24px;
}
  #navbar ul {
    margin: 0;
    padding: 0;
    list-style: none;
  }
    #navbar ul li {
      float: left;
      margin-right: 20px;
    }

#middle{
  width:100%;
}
```

그리고 다음과 같은 코드는 앞선 코드보다는 읽기가 불편하다.

```
#navbar {
  height: 36px;
  margin-bottom: 24px;
}
#navbar ul {
  margin: 0;
  padding: 0;
  list-style: none;
}
#navbar ul li {
  float: left;
  margin-right: 20px;
}

#middle{
  width:100%;
}
```

큰 차이는 아니지만 들여쓰기를 통한 시각적인 가이드는 항목을 좀더 쉽게 찾도록 도와준다.

이 예제에는 컨테이너에 둘러싸인 컬럼이 두 개 존재한다. 두 컬럼은 떠있는 상태이고 이렇게 되면 컨테이너가 무너지면서 지정한 배경색이 보이지 않게 된다. 간단하지만 정확하지는 않은 해결책은 컨테이너를 띄우는 것이다. 일단 이렇게 하면 배경은 보인다.[6]

잘 알려진 또다른 해결책은 컨테이너 div를 닫기 전에, 떠있는 요소를 지우겠다고 정의한 요소를 추가하는 것이다. 마치 프로그래밍 언어의 break와 같다.

```
<div id="container">
  ..
  <br class="clear" />
</div>
...
.clear{
  clear:both
}
```

두 가지 접근 모두 유효한 방법이다. 하지만 두 번째 접근 방식은 문제를 수정하기 위해 의미와 상관없는 마크업을 추가한다. 사이트에서 문제를 만났을 때 어떤 결정을 내릴지는 당신에게 맡기도록 하겠다.

11.7 콘텐츠에 마진 적용하기

기본 구조는 고정되었지만 아직 읽기 좋은 모습은 아니다. 요소에서 모든 마진을 제거했는데 이제는 다시 붙여보겠다. 사이드바의 요소 그룹부터 시작해서 새로운 마진은 모두 18픽셀씩 증가하게 지정할 것이다.

사이드바 요소 빠르게 포맷 지정하기

사이드바의 모든 요소는 구조적으로 동일하게 하위 요소를 부모 요소가 감싸고 있다. 타이틀도 있으며 타이틀 바로 아래에 무언가 있는 경우도 있다. 11.5절 '브라우저 기본값'에서 기본 타이틀의 마진을 지정했다. 이제는 영역 자체를 위

---

6 인터넷 익스플로러의 악명높은 더블 마진 버그에 대해 살펴보아야 한다. 두 인접한 영역을 띄우는 경우 추가적인 마진이 더해지는 현상이다. 15장 「인터넷 익스플로러와 다른 브라우저 다루기」에서 이 문제에 대한 해결책을 다루었다.

한 마진을 지정할 차례다.

css_layout/layout.css

```
#browse_recipes, #popular_ingredients, #search{
  margin-left: 18px;
  margin-right:18px;
  margin-top: 18px;
}
```

좌측, 우측, 상단에 18px을 추가하면 너무 많은 코드를 추가하지 않고도 사이드바의 요소를 쉽게 정리할 수 있다. 여기서 가장 중요한 부분은 세 요소가 정의를 공유할 수 있다는 점이다. 논리적으로 문제가 없고 가능하면 이렇게 하려고 노력해야 한다.[7]

11.8 메인 콘텐츠

메인 영역은 파스타 이미지와 2단 짜리 컬럼, 그리고 이어지는 하나의 컬럼으로 구성된다. 파스타 이미지는 특별한 CSS 스타일을 필요로 하지 않는다. 그리고 나머지 요소는 이미 배운 것과 동일한 패턴을 사용해 스타일을 적용하면 된다. 주의를 기울여야 할 부분은 파스타 이미지를 제외한 모든 메인 영역 콘텐츠의 좌측 마진은 18px이 되어야 한다는 점이다. 18px 마진을 메인 영역에 적용하기보다는 Get Cookin' 타이틀과 최신 레시피 영역에 추가하자.

메인 텍스트

메인 텍스트는 회원 가입과 로그인 버튼의 좌측에 떠있게 해야 한다. 사이드바에서 동일한 작업을 해보았기 때문에 어떻게 해야 하는지는 알고 있을 것이다. 하지만 이번에는 가운데 영역의 넓이를 결정해야 한다. Get Cookin' 영역과 회원 가입과 로그인 영역은 넓이가 동일하다. 그리고 메인 영역의 넓이가 594px이라는 점은 알고 있다. 얼핏 보고 각 영역의 넓이를 얻기 위해서 594를 절반으로 나

---

7 물론 어떤 것을 선택해도 되지만 재치있는 기법과 가독성 사이에 균형을 유지해야 한다.

누고 싶을 것이다. 하지만 이렇게 하면 18px 좌측 마진을 고려하지 못하기 때문에 정확한 처리를 하지 못한다. 마진도 실제 넓이의 부분으로 계산된다는 것을 기억하자(적어도 일반적인 웹 브라우저에서는 그렇다). 정확한 공식은 다음과 같다. (594 - 18) / 2 = 288.

Get Cookin' 텍스트 영역은 다음과 같이 스타일을 적용한다.

`css_layout/layout.css`

```css
#main_text{
  float:left;
  width:288px;
  margin-left:18px;
}
```

회원 가입 영역

미묘한 변경이 필요하긴 하지만 회원 가입 영역은 메인 영역과 가까워서 함께 묶을 수 있다. 목업을 참고하면 회원 가입 버튼은 파스타 이미지 아래 37px 지점에서 시작한다. 36px의 상단 마진을 추가하면 동일한 효과를 만들 수 있다. 또한 버튼은 컬럼의 중앙에 위치해야 한다. 스타일에 text-align:center 속성을 적용해서 이를 구현할 수 있다. 단락과 div 영역을 포함한 해당 영역의 모든 요소는 가운데 위치하게 된다.

`css_layout/layout.css`

```css
#signup_login{
  margin-top:36px;
  float:left;
  width:288px;
  text-align:center;
}
```

버튼

버튼 역시 약간만 설정하면 된다. 기본적으로 anchors와 images는 인라인 요소이기 때문에 인접하여 위치하게 된다. 이번 경우에는 버튼 사이에 18px 마진을 두고 위아래로 배치하기를 원한다. 간단하게 anchor 태그의 display 타입을 inline에서 block으로 바꾸고 하단 마진을 추가해준다.

css_layout/layout.css

```
#signup_login a{
  width:100%;
  display:block;
  margin-bottom:18px;
  float:left;
}
```

여기서는 스타일 규칙의 범위를 특정 영역에 확실히 한정했다. 이렇게 하지 않으면 원하지 않게 페이지의 모든 링크가 이 규칙의 영향을 받을 수도 있다.

작업을 저장하는 것을 잊지 말자.

최근 레시피

이제는 메인 영역의 마지막 섹션을 작업할 차례다. 이번 작업에 필요한 기술은 이미 익숙해졌기 때문에 더이상 어렵지 않을 것이다. 각 레시피 타이틀은 18px 들여쓰기를 사용하고 각 레시피에 대한 설명은 한 번 더 18px 들여쓰기를 한다. 각 레시피의 타이틀은 h3 태그로 표시되며, 설명문은 그냥 평범한 단락이다.

흐름 끊기

일단 요소를 띄웠다면 강제로 일반적인 문서 플로우로 되돌리기 전까지 모든 것은 요소 주변에 둘러싸이게 된다. 흐름 끊기라고 알려진 이 기술은 단일 컬럼 이후에 2단 컬럼을 사용할 때 굉장히 유용하다. 흐름을 끊기 위해서는 해당 영역의 CSS 규칙 내에 clear:both를 사용한다. 이렇게 하면 일반 플로우로 돌아가게 된다.

해당 영역을 정의하기 위해 선택자 범위를 사용해 보자.

css_layout/layout.css

```
#latest_recipes{
  clear:both;
  margin-left:18px;
```

```
    margin-right:18px;
    margin-top:18px;
}
    #latest_recipes h3{
      margin-left:18px;
    }
    #latest_recipes p{
      margin-left:36px;
    }
```

이 코드에서는 들여쓰기를 정의하고 영역을 문서 플로우로 강제했다.

11.9 푸터 다시 보기

당장은 푸터에 큰 오류가 없지만 미래에도 견고하게 사용할 수 있는 CSS 코드를 추가하고 싶을 것이다. 푸터 영역은 middle 영역 다음에 오며 왼쪽으로 띄워져(float:left) 있다. 11.8절에서 일반 플로우로 영역을 되돌릴 때는 흐름 끊기를 해야 한다고 배웠다. 해당 예제에서는 최신 레시피 섹션에 의해 흐름을 끊어주었다. 하지만 사이트의 다른 페이지에는 이와 같은 부분이 없을 수도 있다. 따라서 가능하면 푸터에서 흐름 끊기를 적용하는 것을 권장한다.

11.10 요약

이번 장에서는 광범위한 내용을 다루었다. 이제는 CSS를 사용해서 2단 컬럼처럼 보이는 레이아웃을 어떻게 만들 수 있는지 잘 이해했을 것이다. 홈페이지 작업이 순조롭게 진행되고 있다. 레이아웃이 구체화됐고 이제는 색을 입힐 차례다.

12장

커버업 기법으로
타이틀 영역을 대체하기

12.1 커버업 기법 설명

커버업은 텍스트를 이미지로 대체하는 기법이 아니다. 커버업이란 이름처럼, 새 레이어에 이미지를 배치하고 이 레이어로 텍스트를 덮는 기법이다. CSS에는 아직 레이아웃을 덮는 기능이 없다. 하지만 사이트에 어떤 영향을 미칠지 이해하고 있다면 CSS를 사용해 요소를 원하는 곳에 배치할 수 있다.

좀더 간단한 방법으로는 파너(Fahrner)의 이미지 대체법이 있다. 이 기법은 CSS 속성에서 display:none을 사용하여 텍스트를 없애고, 텍스트를 둘러싼 태그에 CSS 이미지를 적용한다. 하지만 불행하게도 새로운 버전의 스크린 리더에서는 CSS 속성에 따라 최종 사용자에게 텍스트를 읽어주지 않는다.

커버업 기법을 사용하면 이 문제를 우회할 수 있다. 스크린 리더는 이미지를 불러오지 않지만 텍스트는 읽을 수 있다. 스타일시트를 제거해도 적절하게 보인다.

12.2 대체할 HTML 준비하기

커버업 기법을 적용하려면 감추려는 요소 내에 span 태그를 추가해야 한다. index.html 파일을 열어서 레시피 찾기 타이틀을 찾는다. 그리고 h2 태그를 달기 전에 span 태그를 넣는다.

```
<h2 id="search_header">Search Recipes<span></span></h2>
```

span 태그 안에 이미지를 불러오기 위해 CSS를 사용할 것이다. 그리고 일반 흐름에서 빼내 텍스트 위에 배치한다. 파일을 저장하고 문법적으로 문제가 없는지 코드를 검증해보자.

12.3 텍스트 덮기

첫 번째 해야 할 일은 대체할 이미지와 넓이와 높이가 일치하도록 컨테이너에 h2 태그를 맞추는 것이다.

```
#search_header{
  margin:0; padding:0;
  position:relative;
  width:180px; height:36px;
  overflow:hidden;
}
```

다음은 인라인 요소인 span 요소를 block 요소로 바꾸어 넓이와 높이가 적용될 수 있게 한다. 이제 position: absolute 속성을 설정해서 해당 요소의 부모인 h2 요소를 기준으로 좌표값을 사용하게 한다. 여기에서는 상대 좌표로 위치를 지정할 것이다.

마지막으로 만일을 위해 span에서 마진과 패딩을 모두 제거하고, background 이미지로 span 내에 이미지를 불러낸다.

```
#search_header span {
  display:block;
  position:absolute; left:0; top:0; z-index:1;
  width:180px; height:36px;
  margin:0; padding:0;
  background:url("../images/search_header.gif") top left no-
repeat;
}
```

12.4 다른 타이틀 대체하기

사이드바의 다른 타이틀은 앞에서와 같은 과정을 반복하면 된다. span 태그를 HTML 문서에 추가한다. 선택자 그룹을 사용해 공통적인 스타일을 그룹으로 묶어 스타일시트에서 반복되는 부분을 줄일 수 있다. 이렇게 하면 전체 코드도 줄어든다.

coverup/style.css

```css
#search_header,
#b rowse_recipes_header,
#popular_ingredients_header{
  margin:0; padding:0;
  position:relative;
  width:180px; height:36px;
  overflow:hidden;
}
#search_header span,
#b rowse_recipes_header span,
#popular_ingredients_header span {
  display:block;
  position:absolute; left:0; top:0; z-index:1;
  width:180px; height:36px;
  margin:0; padding:0;
}
#search_header span{
  background:url("../images/search_recipes.gif") top left no-
repeat;
}
#b rowse_recipes_header span{
  background:url("../images/browse_recipes.gif") top left no-
repeat;
}
#popular_ingredients_header span{
  background:url("../images/popular_ingredients.gif") top left
no-repeat;
}
```

일단 사이드바의 타이틀을 대체하고 나면 메인 영역의 타이틀을 대체하기도 크게 어렵지 않다. 넓이와 높이를 198px, 54px로 수정하면 된다. 이제는 대체하는 방법에 요령이 생겼을 것이다.

`coverup/style.css`

```css
#get_cooking, #latest_recipes_header{
  margin:0; padding:0;
  position:relative;
  width:198px; height:54px;
  overflow:hidden;
}
#get_cooking span, #latest_recipes_header span {
  display:block;
  position:absolute; left:0; top:0; z-index:1;
  width:198px; height:54px;
  margin:0; padding:0;
}
#get_cooking span{
  background:url("../images/get_cookin.gif") top left no-repeat;
}
#latest_recipes_header span{
  background:url("../images/latest_recipes.gif") top left no-
  repeat;
}
```

12.5 링크 대체하기

하이퍼링크도 동일하게 접근할 수 있다. 빈 span을 사용하는 것보다는 링크된 텍스트를 span으로 감싸는 것이다. 예를 들어 Foodbox 헤더 대신 이미지를 사용하길 원한다고 하자. 마크업은 다음과 같을 것이다.

`coverup/replacedheader.html`

```html
<h1><a id="foodbox_header" href="/"><span>Foodbox</span></a></h1>
```

CSS 코드는 이전 예제와 동일하지만 a와 span 태그에 display:block을 사용해 전체 이미지를 클릭 가능하게 만든다. 기본적으로 anchor와 span은 인라인 요소이기 때문에 넓이와 높이를 지정할 수 없다.

스타일은 다음과 같을 것이다.

`coverup/stylesheets/replacedheader.css`

```css
#foodbox_header{
  margin:0;
  padding:0;
  position:relative;
  width:486px;
  height:90px;
  overflow:hidden;
  display:block;
}
  #foodbox_header span {
    position:absolute; left:0; top:0; z-index:1;
    width:486px;
    height:90px;
    margin:0; padding:0;
    background:url("../images/banner.png") top left no-repeat;
  }
```

투명도

페이지에 적용해보면 커버업 기법이 실제로는 어떤 요소도 덮지 못한다는 사실을 알게 될 것이다. 이미지의 투명한 부분으로 글자가 보이게 된다. 이것은 CSS 이미지 대체 기법 중 하나인 랭그리지/레이히(Langridge/Leahy) 이미지 대체 기법 (LIR)을 사용해 수정할 수 있다. span의 높이를 0으로 하고 span의 상단 패딩을 이미지의 높이로 변경하자. 박스의 높이는 자신의 높이에 상단과 하단 패딩을 더한 값이 되어, 텍스트가 가려지며 원하는 결과를 얻을 수 있다.

`coverup/stylesheets/replacedheadertransparency.css`

```css
#foodbox_header{
  margin:0;
  padding:0;
  position:relative;
  overflow:hidden;
  display:block;
  width:486px;
  /* height:90px; */
  height:0;
  padding-top:90px;
  font-size:10px;
}
```

어센더가 빠져 나오지 않도록 글꼴 크기도 줄였다.

12.6 대체 기법의 부정적인 면

먼저 HTML 문서에 원하는 기능을 구현하기 위해 마크업을 추가했으며 많은 양의 CSS 코드를 소개했다. 그래서 기본적인 접근성 가이드라인을 지키면서 예쁜 글꼴을 얻을 수 있었다. 다음 프로젝트에서도 이런 접근이 적절한지는 여러분이 결정해야 한다.

또한 스크린 리딩 소프트웨어의 렌더링 방식에 따라 이미지 대체 기법과 충돌이 생길 수 있으므로 사이트를 계속 살펴보아야 한다. 다시 말하면 미래의 시점에서는 이런 접근이 유효하지 못할 수도 있다. 대안으로 가능한 방법은 이미지에 내장되어 있는 alt 속성을 사용하는 것이다. 이때 유일하게 잃게 되는 것은 검색 엔진에게 중요한 타이틀을 사용하지 못한다는 것이다. 자세한 내용은 18장 「검색 엔진 최적화」에서 배워볼 것이다.

12.7 요약

이번 장에서 사용하는 방법은 접근성을 유지하고 검색 엔진에 최적화될 수 있도록 타이틀의 형식을 보존하는 것이었다. 그리고 다른 요소에 어떻게 적용할 수 있을지도 살펴봤다.

13장

W e b   D e s i g n   f o r   D e v e l o p e r s

스타일 적용하기

CSS를 사용해서 요소를 어떻게 배치하고 레이아웃을 정의하는지를 배웠다. 그리고 몇 개의 이미지를 대체해 봤다. 이제는 화면을 어떻게 멋지게 보이게 할지 생각해보자. 이번 장을 마칠 때쯤이면 혼자서도 다음 프로젝트에 적용할 만큼 CSS의 기본기를 충분히 익히게 될 것이다.

이번 장에서 이야기하는 몇 가지는 이미 익숙한 것들이다. 글꼴과 색상을 지정하고 몇몇 기본적인 동작을 처리하는 CSS는 이미 사용해 봤다. 11장에서 다룬 CSS로 레이아웃 정의하기와 일부 겹치는 부분이 있겠지만 글꼴과 색상부터 다시 시작해보자.

13.1 색상과 글꼴 설정하기

CSS를 다루는 프로그래머에게 짜증나는 점 하나는, CSS에 변수 개념이 없다는 것이다. CSS에서는 나중에 다시 사용할 수 있는 변수를 정의할 수 없다. 만약 헤더와 푸터에 동일하게 Hex 코드 #FFE500을 사용하려 한다면, 각 CSS 규칙에 이 Hex 코드를 집어넣거나 쉼표로 구분된 선택자를 사용해 규칙을 공유해야 한다. 경험상 가장 유용한 방법은, 나중에 빨리 참조할 수 있도록 스타일시트의 상단에 모든 색상 코드를 정의해놓는 것이다.

스타일 가이드의 중요성

많은 기업이 스타일 가이드를 가지고 있으며 조직 내 브랜딩에 따라 작업하는 누구나 사용할 수 있게 한다. 스타일 가이드는 일반적으로 조직 내에서 출판되는 모든 것에 대한 색상과 글꼴을 지시한다. 그리고 대부분의 경우 기술적으로 문제가 없으며 해당하는 항목이 있다면 기존의 스타일 가이드를 준수하는 것이 좋다. 하지만 Foodbox의 경우는 아무것도 가지고 있지 않으며 이런 작은 규모의 기업에서는 따로 신경 쓰지 않아도 된다는 점이 장점이 되기도 한다. 이번 장에서는 스타일 가이드를 만드는 기초 작업을 경험해 볼 것이다. 그리고 이런 작업이 이후 프로젝트에 유용하다는 점도 증명할 것이다.

김대리가 묻습니다　　　　　　　**스타일시트를 동적으로 생성할 수 없을까요?**

물론 할 수 있다. HTML과 마찬가지로 CSS 스타일시트를 생성할 수 있다. 스타일시트에 대한 요청에 정확하게 웹 애플리케이션이 응답할 수 있게만 만들어주면 된다. 똑똑한 접근이긴 하지만 스타일을 매번 새로 만들기보다는 캐싱 메커니즘을 활용할 수 있게 구현하는 것이 좀더 나을 수도 있다.

스타일시트를 동적으로 만든다는 생각이 그럴 듯해 보이지만 실제 필요한 것인지 다시 한 번 살펴보아야 한다. 얼마나 자주 색상을 바꾸는지? 얼마나 자주 반복되는지? 이런 부분을 점검해본다면 서버에서 정보를 생성하려는 노력이 그다지 유용해 보이지 않을 것이다. 하지만 다른 팁과 마찬가지로 상황에 따라 다를 수 있음을 염두하자.

스타일 가이드에서는 주로 레이아웃, 글꼴, 색상이 어떻게 보여야 하는지 자세하게 다루지만, 콘텐츠를 어떻게 작성해야 하는지도 지시한다. 예를 들어 내가 싫어하는 것 중 하나는 웹 페이지에 여기를 클릭하세요(click here)라는 말을 사용하는 것이다. 이건 아주 싫어하는 부분이라 가능하다면 스타일 가이드에 이러한 문구를 사용하지 않도록 추가하고 누군가 사용하는 것을 예방할 수 있게 노력해야 한다. 스타일 가이드에서는 앰퍼샌드를 오용하지 않도록 금지할 수 있으며 링크에 밑줄이 보이도록 지시할 수 있다.

스타일 가이드의 목적은 조직에서 발행하는 문서나 커뮤니케이션 전반에 일관성 있는 방식을 만드는 것이다.

이번 장에서 우리가 만드는 스타일시트는 스타일 가이드를 코드로 구현하는 것이다.

앞에서 글꼴을 이미지로 많은 부분 대체했기 때문에 글꼴 선언부가 많지는 않을 것이다.

한 단어로 클래스명 지정하기

솔깃한 이야기지만 클래스명을 구현할 때 한 단어로만 사용해서는 안된다. 다음과 같은 HTML 코드는 너무나 많이 봤다.

```
<p class="red">An error has occurred</p>
```

얼핏 보면 코드를 보았을 때 괜찮다고 느낄 수 있다. 디자이너가 오류 메시지는 빨간색으로 지정하려 했다는 것을 알 수 있다.
하지만 브라우저에서 결과를 확인해보면 처음 의도한 것 대신 녹색이 표시될 수도 있다. 누군가 빨간색이 맘에 들지 않고 사람들을 위협하는 것처럼 보이기 때문에 오류 메시지는 빨간색이 아니어야 한다고 결정할지도 모른다. 그래서 다음과 같은 접근을 권장한다.

```
<p class="critical_warning" >An error has occurred</p>
```

스타일 가이드에서 심각한 경고(critical warning)라는 것이 무엇인지 기록할 수도 있으며 클래스명에 어떤 것을 의도하는지도 담을 수 있다.

---

style.css 파일에 코드를 추가한다.

`css_style/stylesheets/style.css`

```
body{
  font-family:Arial, Helvetica, sans-serif;
  font-size:12px;
}
```

하지만 색상을 처리하는 데에는 좀더 많은 작업이 필요하다. 영역 색상뿐 아니라 링크 색상도 정의해야 한다.

가상 클래스

다음 코드를 스타일시트에 추가한다.

```
css_style/stylesheets/style.css
```

```
#header, #f ooter{background-color:#FFE500}
#middle{background-color: #ffdd7f }
#main{background-color:#fff8e4 }
a{color:#4d3900; text-decoration:none;}
a:visited{color:#806f40;}
a:hover{color:#807940; text-decoration:underline;}
```

색상에 대한 CSS 선언은 a:hover와 a:visited와 같은 정의도 포함하고 있다. 이러한 것은 가상 클래스로 알려져 있다. 지금까지 우리는 문서 트리 내에서 요소의 위치에 따라 스타일이 어떻게 적용되는지 살펴보았는데, CSS에서는 문서 트리 밖의 정보에 따라 요소에 스타일을 지정할 수도 있다. 기본적으로 웹 브라우저는 방문했던 링크를 아직 클릭하지 않은 링크와 다른 색으로 보여준다. 이런 방식은 수년 간 이미 본 정보를 사용자가 인식할 수 있게 도와주는 사용성에 대한 정석이었다. 방문한 링크의 색상은 전통적으로 body 태그의 속성으로 정의되며 각 페이지에 따라 다르게 지정됐다. CSS 가상 클래스는 스타일시트에서 이 정보를 지정할 수 있게 한다.

:hover 가상 클래스는 마우스 이벤트를 잡아내며 매우 강력한 능력을 발휘할 수 있다. 예제에서 보여준 것처럼 어떤 요소 위에 마우스를 올려놓았을 때 링크의 색상을 바꾸기 위해 사용할 수 있다. 하지만 드롭다운 메뉴가 열리거나 페이지의 다른 영역이 보여질 때도 사용할 수 있다.

불행하게도 이런 기능은 브라우저의 선택으로부터 영향을 받는다. 어떤 브라우저에서는 다양한 요소에 :hover 가상 클래스를 붙일 수 있어 이미지 롤오버나 폼 필드 하이라이트와 같은 눈길을 끄는 이펙트를 만들 수 있음에도 불구하고 인터넷 익스플로러 6에서는 링크에만 적용할 수 있다.

예제에서는 사용자가 마우스를 올리지 않았을 때에도 링크에서 밑줄을 제거하게 했다. 링크에서 밑줄을 어떻게 제거하는지도 중요하지만 가상 클래스를 사용해 다시 추가하는 것도 중요하다.

13.2 태그 클라우드

이미 문서를 잘 구조화해 두었기 때문에 최소한의 CSS만으로도 태그 클라우드를 꾸밀 수 있다. HTML 파일에서 각 태그를 span 태그로 감쌌고, span 태그의 클래스는 level_1부터 level_5까지 지정했다. 자주 사용되는 태그일수록 번호가 낮고, 덜 사용되는 태그의 번호는 높다. 이 태그들을 꾸밀 때는, 중요한 태그에 크고 두꺼운 글꼴을 적용하고 덜 중요한 태그에는 작고 가는 글꼴을 사용하면 된다.

css_style/stylesheets/style.css

```
.level_1, .level_2, .level_3, .level_4, .level_5{
  margin-bottom:18px;
  margin-left:18px;
  line-height:36px;
}
.level_1{font-weight:bolder; font-size:20px;}
.level_2{font-weight:bold; font-size:18px;}
.level_3{font-size:16px;}
.level_4{font-size:14px;}
.level_5{font-size:12px;}
```

김대리가 묻습니다

왜 밑줄을 제거했나요? 사용성에 어긋나는 것이 아닌가요?

그럴 수도 있다. 사용자는 어떤 것이 클릭할 수 있는 링크인지를 밑줄 여부로 판단했다. 그렇긴 하지만 시간이 흐르면서 텍스트의 색을 다르게 지정하면 해당 영역을 클릭할 수 있다는 것에도 익숙해졌다. 물론 사용자가 혼란에 빠질 위험이 있긴 하다. 본문과 다른 색으로 타이틀을 지정할 때 단어마다 다른 색으로 꾸밀 수도 있고 비슷한 색을 지정할 수도 있지만, 중요한 점은 사용자에게 어떻게 보이고 클라이언트가 무엇을 원하는지를 알아야 한다는 것이다. 본문에서 다루는 내용은 이를 조절하는 방법일 뿐이며, 어떤 기법을 사용할지는 스스로 판단해야 한다.

13.3 검색 양식

이제 남은 부분은 멋진 이미지 버튼 옆에 조금은 우습게 보이는 검색 양식이다. 검색 상자에 넓이와 높이, 경계선을 지정해 보자. 그리고 사용할 글꼴도 설정할 수 있기를 원한다. 넓이와 높이뿐 아니라 다른 항목도 레이아웃 스타일시트에서 지정할 수 있다. 개별적으로 파일을 만들기보다는 모든 규칙을 style.css에 함께 모아놓자.

css_style/stylesheets/style.css

```
#search_form #search_keywords{
  width:200px;
  float:left;
  border:1px solid #000;
  height:16px;
  padding:0;
}
```

사용된 숫자를 자세히 살펴보자. 라인의 높이는 18px인데 검색 상자의 높이는 16px로 설정됐다. 여기에는 상단과 하단의 경계선 1px이 포함되었기 때문이다.

13.4 푸터

푸터에 있는 텍스트는 가운데로 정렬해야 하고, 두 문단은 레이아웃 스타일시트에서 정의했던 36px 높이 내에 맞추어야 한다. 텍스트를 가운데로 정렬하는 것은 푸터 요소에 text-align:center만 적용하면 된다.

텍스트를 맞추는 작업에는 몇 가지 선택 가능한 방법이 있다. 먼저 많은 개발자들이 취하는 반응은 HTML 문서에서 단락 태그를 제거하고 라인 사이에 행 구분자인 〈br〉을 추가하는 것이다. 하지만 이렇게 하게 되면 페이지의 의미 정보를 상실하게 된다. 브라우저가 단락을 표현하는 방법을 바꾸는 편이 좀더 쉽다. 푸터 내의 단락에서 마진을 제거하면 단락 사이의 여백을 없앨 수 있다. 이런 접근 방식은 구조를 매우 유연하게 만든다.

아래 부분을 스타일시트에 추가하자.

css_style/stylesheets/style.css

```
#footer{text-align:center;}
#footer p{margin:0;}
```

13.5 미진한 부분 정리하기

홈페이지 작업이 거의 마무리 됐다. 하지만 드러난 문제점을 몇 가지 처리해야 한다. 먼저 회원 가입과 로그인 버튼 주변에 경계선이 있는데 이를 제거해야 한다. 그리고 노란색 색상이 원래 의도했던 것처럼 화면 전체에 걸쳐 뻗어있지 못하고 있다.

이미지 경계선 제거하기

이미지를 링크로 감싸면 이 이미지를 클릭할 수 있다는 것을 사용자에게 알려주기 위해 브라우저가 자동으로 경계선을 생성한다. 예전 HTML에서는 개발자가 HTML 문서에서 border="0" 속성을 사용했다. 하지만 이런 방식은 디자인과 콘텐츠가 분리되지 않기 때문에 우리가 원하는 것이 아니다. 또한 doctype에도 유효한 것이 아니다. 다행스럽게도 해결책은 간단하다. 스타일시트에서 이미지에 대한 경계선 설정을 꺼버리면 된다.

다음 코드를 스타일시트에 추가하면 모든 이미지에 대한 경계선 설정이 꺼진다.

css_style/stylesheets/style.css

```
img{border:none;}
```

페이지를 새로고침하면 녹색의 경계선이 사라진다.

13장 **스타일 적용하기** 223

배너 색상 확장하기

색상을 반복하게 하는 데에는 몇 가지 기술을 사용할 수 있다. 예를 들어 헤더를 페이지 래퍼 바깥쪽으로 이동시키고 다른 div로 감싸서 감싸고 있는 div를 100%로 설정한 다음에 헤더를 페이지 래퍼와 동일한 넓이가 되게 한다. 다음과 같은 코드가 될 것이다.

```
<body>
  <div id="header_wrap">
    <div id="header">
    </div>
  </div>
  <div id="page">
    ...
  </div>
```

이 코드와 관련된 CSS는 다음과 같다.

```css
<code language="css">
  #headerwrap{width:100%;
    float:left;
    height:108px;
    background-color:#FFE500;
  }
  #header, #page{
    margin:0 auto;
    width:900px;
  }
</code>
```

색상을 채우기 원하는 모든 간단한 상황에 적용가능한 일반적인 방법이다. 하지만 이미 너무 많은 페이지를 만들었다면 HTML을 수정하기도 쉽지는 않다. 래퍼를 추가하여 화면을 바꾸는 것도 현명한 판단은 아니다. 대신 배경 이미지를 반복하게 하면 동일한 결과를 얻을 수 있다.

포토샵에서 목업을 열어 슬라이스 도구를 선택하자.

먼저 배경에서 하단의 흰색 부분과 노란색 배너의 작은 조각을 가져오자. 좌측 상단 구석에 폭이 1px이고 높이가 128px인 새로운 슬라이스를 만든다. 확대 상태에서 작업하거나, 일단 영역을 대충 지정한 후 슬라이스의 이름을 설정할

그림 13.1 파이어폭스에서 FOODBOX

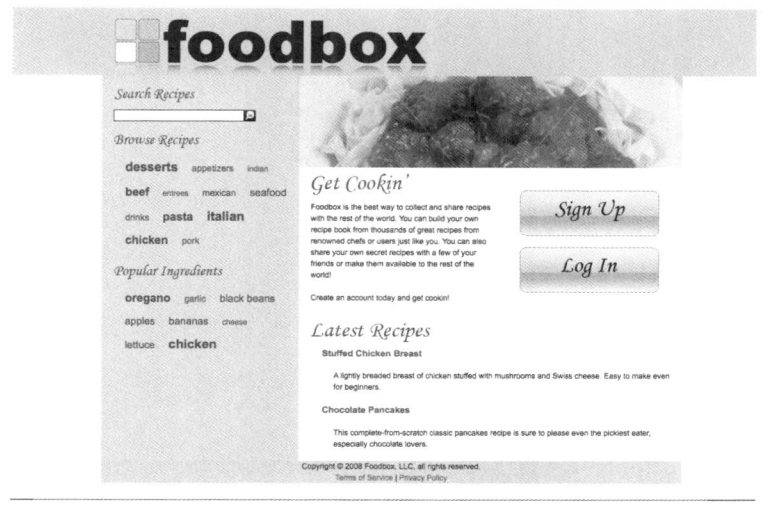

때 세부 속성을 조정할 수 있다. 슬라이스의 이름을 지정할 때에는 배경이라는 점을 확실히 한다. 일단 속성을 설정했다면 슬라이스를 images 폴더에 GIF 파일로 내보낸다.

스타일시트에서 body 태그를 위한 규칙으로 배경 이미지를 추가하고 가로 방향으로 반복되게 한다.

`css_style/stylesheets/style.css`

```
body{
    background: #fff url('../images/background.gif') repeat-x;
}
```

파이어폭스에서 최종적인 페이지를 미리 볼 수 있으며 아마 그림 13.1과 같을 것이다.

13.6 요약

지금까지 과정을 잘 따라왔다면 웹 표준 기반의 페이지를 만들었고 파이어폭스에서 검증되고 잘 동작할 것이다. (사파리에서도 마찬가지다. 확인해보자.) 하지만 몇 가지 다른 영역 특히 광범위하게 사용되는 마이크로소프트의 브라우저를 테스트하기 전에는 작업이 끝난 것이 아니다.

14장

인쇄에 적합한 페이지 만들기

Foodbox는 레시피 사이트이며 사용자는 사이트에서 찾은 레시피를 출력해서 참고하려 할 수 있다. 이런 기능은 서버 사이드 프로그래밍을 활용해 몇 가지 방법으로 구현할 수 있다. 하지만 이번 장에서는 다른 기술은 사용하지 않고 CSS만 사용해서, 사용자가 페이지를 출력하고자 할 때 어떻게 페이지의 모습을 바꿀 수 있는지를 보여줄 것이다.

14.1 인쇄 준비하기

사용자가 웹 페이지를 인쇄할 때 일반적으로 페이지[1]에 있는 정보만 출력하기를 원한다. 사이드바나 내비게이션바, 이미지, 배경, 색상, 이미지로 만들어진 타이틀은 페이지를 인쇄할 때 필요 없는 부분이다. 이런 요소를 인쇄하는 것은 잉크와 종이만 낭비할 뿐이다. 그래서 먼저 이런 요소들을 어떻게 제외시키고 인쇄에 적합하게 만들 수 있을지 고민해야 한다.

지금까지 우리는 layout.css와 style.css 파일을 첨부하면서 스크린에 보여질 때 해당 링크가 적용되도록 정의했다. 그렇기 때문에 인쇄 시에는 페이지에 스타일이 적용되지 않는다. 즉 처음부터 다시 인쇄에 적합하게 새로운 스타일시트를

---

[1] 클라이언트는 페이지를 그대로 인쇄하는데 관심을 가지고 있을 수도 있다. 출력된 페이지에 메모를 해서 수정사항을 요청할 수 있기 때문이다. 하지만 사이트의 궁극적인 사용자는 클라이언트가 아니다.

디자인할 수 있다는 말이다. 기존 스타일이나 사용자 브라우저의 기본 스타일과 충돌이 일어나거나 덮어쓰는 일을 걱정할 필요가 없다.

14.2 인쇄 스타일시트 연결하기

print.css라는 이름으로 새로운 파일을 만들고 stylesheets 폴더에 가져다 놓는다. index.html 파일을 열고 다음 코드를 기존의 스타일 태그 뒤에 붙여 넣는다.

```
css_print/index.html
```

```
<link rel="stylesheet" href="stylesheets/print.css"
  type="text/css" media="print" charset="utf-8">
```

이번에는 media 타입을 screen 대신에 print로 설정했다. 일반적인 브라우저에서 사용자가 인쇄 미리 보기를 하거나 페이지를 프린터로 보낼 때 이 스타일시트를 사용할 것이다. 작업을 진행하면서 브라우저의 인쇄 미리 보기 기능을 사용해 스타일을 테스트해볼 수 있다.[2] 하지만 가능하다면 일부 테스트는 프린터에서 직접 확인해야 한다.

14.3 필요하지 않은 요소 제거하기

홈페이지를 살펴보고 인쇄할 필요가 없는 것들을 확인해야 한다. 사이드바의 검색 상자와 태그 클라우드는 인쇄할 필요가 없으며 이런 요소는 없어도 크게 문제되지 않는다. 파스타 이미지도 인쇄할 필요가 없는 요소이고 로그인과 회원 가입 버튼도 마찬가지다.

홈페이지에 추가한 색상은 스타일시트에서 불러오지 않을 것이기 때문에 신경 쓸 필요가 없다.

약관과 개인 보호 정책에 대한 링크도 역시 의미가 없기 때문에 빼도 된다.

---

2 (옮긴이) 크롬 12까지는 인쇄 미리 보기가 공식적으로 지원되지 않으며 설정을 바꾸어 테스트를 해볼 수 있다. 크롬 13 버전부터는 기능으로 포함되어 있다.

HTML을 작성할 때 이런 영역에 고유한 ID를 지정했기 때문에 해당 영역을 쉽게 가리킬 수 있다. 이제 인쇄에 필요 없는 영역에 대해 display 속성을 none으로 지정하기만 하면 된다. 다음 코드를 stylesheets/print.css에 추가하자.

`css_print/stylesheets/print.css`

```css
#sidebar, #main_image, #signup_login,
#privacy_and_terms, .noprint{
  display:none;
}
```

noprint 클래스

.noprint라는 선택자를 규칙에 추가했다. 이 선택자를 인쇄시 숨기려는 콘텐츠를 지정하는 데 사용할 수 있다. 예를 들어 HTML 문서 내에서 로고를 숨기려면 해당 요소에 clsss="noprint"를 추가하면 된다. 이렇게 사용하는 것은 콘텐츠와 화면 영역의 경계가 희미해지는 경향이 있지만, 페이지에서 서버사이드 스크립트를 사용하면 원하는 요소를 동적으로 제어할 수도 있다.

display:none 속성을 지정하면 단지 화면에서 감추어질 뿐만 아니라, 아예 문서에서 삭제된다.

14.4 마진, 넓이, 글꼴 설정하기

앞에서 스크린 레이아웃을 디자인할 때 브라우저 스타일을 끄고 자체적인 마진과 줄높이, 글꼴 크기를 정했다. 인쇄 시에도 마찬가지로 동일한 작업을 할 수 있는데 주의할 점은 픽셀을 사용하지 않고 프린터가 이해할 수 있도록 글꼴을 포인트로 환산해서 정의해야 한다는 것이다.

다음 코드를 스타일시트에 추가하자

`css_print/stylesheets/print.css`

```css
body, p, h1,h2,h3,h4,h5{margin:0; padding:0;}
p, h1,h2,h3,h4{line-height:18pt;}
p{font-size:12pt; margin-bottom:18pt;}
```

```
h1{font-size:18pt;}
h2{font-size:16pt;}
h3{font-size:14pt;}
```

글꼴 크기와 마진, 단락과 타이틀에 대한 줄 높이를 지정했다.

페이지 마진

페이지 마진을 0으로 설정했다는 점에 주목하자. 인쇄 시 마진 값은 거의 대부분 운영체제의 인쇄 드라이버에 의존적이기 때문에 많은 경우 CSS에서 지정한 마진이 인쇄시 원했던 문서의 마진에 더해진다.

글꼴 집합(Font Family) 선택하기

많은 브라우저가 기본값으로 세리프 글꼴을 지정하고 있다. 세리프 글꼴은 4.2절에서 이야기했던 것처럼 인쇄시 가독성이 높이다.

다음 코드를 스타일시트에 추가하자.

인쇄에서 이미지 다루기

이미지는 여전히 픽셀 단위로 측정된다. 인쇄에 적용되는 스타일에서 이미지를 감추지 않는다면 두 가지 선택을 할 수 있다. 첫 번째는 CSS를 사용해서 이미지의 높이와 넓이를 비례하게 변경하는 것이다. 두 번째 옵션은 텍스트와 이미지의 위치를 조정해서 텍스트가 이미지를 감싸지 않게 하는 것이다.

인쇄에 적용되는 스타일에서 이미지의 크기를 변경하는 방법은 조금 위험할 수 있다. 수치를 증가시키면 이미지를 인쇄할 때 픽셀이 깨지는 현상이 두드러지게 된다. 그리고 이런 작업을 처리하려면 각 이미지를 쉽게 참조할 수 있게 개별 ID를 부여해야 한다. 좀더 깔끔한 두 번째 방법으로는 스타일시트에서 페이지의 구성을 약간 조정해서 이미지가 영역 밖으로 벗어나지 않게 할 수 있다.

페이지 내에 포함된 이미지는 72dpi로 한정되기 때문에 인쇄에 적합하지 않다는 점을 명심하자. 콘텐츠에서 고해상도 이미지를 필요로 한다면 서버에서 PDF를 생성하거나 인쇄를 위한 고해상도 이미지를 제공하는 것을 고려해야 한다.[3]

```
css_print/stylesheets/print.css
```

```
body{
    font-family: Baskerville, Times New Roman, Times, serif
}
```

이 규칙은 body 스타일에서 바스커빌(Baskerville) 글꼴과 두 개의 대체 글꼴을 사용하게 한다. 이 규칙은 별도로 지정한 요소가 아니라면 페이지의 body 내에 있는 모든 요소에 해당한다.

구분자 추가하기

아직까지는 영역 사이를 구분하는 색상을 포함하고 있지 않다. 헤더의 하단 경계선에 검은색 선을 추가하면 헤더와 콘텐츠를 구분할 수 있다.

```
css_print/stylesheets/print.css
```

```
#header{border-bottom:1px solid #000;}
```

문서의 여러 영역 사이를 구분하는 규칙을 추가할 때도 직접 추가하는 대신 이렇게 스타일 규칙을 사용할 수 있다.

14.5 링크 고정시키기

웹사이트에서 인쇄된 페이지를 읽는 사람은 링크가 어디로 연결되는지 알 수 없다. 약간의 고급 CSS 기법을 사용해 이 문제를 해결해 보자.

다음 코드를 스타일시트에 추가하자.

```
css_print/stylesheets/print.css
```

```
#main a:link:after, #main a:visited:after {
    content: " (" attr(href) ") ";
    font-size: 90%;
}
```

---

3 (옮긴이) 일반 포스터는 200dpi, 잡지나 광고 전단지는 300dpi를 권장한다.

그림 14.1 인쇄 스타일시트가 적용된 홈페이지

Get Cookin...

Foodbox is the best way to collect and share recipes with the rest of the world. You can build your own
recipe book from thousands of great recipes from renowned chefs or users just like you. You can also
share your own secret recipes with a few of your friends or make them available to the rest of the world!

Create an account today and get cookin!

Latest Recipes

Stuffed Chicken Breast (#)

A lightly breaded breast of chicken stuffed with mushrooms and Swiss cheese. Easy to make even for
beginners.

Chocolate Pancakes (#)

This complete-from-scratch classic pancakes recipe is sure to please even the pickiest eater, especially
chocolate lovers.

Copyright © 2008 Foodbox, LLC, all rights reserved.

CSS에서 href 속성을 끄집어내어 콘텐츠에 추가했다. 이 트릭은 인터넷 익스
플로러 8 이전 버전 일부를 제외하고는 다른 곳에도 적용할 수 있다. IE 8 이전
브라우저는 이 규칙을 무시한다.

스타일시트에 대한 것은 이제 끝났다. 페이지를 인쇄하면 그림 14.1과 같이 출
력될 것이다.

다음 페이지로 넘기기

인쇄에 적용되는 스타일시트에는 강제로 다음 페이지로 넘어가게 하는 기능을 추가
할 수 있다. 다음 예제에서 각 레시피 단위로 인쇄를 한다고 가정해보자.

```
<div class="recipe">
  <h2>Bacon Explosion</h2>
  <ul>
    <li>2 pounds thick cut bacon</li>
    <li>2 pounds Italian sausage</li>
    <li>1 jar of your favorite barbeque sauce</li>
    <li>1 jar of your favorite barbeque rub</li>
```

```
   </ul>
   <p>.....</p>
 </div>
 <div class="recipe">
   <h2>Amazin' Bacon Burger</h2>
   ....
 </div>
```

인쇄를 위한 스타일시트에 아래와 같은 코드를 추가해 페이지별로 레시피가 인쇄되
도록 할 수 있다.

```
 .recipe {page-break-after: always;}
```

베이컨 폭발(Bacon Explosion) 요리는 정말 멋져보인다. 관심이 있다면 다음 사이트
를 참고하자.
http://www.bbqaddicts.com/bacon-explosion.html

14.6 놀란 사용자 다루기

일부 사용자는 화면에 보이는 것과 완전히 동일하게 사이트를 인쇄하고 싶어할
수도 있다. 사실 사이트가 화면에 보이는 것과 동일하게 인쇄되지 않는다는 점
에 크게 실망하는 클라이언트도 있다.

페이지 내에 인쇄될 콘텐츠를 보여주는 링크를 추가해 이런 기대감을 완화시
킬 수 있다. 링크는 다음과 같이 생성된다.

```
<a href="#" onclick="window.print(); return false">
  Print Contents Only</a>
```

자바스크립트와 콘텐츠 비헤이비어가 혼합된 형태를 사용하면 별도의 스크
립트 함수를 사용하지 않고 링크에 바로 추가할 수 있다.

인쇄용 스타일을 따로 지정하지 않고 layout.css와 style.css에 print media
type를 적용할 수도 있다. 하지만 일부 브라우저에서는 떠있는 요소의 길이가
아주 긴 경우 문제가 생길 수 있기 때문에 인쇄에 적용할 스타일이 기존 스타일
의 일부를 다시 정의해야 한다. 하지만 이런 접근을 권장하지는 않는다. 대신에

사용자와 클라이언트를 교육하는 편이 스타일을 덮어쓰는 추악한 세계에 휘말리는 것보다 수월하다. 인쇄를 위한 레이아웃을 제공하여 인쇄시 잉크를 절약하고 종이를 아끼고 콘텐츠에 집중할 수 있다는 사실을 알게 되면 기꺼이 이런 선택에 동의할 것이다.

14.7 요약

인쇄 스타일은 구현하기 쉬우며 단순하게만 유지한다면 사용자의 경험을 향상시킬 수 있다. 사이트의 콘텐츠를 깔끔하고 알아보기 쉽게 유지할 수 있다. 모바일폰이나 프로젝터(지원이 된다면), 스크린 리더와 같은 보조 기기를 대상으로 동일한 방법을 적용할 수 있다. 물론 이런 지원이 가능한 것은 콘텐츠를 적절하게 마크업했기 때문이며 콘텐츠와 화면 영역을 분리했기 때문이다.

4부

오픈 준비하기

15장

인터넷 익스플로러와
다른 브라우저 다루기

대규모의 사용자를 대상으로 하는 웹을 개발하고 있다면 브라우저 호환성을 다루어야 한다. 사용자가 페이지를 방문할 때 어떤 브라우저를 사용할지 개발자는 선택할 수 없으며, 가능한 다양한 사용자가 사이트를 사용할 수 있게 만들어야 한다. 앞에서 만든 사이트는 파이어폭스 브라우저에서 잘 동작하고 있다. 이번 장에서는 인터넷 익스플로러를 포함한 다른 브라우저에서도 사이트가 잘 보일 수 있게 할 것이다. 지금까지 코드를 검증하고 웹 표준을 준수하려 노력했기 때문에 대다수 브라우저에서는 정확하게 페이지가 보일 것이다.

15.1 어떤 것을 지원할지 결정하기

약 6년 동안 웹 개발자들은 IE6만 다루어야 했다. IE6은 변덕스러운 렌더링 엔진을 가지고 있었지만 6년이란 기간은 IT 세상에서 긴 시간이라 대부분의 문제점을 찾아내고 이를 회피할 수 있는 해결책을 만들었다. 하지만 IE7이 나오면서 사이트 렌더링과 관련된 수많은 문제가 나타났다. 마이크로소프트에서 일부 문제는 수정을 했고 일부는 변경을 했기 때문이다. 이 책을 쓰는 시점에는 IE8이 거의 완성 단계지만, 동일한 종류의 문제를 가지고 있을 것이다.[1]

---

1 (옮긴이) IE8부터는 이런 이슈를 보완할 수 있게 호환성 보기 기능을 제공하고 있다. 마이크로소프트의 설명에 따르면 '이전 버전의 브라우저를 염두에 두고 개발된 웹 사이트도 Internet Explorer 8에서 멋지게 보이도록' 하는 기능이라고 한다.

그림 15.1 야후에서 파이어폭스 3을 권장하고 있다.

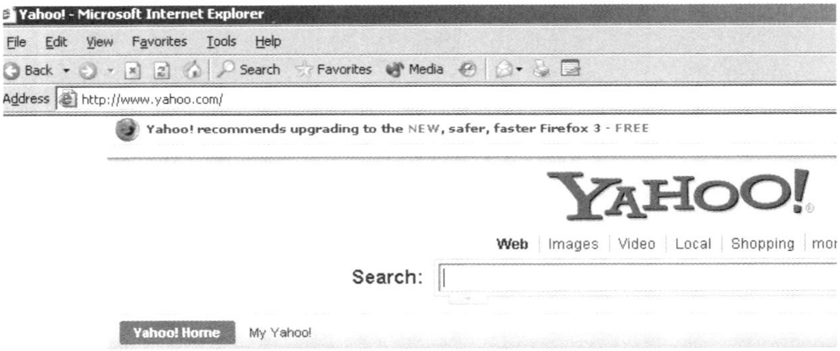

그 사이 파이어폭스와 사파리는 각각 여러 번의 업데이트를 거쳤다. 소프트웨어의 기능이 향상되듯이 브라우저의 기능도 향상되면서 모든 브라우저의 각기 다른 버전에서 동일하게 보이거나 동작하게 만드는 것은 불가능하게 되었다. 즉, 여기에 쏟아 부을 시간과 리소스를 아끼려면 지원할 브라우저와 기능을 결정해야 한다는 결론에 이르게 된다.

브라우저 지원

과감하게 브라우저를 선택하고 이를 독점적으로 지원할 수 있다. 비즈니스적으로 가능하다면 괜찮은 해결책이다. 예를 들어 비즈니스를 위한 인트라넷 사이트를 구축한다고 가정해보자. 사용자가 파이어폭스만 사용하게끔 지시할 수 있다면 엄청난 시간을 절약할 수 있다. 미네소타 맨케이토에 있는 CHAMP 소프트웨어는 헬스케어 산업을 위한 애플리케이션을 개발하는데 파이어폭스만 지원하게 디자인한다.[2]

또는 야후처럼 사용자에게 브라우저를 권장할 수도 있다. 이런 접근은 전문가에게 웃음거리가 될 수 있다. 실제 1990년대 수많은 아마추어 웹사이트에서

---

2 (옮긴이) 실제 http://www.champsoftware.com에는 파이어폭스 3.x 이상의 소프트웨어에서 애플리케이션이 동작한다고 명시되어 있다.

는 "인터넷 익스플로러에 최적화되어 있습니다"라는 문구를 사이트에 달아놓았다. 그림 15.1에서 보이는 것처럼 야후도 비슷한 단계를 밟고 있는 것이다.

하지만 이런 접근을 게으른 변명이라고만 생각할 수는 없다. 사이트를 모든 플랫폼에서 동작하게 만들기가 기술적으로 어렵지는 않지만 시간과 재능, 돈을 가장 효과적으로 사용하는 것이라고 단정할 수는 없다. 결론적으로 당신의 결정으로 잠재적인 사용자를 잃을 수 있다는 점을 염두에 두어야 한다. 이런 측면에서 내부 비즈니스 애플리케이션은 상업적인 웹사이트보다 유리할 수 있다.

기능 지원

어떤 기능이 특정 브라우저에서 동작하지 않을 수 있는지 확실하게 결정해야 한다. 마이크로소프트는 두 가지 버전의 아웃룩 웹 액세스 서비스를 제공한다. IE에서만 동작하는 다채로운 기능을 가진 버전과 다른 브라우저도 지원하는 가벼운 기능의 버전이다. 다채로운 기능을 지원하는 버전은 수신함에서 트리 컨트롤을 지원하며 특정 IE 컨트롤에 필요한 다른 기능도 가지고 있다. 상대적으로 가벼운 버전은 고급 기능이 대부분 누락되어 있으며 이메일 확인 기능 정도만을 제공한다.

사이트에 충분한 기능을 제공하는 궁극적인 목적은 이를 사용하고자 하는 사용자를 위한 것이다.

15.2 브라우저 통계

브라우저 통계를 보면 사람들이 어떤 브라우저를 사용하는지 알 수 있다. Hitslink.com에서는 브라우저 시장 점유율에 대한 통계[3]를 계속 발간하고 있으며 적절한 시장 상황을 반영하고 있다. W3Counter.com[4]과 StatOwl[5] 역시 통계를 제공하고 있으며 나름대로 정확한 자료를 제공한다. 새로운 사이트를 시

---

3 http://marketshare.hitslink.com/report.aspx?qprid=0
4 http://www.w3counter.com/globalstats.php
5 http://www.statowl.com/web_browser_market_share.php

작하면서 브라우저를 선택해야 할 때는 다양한 소스를 체크하는 것이 도움이 된다. 물론 사이트 구축 이후에는 자체적인 로그 자료를 기반으로 판단해야 한다.

이 글을 쓰는 시점에 파이어폭스는 17~26퍼센트 정도의 시장 점유율을 보여 주었다. 대부분의 사용자는 인터넷 익스플로러 7을 사용하고 있으며 약 42퍼센트 정도에서 계속 상승세이다. 그리고 15퍼센트에서 27퍼센트 정도의 사용자는 놀랍게도 여전히 IE6을 사용하고 있다. 잠재적인 20퍼센트의 사용자를 무시하는 것은 지혜롭지 않기 때문에 사이트가 IE6에서 잘 동작하게 할 필요가 있다.[6]

하위 버전 브라우저에 대한 지원은 인터넷 익스플로러를 사용하는 당신의 고객과 그 고객의 고객을 위한 안전한 방법이다. 만들어진 웹사이트는 적절하게 동작해야 하고 지원하기로 결정한 모든 브라우저에서 동일하게 잘 보여야 한다. 물론 이런 것은 사업상의 선택일 뿐이다.

15.3 인터넷 익스플로러: 무시할 수 없는 악

표준을 준수하는 웹 개발자라면 인터넷 익스플로러를 다루는 것을 즐거워하리라고 생각하지 않는다. 이 책 전반에 걸쳐 요소를 렌더링하는 것이나 모드에 대한 차이를 포함해 매일 접하는 몇 가지 이슈를 이야기했다. IE가 많은 문제를 가지고 있지만 무시하지 못할 만큼 많은 사용자를 가지고 있다. 그리고 고객은 당신의 개인적인 성향을 신경 쓰지 않는다.

마이크로소프트 윈도를 운영체제로 설치해둔 모든 컴퓨터에는 인터넷 익스플로러가 설치되어 있다. 사용자가 다른 브라우저를 사용하는 것은 자유지만 일반 사용자가 파이어폭스, 사파리, 오페라, 구글 크롬을 직접 설치해 사용할 가능성은 매우 희박하다. 나는 내가 할 수 있는 모든 곳에 파이어폭스를 설치한

---

6 (옮긴이) 전세계 통계를 보면 IE6 사용자는 한자릿수(4퍼센트)로 내려갔다. 하지만 한국은 18퍼센트 이 상을 차지하고 있어 2011년 7월부터 방통위, 포털이 함께 인터넷 이용환경 개선 캠페인을 전개하고 있 다. 2012년 1월 1일부터 네이버, 다음, 네이트 등 캠페인 참여사들은 익스플로러 6의 지원을 중단하기로 결정했다.

> **어디서 통계를 가져올 수 있는지 주시하자**
> ──────
> W3School에서 개별 브라우저에 대한 시장 점유율을 포함한 매우 정확한 브라우저 통계를 확인할 수 있다. 최근 자료를 보면 파이어폭스가 IE6과 IE7을 합친 것과 비슷한 수치를 차지하고 있는 것을 확인할 수 있다.[8] 하지만 해당 통계는 기술에 관심 있는 사용자를 대상으로 한다는 것을 명심해야 한다. 때문에 보편적인 결과라고 할 수는 없으며 다음과 같이 언급하고 있다.
> "W3School은 웹 기술에 관심을 가지는 사람을 위한 웹사이트다. 이들은 일반적인 사용자보다 대체 브라우저를 사용하는 데 좀더 많은 관심을 가지고 있다. 일반적인 사용자는 윈도에 기본 설치되어 있는 인터넷 익스플로러를 사용하는 것을 선호한다. 일쿠러 다른 브라우저를 찾아보지는 않는다."
> 파이어폭스는 대단한 웹 브라우저이며 사용자들의 지지로 시장 점유율도 점점 높아지고 있다. 하지만 브라우저 통계를 수집하고 이를 의사결정에 반영하려 한다면 소스가 무엇을 근거로 하는지 확인하는 과정이 필요할 것이다.

다. 내 친구와 친지들은 모두 보안 기능 때문에 파이어폭스를 사용하지만, 이들 대부분은 기술에 관심이 많고 평범하지만은 않다. 일반적인 PC 사용자는 개발자와 동일한 도구를 사용하지 않는다는 점을 인식하고 있어야 한다.[7]

약간의 균형감

마이크로소프트의 브라우저 이슈가 모두 악의적인 것은 아니며 긍정적인 측면도 있다. 마이크로소프트는 웹 브라우저 시장에 들어오면서 나름의 과제를 가지고 있었다. 닷넷 프레임워크 컴포넌트와 액티브X 컨트롤, 아웃룩 웹 액세스, 셰어포인트와 같은 것들이 동작하게 하는 데 주안점을 뒀다. IE는 마이크로소프트의 웹 기반 제품을 위한 전달 수단이었다.

이들 제품은 마이크로소프트에 많은 돈을 안겨주고 있었으며 계약된 기간 동안 이들 제품을 지원해야 했다. 즉 제품 사용에 영향을 미칠 수 있는 IE 렌더링 이슈는 고쳐질 수 없다는 말이다.

───────

7 http://www.w3schools.com/browsers/browsers_stats.asp
8 (옮긴이) 2011년 기준으로 보면 파이어폭스의 점유율이 IE의 2배 정도다. 그리고 2010년 하반기부터 크롬의 상승세로 파이어폭스의 점유율이 점차 줄어들고 있다.

> **김대리가 묻습니다**
>
> ### 언제 브라우저에 대한 지원을 중단해야 할까요?
>
> 이런 결정은 현재 또는 잠재적 사용자로부터 수집한 사용량 데이터를 기반으로 당신의 조직이나 클라이언트가 판단해야 한다. 15.2절 '브라우저 통계'에서 이야기했던 그 외 웹사이트의 브라우저 통계를 보자. 이 책을 쓰는 시점에 IE6은 파이어폭스보다 실제 사용자가 좀더 많다. 혹 파이어폭스 사용자만을 대상으로 한다면 이런 통계는 신경 쓰지 않아도 된다. 하지만 일반 사용자를 대상으로 한다면 다수의 잠재적인 사용자를 차단해서는 안된다.
>
> 어떤 브라우저를 지원할지 결정할 때 우리가 사용하는 일반적인 규칙이 있는데 브라우저의 주요 버전을 두 개까지 지원하기로 하고 사이트가 적절하게 동작하고 가독성이 있는지 확인한다. 꼭 동일하게 보이지 않아도 최소한 사용자가 사이트를 이용할 수 있게 한다.
>
> 어떤 브라우저와 기능을 지원하기로 선택했느냐에 따라 당신과 클라이언트의 수입에 직접적인 영향을 미칠 수도 있다.

15.4 인터넷 익스플로러 7

인터넷 익스플로러 7은 우리가 만든 웹사이트를 좋아하는 것처럼 보인다. 콘텐츠는 가운데로 정렬되고 PNG 역시 기대한 것처럼 투명하게 보인다. 그리고 나머지 항목도 제자리에 위치해있다. 이는 작성된 코드가 표준을 준수했으며

렌더링 모드 결정하기

간혹 현재 어떤 렌더링 모드를 사용하고 있는지 답하지 못할 경우가 있다. 하지만 자바스크립트를 사용하면 확인해볼 수 있다. 페이지에서 head 태그 사이에 다음 코드를 집어넣으면 standards 모드에서 동작하고 있는지를 알 수 있다.

```
<script type="text/javascript" charset="utf-8" >
if(document.compatMode == 'CSS1Compat' ){
  alert("Standards mode" );
}else{
  alert("Quirks mode" );
}
</script>
```

인터넷 익스플로러가 의도치 않게 quirks 모드로 작동하지 않도록 준비했기 때문이다.

IE에서 Quirks 모드

11.5절 '다른 박스 모델'에서 박스 모델을 이야기하면서 quirks 모드를 간단하게 언급했다. 그러나 올바른 doctype을 설정했다고 해서, 인터넷 익스플로러가 standards 모드를 사용하게 하는 조치가 끝나는 것은 아니다.

XML 프롤로그

일부 웹 페이지 에디터(그리고 템플릿)는 문서 상단에 doctype을 지정하기 전에 XML 선언부를 배치한다. 하지만 이런 선언은 IE6이 페이지를 quirks 모드로 표현하게 한다. 웹 문서에서 다음과 같은 코드를 본 적이 있다면 이를 제거할 필요가 있다.

```
<?xml version="1.0" encoding="iso-8859-1"?>
```

Doctype 위에 주석

개발자들은 종종 다른 이에게 페이지의 내용을 알려주거나 나중에 필요할지 모르는 관련된 정보를 표현하려고 페이지에 주석을 추가한다. 불행하게도 IE6과 IE7은 모두 doctype 앞에 주석이 있다면 quirks 모드를 실행시킨다.

요약하면 IE를 행복하게 사용하려면 doctype 앞에 아무것도 놓지 말아야 하며 standards 모드에서 시작하게 해야 한다.

15.5 인터넷 익스플로러 6

IE6에서 사이트를 열어보면 배너 이미지가 투명하지 않게 보인다는 사실을 바로 알 수 있을 것이다. 그리고 2단으로 구성된 레이아웃도 깨져서 끔찍하게 보인다. 그림 15.2에서처럼 standards 모드에서 동작하게 했다고 하더라도 마찬가지임을 알 수 있다.

웹사이트 테스트

오늘날 크로스 브라우저 테스트는 사이트를 개발하는 데 있어 매우 중요하다. 테스트를 위한 여러 방법이 있는데 우리가 주로 사용하는 몇 가지를 소개하고자 한다.

- crossbrowsertesting.com은 윈도와 리눅스와 맥 OS를 포함한 다양한 운영체제와 브라우저 설정에 따른 이미지를 제공한다. (http://crossbrowsertesting.com/)
- 마이크로소프트에서는 개발자들이 이용할 수 있도록 브라우저와 운영체제에 특화된 가상 머신을 제공한다. 제공되는 이미지는 3개월간만 사용할 수 있지만 필요에 따라 초기화할 수 있다.[9] (http://www.microsoft.com/downloads/details.aspx?FamilyId=21EABB90-958F-4B64-B5F1-73D0A413C8EF₩&displaylang=en)
- IETester는 다양한 버전의 인터넷 익스플로러를 사용할 수 있게 하지만 윈도에서만 동작한다. (http://www.my-debugbar.com/wiki/IETester/HomePage)

이런 방법은 실제 여러 플랫폼과 다양한 브라우저에서 사이트를 테스트하는 것보다는 쉬운 방법이다. 하지만 좀더 간단한 방법을 찾는다면 맥을 강력하게 권한다. 우리는 맥북 프로를 사용하는데 개발하는 동안은 사파리와 파이어폭스를 사용하고 윈도와 리눅스를 가상 머신에서 돌려보면서 그 밖의 브라우저와 플랫폼까지 테스트해볼 수 있다.

깨진 요소 고치기

IE에서 적절하게 동작하게 사용되는 여러 가지 CSS 핵과 편법들이 있다. 하지만 핵을 활용하는 것은 언젠가 수정될 수 있기 때문에 좋지 않은 개발 방법이다. 사용자 브라우저에 따라 좀더 나은 방법이 필요하다. 그래서 마이크로소프트는 우리에게 거의 완벽한 해결책으로 조건부 주석을 제공했다.

조건부 주석은 일반적인 인터넷 익스플로러 혹은 특정 버전의 IE를 대상으로 조건을 제시할 수 있다. 해당 코드는 인터넷 익스플로러에서만 해석되며 다른 브라우저는 일반적인 HTML 주석이라 생각하고 넘어간다.

---

9 (옮긴이) http://www.microsoft.com/download/en/details.aspx?displaylang=en&id=11575

그림 15.2 IE6에서는 사이트가 제대로 보이지 않는다.

```
working_with_ie/index.html
```

```html
<!--[if IE 6]>
  <link rel="stylesheet" href="stylesheets/ie6.css"
  type="text/css" media="screen" >
<![endif]-->
<!--[if IE 6]>
  <style>
    #header img{behavior: url(stylesheets/iepngfix.htc)}
  </style>
<![endif]-->
```

브라우저에 따라 추가적인 스타일시트를 불러오게 했다. 이러한 접근 방법은 발생할 수 있는 렌더링 문제에 대응할 수 있다. HTML 문서에서 스타일시트의 나머지 뒤쪽에 해당 코드를 추가하고 stylesheets 폴더에 ie6.css라는 이름으로 새로운 파일을 생성한다.

컬럼 고정하기

페이지의 메인 부분이 다른 브라우저에서처럼 사이드바 옆에 적절하게 배치되기에는 너무 넓어 보인다. 그래서 메인 파트가 사이드바 밑으로 내려갔다. 이는 더블 마진 버그라고 알려진 IE 6의 버그다. 왼쪽 마진이 있는 요소를 좌측에 띄우면 IE에서는 마진을 두 배로 처리한다. 오른쪽에 띄워져 있는 경우에도 오른쪽 마진에 동일한 영향이 미친다.

더블 마진 버그를 수정하는 간단한 방법은 영향을 받는 요소에 display:inline 속성을 추가하는 것이다. 이때 문제는 버그를 만드는 요소를 찾아야 한다는 것이다.

좀더 자세하게 보면 더블 마진 문제 뒤에 숨겨져 있는 원인은 main_text 영역이다. IE6용 스타일시트에서 스타일을 재정의해 이를 수정할 수 있다.

`working_with_ie/stylesheets/ie6.css`

```
#main_text{display:inline;}
```

투명도 수정하기

IE6은 PNG에 대한 알파 투명도를 지원하지 않는다. 하지만 웹 상에서 이를 해결할 수 있는 몇 가지 해결책이 있다. 물론 쉽지는 않지만 개인적으로 만족스러운 것은 트윈헬릭스(TwinHelix) 솔루션이다.[10]

관련 사이트에서 파일을 내려 받아 압축을 해제하고 stylesheets 폴더에 iepngfix.htc와 blank.gif 파일을 복사해 놓는다.

iepngfix.htc 파일을 열어 다음 코드를 찾는다.

```
if (typeof blankImg == 'undefined' ) var blankImg = 'blank.gif';
```

그리고 다음과 같이 수정한다.

```
if (typeof blankImg == 'undefined' ) var blankImg = 'stylesheets/
blank.gif';
```

---

10 http://www.twinhelix.com/css/iepngfix/

김대리가
묻습니다

왜 직접 수정을 해야 하나요? IE7-js와 같이 이미 잘 만들어진 것을 사용하면 안되나요?

이미 많은 개발자들이 IE7-js[11]와 같이 쉽게 문제를 해결할 수 있는 프로젝트를 알고 있다. 하지만 개발자라면 사이트에 배포된 코드에 대해 책임을 가져야 한다. IE7-js의 코드를 전반적으로 이해하고 있다면 사이트에 적용하는 것에 부담을 가지지 않아도 된다. 하지만 IE7-js와 같은 솔루션은 범용적인 대안이라는 것을 명심해야 한다. 모든 가능한 경우를 고려하고 있다는 말이다. 작업에 필요한 것 이상의 코드가 프로젝트에 포함되는 것을 원하지는 않을 것이다. "모든 것을 수정해주는" 라이브러리를 사용해서 기존의 코드와 문제가 생기는 것보다는, 알고 있는 문제를 수정하는 것이 더 좋다고 생각한다.

라이브러리와 프레임워크는 굉장한 솔루션이다. 하지만 프로젝트에 사용된다면 무엇이든 당신이 이해하고 있어야 한다는 점이 좀더 중요하다. 프로젝트가 공개되었을 때는 당신이 작성하든 하지 않았든 상관 없이 이에 대한 책임을 가져야 한다. 좀더 중요한 것은 문제가 생기면 직접 수정해야 한다는 점이다.

적절하게 동작하려면 HTC 파일에서 투명도를 처리할 blank.gif 파일이 필요하다. 그리고 스타일시트가 아닌 HTML 파일에 상대 링크를 제공해야 한다.

index.html 파일에 있는 IE 6 조건부 주석 아래 다음 규칙을 추가한다.

`working_with_ie/index.html`

```
<!--[if IE 6]>
  <style>
    #header img{behavior: url(stylesheets/iepngfix.htc)}
  </style>
<![endif]-->
```

이렇게 하면 IE만을 지원하는 특별한 CSS 비헤이비어를 불러온다.

헤더 이미지 아래 여백 수정하기

헤더 이미지에는 패딩이 적용되어 있어 페이지의 나머지를 아래로 밀어내고 설정된 배경이 제대로 정렬되지 못하게 한다. standards 모드에서 이미지는 인라

---

11 http://code.google.com/p/ie7-js/

사이트나 애플리케이션에 더 많은 페이지를 올려야 할 때 HTC 파일에 대한 상대 경로는 사이트 구조 내에서 HTML 파일의 위치에 따라 달라지게 된다. 그래서 HTC 파일의 경로는 루트를 기준으로 상대 경로를 표시하거나 절대 경로를 사용해야 한다. 이렇게 하면 로컬 컴퓨터에서는 동작하지 않겠지만 서버에 사이트를 배포할 때 잘 동작하게 될 것이다.

모든 작업을 서버에 배포할 것이기 때문에 HTC 파일의 blank.gif에 대한 참조를 다음과 같이 변경했다.

```
if (typeof blankImg == 'undefined' )
  var blankImg = '/stylesheets/blank.gif';
```

HTC 파일에 대한 호출을 HTML 페이지에서 ie6.css 파일로 옮겨놓을 수 있으며 해당 코드에서 경로를 수정할 수 있다.

물론 이 모든 작업을 피하기 위해 투명 PNG를 사용하지 않을 수도 있지만, 추천하고 픈 대안은 아니다.

인 콘텐츠이며 기준선을 기준으로 디센더를 위해 약간의 여백을 남겨야 한다. IE6이 이 스펙을 정확하게 따르고 있기 때문에 문제가 생기는 것이다. 그리고 다른 브라우저 제조사는 almost-strict 모드라고 하는 예외적인 규칙을 반영할 수 있게 허용하고 있다. 이를 해결하기 위한 방법은 이미지를 띄우거나 이미지의 display 타입을 블록으로 바꾸어주는 것이다.

`working_with_ie/stylesheets/ie6.css`

```
#header img{
  display:block;
}
```

간단하게 수정할 수 있다. 이렇게만 하면 모든 것이 정확하게 정렬된다. 이 수정 방법은 IE6 스타일이 아닌 메인 레이아웃 스타일에 추가해도 되지만 IE6에서만 나타나는 문제이기 때문에 꼭 그럴 필요는 없다.

이렇게 해서 IE6에 대응하는 데 필요한 것들을 다루었다. 이제는 기대했던 대로 모든 것이 동작한다. 하지만 작업된 내용을 검토하고 IE6을 지원하기 위한 이런 노력이 가치가 있는지 고민해야 한다. 다음 번에 만드는 사이트는 좀더 복잡하고 좀더 많은 대응법이 필요할 수 있으며 지금과 다른 시장을 대상으로 할 수도 있다. 다음 번 프로젝트에서도 IE6에 대한 지원을 필요로 한다면 좀더 공통적인 이슈와 해결책에 익숙해져야 할 것이다.

15.6 인터넷 익스플로러 8

마이크로소프트는 웹 표준의 영역 내에서 일하고자 하는 개발자에게 좀더 다가서고 있다. 인터넷 익스플로러 8(IE8)은 개발자가 렌더링 모드를 선택할 수 있게 지원한다. IE8에서는 몇 가지 모드를 선택할 수 있는데 이를 통해 IE5에서 IE7까지 에뮬레이트해볼 수 있다. 마이크로소프트에 따르면 IE8 모드는 "업계 표준을 위한 가능한 최상의 지원을 제공하고 W3C CSS 레벨 2.1 스펙과 W3C 선택자 API, W3C CSS 레벨 3 스펙(워킹 드래프트)의 일부를 지원한다"고 한다. [12]

놀라운 소식이지만 한 가지 중요한 단점이 있는데 렌더링 모드에 doctype을 반영하지 않는다는 점이다. doctype은 나머지 브라우저에서 페이지를 어떻게 렌더링할지 결정하는 방법이다. 다행스럽게도 마이크로소프트는 doctype을 반영하는 IE8 에뮬레이션[13]이라고 하는 다른 모드를 추가했다. 표준 준수를 위해서는 IE8 렌더링 모드를 사용하고, quirks 모드를 만나면 IE5 모드를 사용한다. IE8에서 호환 가능한 목록을 다음 표에서 살펴보자.[14]

---

12 (옮긴이) 원서가 출판된 시점인 2009년 3월에 IE8이 출시되었고, 2년 뒤 2011년 3월 IE9이 출시됐다. IE9는 윈도 비스타 서비스팩 2 이상에서만 지원된다.
13 http://msdn.microsoft.com/en-us/library/cc288325(VS.85).aspx#
14 Source: http://msdn.microsoft.com/en-us/library/ms533876(VS.85).aspx

값	설명
IE=8	웹 페이지가 IE8 모드를 지원하며 IE8 standards 모드를 호출한다.
IE=7	웹 페이지가 IE7 모드를 지원하며 IE7 standards 모드를 호출한다.
IE=EmulateIE8	웹 페이지가 standards-based DOCTYPE이 지정되어 명시되어 있다면 IE8 모드를 지원하며 그렇지 않다면 IE5 모드(quirks 모드)를 지원한다.
IE=EmulateIE7	웹 페이지가 standards-based DOCTYPE이 지정되어 명시되어 있다면 IE7 모드를 지원하며 그렇지 않다면 IE5 모드(quirks 모드)를 지원한다.
IE=Edge	페이지를 보여주기 위해 사용되는 인터넷 익스플로러의 버전에서 가능한 가장 높은 모드를 지원한다. 이 옵션은 일반적으로 테스트 목적으로 사용한다.

IE8 지원을 처리하려면 HTML 문서 헤더에서 head 태그 바로 아래 다음 코드를 추가하면 된다.

`working_with_ie/index.html`

```
<!--[if IE 8]>
  <meta http-equiv="X-UA-Compatible" content="IE=EmulateIE8" >
<![endif]-->
```

문서 상단에 head 요소를 열고 나서 바로 이 태그를 배치했다는 것을 기억하자. 다른 스타일시트나 자바스크립트 포함 구문 이전에 가능하면 빨리 호환성 모드를 설정해야만 한다. 그래야만 CSS와 스크립트가 제대로 해석될 수 있다. 일단 이 수정안을 적용하고 나면 IE8은 적절하게 동작할 것이다. 이렇게 하면 인쇄 스타일에 사용한 고급 CSS 기능도 지원해준다.

접근 방식의 문제점

IE8부터 마이크로소프트는 결국 다른 브라우저들이 몇 년 전부터 가지고 있었던 몇 가지 표준을 지원하기 시작했다. 하지만 여전히 기본값으로 동작하지 않으며 모든 페이지의 콘텐츠에 적절하게 동작하기 위해서는 코드를 추가해야 한

다. 다행스럽게 메타 태그를 추가하는 것은 CSS나 자바스크립트를 구현하는
것보다 덜 복잡한 접근법이긴 하지만, 여전히 추가적인 작업을 필요로 하고 예
민한 사람이라면 이런 추가적인 마크업을 비웃을 것이다. 나 역시 이런 구현을
만족스럽게 생각하지 않지만 매번 스크립트를 조작하는 데 많은 시간을 빼앗기
기보다 한 줄짜리 태그를 선택할 것이다.

15.7 다른 브라우저

다른 브라우저에서 사이트가 어떻게 보이는지는 걱정하지 않아도 된다. 다행스
럽게도 Foodbox는 맥 사파리에서도 그림 15.4에서처럼 멋지게 보인다. 그리고
크롬에서 구글이 구현한 standards-compliant 렌더링 엔진을 통해서도 잘 보이
기 때문에 고칠 것이 없다(그림 15.3을 보자).

　이런 결과는 운이 좋아서가 아니라는 것을 이야기해주고 싶다. 웹 표준을 준
수하고 유효한 문서를 만들었기 때문이다. 그래서 인터넷 익스플로러에서 개발

그림 15.3 구글 크롬에서도 사이트가 멋지게 보인다.

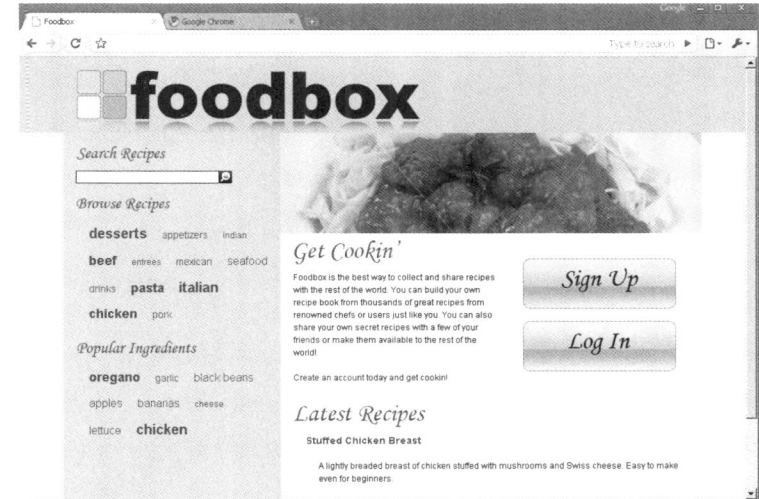

그림 15.4 사파리에서도 사이트가 멋지게 보인다.

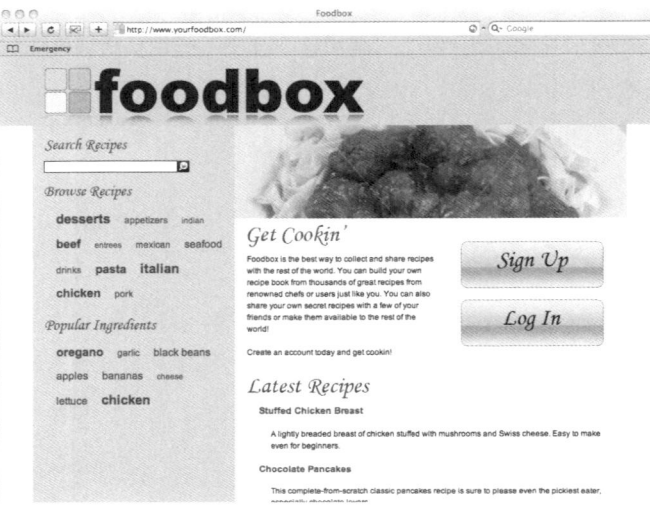

하는 데 시간을 소모하지 말아야 한다고 거듭 강조한 것이다. 대신에 표준을 따르는 브라우저에서 개발하고 나중에 규정을 벗어난 브라우저에 대한 부분을 수정해야 한다.

15.8 요약

여러 브라우저를 위한 사이트를 개발하는 것은 광범위한 사용자를 위해 중요하다. 그리고 이러한 해결 과정이 점점 쉬워진다는 점이 행복할 뿐이다. 표준을 선택한다면 일이 잘 풀릴 것이다. IE6이 점점 사라지고 IE7은 IE8로 대체가 되면 다양한 브라우저 사이의 차이는 점점 적어질 것이다. 개발자를 위해서도 좋은 소식이고 사용자에게도 좋은 소식이다.

16장

접근성과 사용성

다양한 사용자를 고려해야 한다. 색맹 사용자가 사이트를 잘 사용할 수 있는가? 시각 장애가 있는 경우는 어떠한가? 물리적으로 마우스를 쓰기 힘든 경우에는 어떠한가? 태그 클라우드에 있는 링크가 너무 가깝게 붙어 있다면 근육 장애를 가진 사용자는 이를 클릭하기가 무척 어렵지 않을까?

그리고 인터넷 접속 환경이 느린 사람들은 어떠한가? 제공되는 페이지가 열악한 환경에서도 빠르게 보일 수 있는가? 휴대전화와 같은 모바일 장치에서 사이트는 어떻게 동작하는가?

접근성과 사용성이라는 용어는 종종 애플리케이션 개발자에게 낯선 단어다. 최근까지 이에 대한 주제는 대중적이지 않았다. 이번 장에서는 모두를 위한 사이트로 향상시킬 수 있는 방법을 이야기할 뿐 아니라 여러 사용자를 만나면서 생길 수 있는 다양한 유형의 문제점을 알려줄 것이다.

16.1 접근성은 당신에게 어떤 의미인가?

웹 개발자들과 이야기할 때마다 접근성이라는 용어를 들으면 무슨 생각이 드는지 물어보곤 한다. 흥미롭게도 것은 질문에 대한 반응이 제각각이라는 점이다. 몇몇은 무엇을 의미하는지 전혀 모르고 있었고 다른 이들은 장애인들을 위한 접근만을 생각하고 있었다. 사실 접근성은 이보다 훨씬 포괄적인 의미이며 일반적인 접근법을 말한다.

사용하는 인터랙션 수단에 관계없이 누구나 보고 이용할 수 있는 접근 가능한 애플리케이션이나 웹사이트를 고려해야 한다. 여기에는 보조공학기술 뿐만 아니라 오래된 컴퓨터나 느린 인터넷 접속, 휴대전화, PDA, 게임기기 등이 포함된다. 모든 플랫폼에서 사이트가 동일하게 동작하지 않더라도 정보를 검색하거나 문서를 읽고 물건을 구입하는 것과 같은 기본적인 목적은 달성할 수 있어야 한다.

자바스크립트가 사용가능할 때만 사이트가 동작한다면 접근 가능한 것이 아니다. 모든 기기에서 모든 사용자가 자바스크립트를 사용할 수 있는 것은 아니다. 그리고 모든 브라우저가 자바스크립트를 동일한 방법으로 다루지도 않는다.

사용자가 플래시를 설치해야 한다면 아무리 메뉴의 애니메이션이 보기 좋다고 하더라도 접근 가능한 것이 아니다. 플래시가 동작하지 않는 아이폰에서 사용자가 메뉴 아이템을 클릭할 수 없다면 당신은 잠재적인 고객을 잃어버리게 된다.

사이트에 그래픽이 너무 많다면 인터넷 환경이 느린 사용자는 사용하기 어려우며 접근할 수도 없다.

사이트를 매력적이고 사용하기 편리하며 경쟁력 있게 만들기 위해서는 플래시나 자바스크립트를 사용해야 한다는 게 대다수 개발자들의 주장이다. 물론 근거 있는 주장이다. Gmail을 Ajax 없이 사용한다면 강력한 기능을 사용하기는 힘들 것이다. 하지만 Ajax 없이도 서비스 사용은 가능하다. 구글은 서비스를 사용 불가능하게 만들기보다는, 사용하기가 어렵긴 하지만 충분히 동작하도록 만들었다.

지금 만들고 있는 사이트도 모든 이들이 읽을 수 있고 사용할 수 있어야 한다. 멋지게 보이고 매끄럽게 동작하지는 않더라도 사용자의 일을 마칠 수 있게 해주어야 한다.

16.2 기본적인 접근성 이슈

이번 절에서는 기본적인 접근성 이슈를 다룬다.

시각 장애가 있는 사람

시력을 완전히 잃은 사람들은 주로 스크린 리더라고 하는 소프트웨어에 의존한다. 스크린 리더는 페이지의 텍스트를 사용자에게 디지털화된 음성으로 읽어주는 특별한 소프트웨어다. 일반적으로 많이 사용하는 JAWS를 포함해 몇 가지 스크린 리더 소프트웨어가 있으며 지원하는 정도에 따라 각각 장단점이 있다.

스크린캐스트, 비디오, 투어

수많은 새로운 사이트가 애플리케이션 스크린샷이나 비디오로 일종의 데모를 제공하고 있다. 이러한 데모나 스크린캐스트를 디자인할 때 시각 장애가 있는 사람들에게 얼마나 유용할지 생각해 보아야 한다. 스크린캐스트에 해설 트랙을 추가하려 한다면 TV에서 스포츠 아나운서가 하듯 화면에서 어떤 일이 일어나고 있는지 설명해주어야 한다. "여기를 클릭하세요"가 아니라 "새로운 레시피 링크를 선택하세요"라고 말하라는 것이다. 설명을 추가하면 시각 장애가 없는 사용자에게도 무척 도움이 된다.

동일한 규칙은 이미지에도 적용된다. 설명을 서술적으로 풀어내면 많은 사용자들이 행복해질 수 있다.

색상

사용자가 볼 수 없다면 웹사이트에 사용된 색이 어떤 것인지 확실하게 알 수 없다. 앞에서는 한 개 장을 할애하여 색이 사용자의 감정을 자극하는데 사용할 수 있다는 이야기를 나누었다. 불행하게도 이런 기법은 시각 장애가 있는 사용자에게는 적용되지 못한다. 따라서 다른 방법으로 그들에게 중요한 정보를 전할 수 있는 방법을 찾아야 한다. 예를 들어 폼 전송 시 에러를 색으로만 표시했다면 폼의 상단에 문제가 되는 항목의 목록을 나열하고 설명하는 방법도 고려해야 한다. 추가로 이런 요소를 strong이나 em 요소로 강조해도 좋다. 대부분의 스크린 리더 도구는 콘텐츠가 이런 요소로 마크업되어 있다고 알려주어 주의를 기울일 수 있게 한다.

대체 텍스트 요소

9.4절의 사이드바에서 alt 속성을 짧게 다루어봤다. 이는 접근성을 제공하는 사이트를 만드는 잘 알려진 방법 중 하나지만 잘못 사용하면 스크린 리더 사용자를 매우 성가시게 할 수 있다.

alt 속성의 목적은 이미지에 대한 서술적인 콘텐츠 정보를 제공하는 것이다. 불행하게도 많은 웹 개발자들은 alt 속성을 채우기에 급급하여 임의적인 내용을 채우거나 더 나쁜 경우는 파일명을 다시 쓰기도 한다.

스크린 리더를 사용하는 대부분의 사람들은 '항목 표시'나 '확인란', '빨간 스웨터를 입은 여자'에 관심을 가지지 않는다.

페이지에 장식만을 위한 이미지를 사용하고 있다면 alt 속성을 빈칸으로 두어도 좋을 것이다.

```
<img src="/images/circle.gif" alt="">
```

더 좋은 해결책은 순수하게 미적인 요소로 사용되는 아이템은 스타일시트로 옮겨서 처리하고 HTML 문서에는 콘텐츠로 사용되는 이미지만을 남겨놓는 것이다. 예를 들어 목록에 사용되는 이미지는 CSS에서 다음과 같이 적용할 수 있다.

```
ul{
   list-style-image: url("/images/circle.gif");
}
```

하지만 사용자들은 이미지 안에 포함된 글자나 그래프에 표시된 국가별 상품의 사용률은 듣고 싶어한다. 이미지 내의 콘텐츠를 대체할 텍스트를 설정하지 않으려면 빈칸으로 남겨두어야 한다. 빈칸이더라도 alt 속성은 반드시 적용해주어야 한다. 대부분의 스크린 리더는 alt 속성이 빈칸이어야만 해당 이미지를 무시한다.

마지막으로 대체 텍스트에 "~의 이미지"라고 쓰지 말자. 스크린 리더가 alt 속성을 읽으면서 해당 콘텐츠가 이미지라는 것을 알려주고 있어 중복된 표현이 될 수 있다.

그래프와 차트

차트와 그래프에 설명을 제공하지 않는다면 시각 장애가 있는 사용자에게는 아무런 가치가 없다. 앞에서 이야기한 alt 속성과 함께 img 태그는 longdesc라고 불리는 속성을 지원한다. 이 속성은 그래프나 차트를 설명하는 데 사용할 수 있다. 내용이 복잡하다면 수치를 설명하는 것이 모든 사용자에게 도움이 된다.

철자와 문법

스크린 리더는 페이지의 텍스트가 읽기 쉬울 때 가장 잘 동작한다. 콘텐츠를 작성할 때 잘 정리되도록 하고 철자가 틀리거나 문법이 잘못되지 않게 주의를 기울여야 한다. 스크린 리더는 보이는 대로 발음하게 되는데 이는 문법이나 구조에 중요한 영향을 미친다. 똑같은 방법으로 쓴 단어라고 할지라도 다르게 발음될 수 있다. read라는 단어가 그렇다. Read the previous sentence aloud and then laugh at what you read. 이 문장에서 어떤 read를 가리켰을까? 하나는 reed라고 들리고 하나는 red로 들린다.[1] 이건 알 수 없는 일이다. 문장 구조에

> ### 교정을 위한 규칙
>
> 가인적으로는 지금 보고 있는 이 책을 비롯해 내부 문서나 블로그에 글을 많이 쓰고 있다. 그리고 그만큼 실수를 많이 한다. 실수를 되돌아보면서 교정에 대한 전략을 세울 수 있었다. 지속적으로 적용한다면 매우 효과적인 방법이다.
>
> 먼저 내용을 큰소리로 읽는다. 웃음이 나지 않는다면 망치지는 않은 것이다.
>
> 두 번째로 문장을 거꾸로 읽어본다. 전후 맥락을 무시하며 읽어보면 철자가 틀리거나 중복된 단어가 눈에 띌 수도 있다.
>
> 마지막으로 누군가에게 콘텐츠를 큰 소리로 읽어달라고 요청한다. 이것은 매우 중요한 과정이다. 콘텐츠의 내용을 귀로 들어볼 수 있고 읽은 이가 어떻게 느끼는지에 대한 피드백을 받을 수 있다.

---

1 (옮긴이) read(읽다)는 현재형과 과거형의 철자가 동일하지만, 발음은 [riːd]와 [red]로 서로 다르다.

신경을 쓰지 않으면 스크린 리더도 신경을 쓰지 못한다. 스크린 리더가 나름 대로 문장의 시제와 맥락을 최대한 파악하려 하겠지만 올바른 문법과 철자를 쓰는 것은 당신에게 달려있다.

각 단어의 철자를 정확하게 사용하는 것도 중요하다. 실수로 단어에서 글자 하나가 빠진다면 스크린 리더가 읽기에 얼마나 어려울지 상상해보자.

마지막으로 구두점도 중요한 부분이다. 쉼표나 마침표, 다른 구두점 표기에 주의를 기울이자. 일부 스크린 리더는 여러 종류의 구두점에 따라 음성의 억양 이 달라진다. 예를 들어 스크린 리더에서 마침표를 만나면 잠시 멈추는데, 이는 문장을 이해하는 데 도움이 된다.

팁을 제시하자면 컴퓨터에서 먼저 콘텐츠에 대한 철자를 확인하고 다른 이에 게 교정을 부탁한다. 외부에서 콘텐츠를 쓸 수 있다면 더 낫겠지만 그런 경우에 도 철자에 문제가 있는지 확인해야 한다. 외주 업체에서 콘텐츠를 작성했더라 도 오타나 문법 오류, 맞춤법에 문제가 생긴다면 당신을 비난할 것이다.

자바스크립트와 Ajax

자바스크립트와 Ajax를 사용하면 개발자는 좀더 다채로운 사용자 인터페이스 를 만들 수 있다. 예를 들어 몇 가지를 조합하면 사용자가 다른 양식으로 넘어 가지 않고 즉시 편집하는 기능을 제공할 수 있다. 사용자가 입력하는 데이터에 따라 페이지의 특정 영역을 보이거나 감출 수 있으며, 일반적인 팝업 창 대신에 콘텐츠나 페이지를 담고 있는 가벼운 박스 형식의 가상 팝업 창을 구현할 수도 있다.[2]

하지만 문제는 대부분의 스크린 리더가 자바스크립트와 Ajax의 일부 기능만 을 지원하고 있으며 소수의 스크린 리더만이 기능이 잘 동작하게 지원한다는 점이다. 이 때문에 페이지에 어떤 변화가 있는지 스크린 리더가 정확하게 말하기 힘든 경우가 많이 생긴다. 그래서 사이트를 개발할 때 모든 기능은 자바스크립 트 없이 동작하게 해야 한다. 그리고 나서 원하는 자바스크립트 기반의 기능을

---

2 http://www.huddletogether.com/projects/lightbox2/

추구한다. 이런 식으로 기능을 점진적으로 향상(progressive enhancement)시켜야만, 기능을 적절히 퇴보(graceful degradation)시킬 수도 있다. 나중에 하겠다고 미뤄두면 생각보다 어려워질 것이다.

예를 들어 Ajax를 적용해서 양식을 전송하는 기능을 생각해보자. 일반적인 전송 방식으로 양식을 보내도록 만들기는 쉬울 것이다. 그리고 나서 자바스크립트를 사용해 폼을 우아하게 수정하고 Ajax 요청을 처리할 수 있게 한다. 그리고 나서는 서버사이드 코드를 사용해서 일반적인 요청인지 Ajax 요청인지를 확인한다. 일반적인 요청인 경우에는 새로운 페이지를 보여주고 Ajax 요청인 경우에는 기존 페이지의 콘텐츠를 수정한 자바스크립트 응답을 돌려준다. 이렇게 구현하는 것은 그리 오래 걸리지 않으며 좀더 많은 사용자가 사이트를 이용할 수 있게 한다.

사이트가 어떻게 동작하는지 확인하려면 몇 가지 다른 버전의 스크린 리더 소프트웨어에서 테스트해보아야 한다. 스크린 리더 개발 업체는 사용자가 웹을 사용하기 쉽게 만들도록 작업하고 있다.

사이트를 만들 때 이런 일들을 염두에 둔다면 사용자 별로 적합한 콘텐츠를 제공할 수 있을 것이다. 긴 설명을 포함한 이미지를 제공하면 사용자는 그래프를 더 잘 이해할 수 있다. 문법과 맞춤법 검사는 어찌됐든 해야 하는 일이다. 사용자 인터페이스의 단계적 기능 축소는 덜 정교한 브라우저에서도 애플리케이션이 동작할 수 있게 한다. 요즘은 휴대전화로도 웹을 이용할 수 있는데, 최신 기술이 적용된 일부 사이트는 전혀 동작하지 않기도 한다.

구글드 역시 시각 장애인

이런 사실은 잊기 쉬운데 구글이나 다른 검색 엔진은 시각 장애 사용자가 스크린 리더 소프트웨어를 이용하는 것과 동일한 방식으로 웹 페이지를 해석한다. 비디오나 이미지, 그래프, 플래시와 같은 특정 콘텐츠는 해석되지 않는다. 이런 사이트 구조는 다른 사용자에게도 문제를 일으킬 수 있다.

사이트에 대한 접근성 테스트로 권장하는 한 가지 방법은 Lynx와 같은 텍스트 기반 브라우저를 사용하는 것이다(그림 16.1). 또는 브라우저에서 모든 CSS,

그림 16.1 텍스트 기반 브라우저 LYNX에서 본 FOODBOX

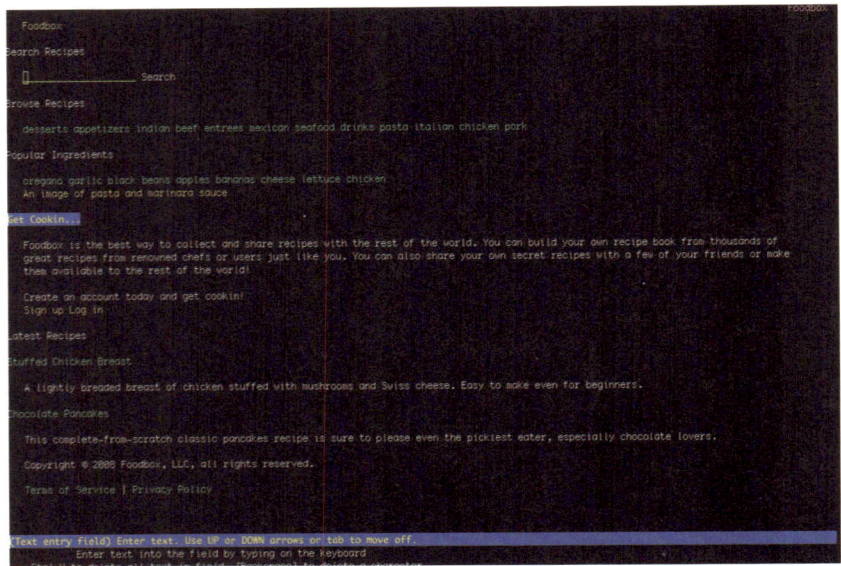

자바스크립트, 이미지 기능을 꺼놓는 것이다. 사이트를 돌아보면서 접근성의 관점에서 어떤 부분이 좋고 나쁜지에 대한 아이디어를 얻을 수 있을 것이다. 그리고 또한 검색 엔진이 사이트를 어떻게 해석하는지 조금은 알 수 있을 것이다.

색맹 사용자

중요한 정보를 전달하는 데 색을 사용했다면 색맹 사용자가 사이트를 이용하기가 어렵다. 색맹 사용자는 특정 색 간의 차이를 구분하기 어려워 한다. 예를 들어 대부분의 색맹 사용자는 녹색 혹은 검은색과 섞여 있는 빨간색을 구분하지 못한다.

차트나 그래프 등 사이트에서 읽을 수 있는 모든 영역에서 색상 대비가 확실한지 주의해야 한다. 예를 들어 검은색 배경에 빨간색 텍스트는 색맹 사용자에게 거의 보이지 않는다.

그림 16.2 적색맹 사용자의 눈으로 본 FOODBOX

적색맹과 녹색맹

적색맹과 녹색맹은 가장 일반적인 색맹의 두 유형이다. 이 사람들은 빨간색과 녹색을 구별하는 데 어려움을 겪는다.

그림 16.2에서 Foodbox 사이트가 적색맹 사용자에게 어떻게 보이는지 확인할 수 있다. 미트볼에 있는 빨간색 소스가 거의 어두운 회색으로 보이고 사이트의 나머지 부분은 고동색으로 보이는 것을 알 수 있다. 빨간색이 적색맹에게 매우 어둡게 보이므로 디자인에서 이런 색상을 어떻게 사용해야 할지 생각해보아야 한다.

녹색맹은 적색맹과 비슷하지만 빨간색과 녹색이 종종 동일한 색상으로 보인다. 그림 16.3에 보이는 것처럼 녹색맹으로 힘들어하는 이들에게는 매우 다르게 보인다.

청황색맹

청황색맹은 매우 드문 경우로 노란색과 파란색이 사실상 구분이 되지 않는다. 그림 16.4에 보이는 것처럼 이런 사용자에게 우리가 만든 사이트는 거의 분홍색

그림 16.3 녹색맹 사용자의 눈으로 본 FOODBOX

그림 16.4 청황색맹 사용자의 눈으로 본 FOODBOX

으로 보이게 된다.

시력 장애가 있는 사람들

시력 장애가 있는 사람들은 사물이 뚜렷하게 보이지 않는다는 독특한 어려움을 겪고 있으며, 증상이 분명하게 드러나지 않는 편이다. 시력 장애가 있는 사용자는 ZoomText나 OS X에 내장된 확대 기능과 같은 확대 소프트웨어를 사용한다. 그래서 글꼴의 크기와 관련해서는 특별히 중요하게 여기지 않아도 괜찮다. 하지만 매우 작은 글꼴은 피해야 한다.

확대 도구에도 문제는 있다. 시력 장애가 있는 사용자는 그들이 확대한 영역에 집중하면서 확대된 창 바깥쪽에 있는 콘텐츠는 잊어버린다. 두루마리 휴지심으로 컴퓨터 스크린을 보고 있다고 상상해보자. 모든 것을 보기 위해서는 휴지심을 이리저리 움직여야 하는데 이렇게 하면 디자이너가 의도한 전체적인 모습을 볼 수 없을지도 모른다. 개발자는 사용자가 접근성 도구를 어떻게 사용할지 제어할 수 없다. 그럼 이 문제를 어떻게 대처해야 할까? 사용자가 확대 기능을 사용하지 않도록 사이트를 만들어야 한다.

시력 장애가 있는 사람들 중 특히 노인들은 별개의 사이트를 원하지 않는다. 장애가 있는 다른 이들과 마찬가지로 일반인과 동등하게 취급되기를 원하며, 지속적인 업데이트가 일어나지 않는 별개의 사이트가 만들어질 것을 두려워 한다. 나도 몇 번 비슷한 경험을 했는데 매우 좌절감을 주는 일이다.

화면 확대 시스템과 같은 보조 기술을 일상적으로 사용하는 사용자를 대할 때 조언해 줄 수 있는 것은 확대에 대한 걱정을 하지 말라는 것이다. 오히려 콘텐츠의 중요한 부분을 어떻게 유지할 것인지를 고민해야 한다. 도구가 필요한 사람들은 이미 확대 시스템을 사용하고 있다. 웹으로 넘어오면 IE7, 파이어폭스, 오페라와 같은 브라우저는 전체 페이지를 확대할 수 있는 기능을 제공하고 있으며 맥이나 PC에서 전체 스크린 확대 소프트웨어를 사용하게 되면 브라우저만이 아니라 전체 작업공간을 확대할 수 있다.

청각 장애가 있는 사람들

웹은 주로 시각적인 매체이지만 사이트 기능을 보여주거나 정보를 공유하는 데
비디오를 사용하는 웹사이트가 많아지고 있다. 청각 장애가 있는 사용자도 비
디오를 볼 수 있다. 하지만 제공되는 비디오나 스크린캐스트에 대본이나 설명,
자막이 없다면 제대로 된 정보를 알 수 없다. 팟캐스트를 운영하고 있다면 프로
그램의 대본을 클릭 가능한 링크로 제공하는 것을 고려해야 한다. 그렇게 하면
청각 장애가 있는 사용자도 팟캐스트의 콘텐츠를 공유할 수 있다.

고령층, 재향군인, 2차 대전 이후의 베이비붐 세대뿐 아니라 젊은 층에서도 듣
기에 어려움을 가진 사람의 비율이 놀랍게 증가하고 있다.[3] 따라서 이런 사용자
를 무시하지 말아야 한다. 오디오를 포함한 비디오 클립을 제공한다면 오디오
는 적절한 음량으로 제공되어야 하며 낮은 음량에서도 듣기에 충분한 수준을
유지해야 한다. 이렇게 하면 사용자가 원하는 수준으로 만족스럽게 음량을 조
정할 수 있다.

근육 장애와 마우스를 사용하지 않는 경우

우리는 컴퓨터를 일상적으로 사용하기 때문에, 우리가 제공하는 서비스와 제품
의 사용자가 우리와 같은 조건에서 사용하지는 않는다는 사실을 종종 잊곤 한
다. 예를 들면 어떤 사용자는 손이 없거나 마우스를 조작하기 힘든 신체 장애
때문에 마우스 대신에 대체적인 입력 수단을 사용해야 한다. 물론 시각 장애 사
용자도 마우스를 사용하지 않는다.

이런 사용자는 어떻게 웹을 다룰까? 특별한 튜브를 사용해 숨을 내뱉거나 들
이마심으로써 포인터를 조작하기도 하고, 키보드에 전적으로 의존하기도 한다.
그리고 개발자들도 마우스를 사용하기보다 키보드 단축키를 더 선호한다는 사
실도 잊지 말자.

키보드를 사용하는 경우에는 키보드 단축키나 탭에 의존하고 있으므로, 그

---

3 보청기 업체인 미라클이어는 "최근 대학 졸업자의 15%가 그들의 부모보다 듣기에 어려움을 가진다"는
  통계를 발표했다.

들처럼 사용하려고 시도해보자. 사이트를 키보드만으로 탐색해보면서 만나게
되는 문제점을 기록한다. 슬라이더 컨트롤을 사용하고 있다면 사용자가 직접
값을 입력할 수 있는 대체 방법을 제공해야 한다. 사용자가 텍스트 영역을 클릭
해야 활성화되는 특별한 에디터를 사용하고 있을 수도 있다. 결론은 간단하다.
애플리케이션이 마우스의 사용에만 의존하지 않게 해야 한다.

마지막으로 제발 부탁인데 '여기를 클릭하세요'와 같이 클릭이라는 말을 사
용하지 말자. 이런 표현은 은연 중에 사용자가 마우스를 사용한다고 전제하는
불필요한 표현이다. 예를 들어 '더 많은 정보는 여기를 클릭하세요' 링크는 '더
많은 정보'로 바꾸는 편이 적절하다. 좋은 사용성을 만드는 규칙에서는, 사용
자가 추가 정보에 접근할 수 있는 방법을 명확히 하라고 말한다. 개인적으로 사
람들이 '여기를 클릭하세요' 같은 문장을 사용하는 이유는 다른 곳에서도 그렇
게 사용하는 것을 보았기 때문이라고 생각한다. 여러분부터 이 악순환의 고리
를 끊어주길 바란다.

16.3 모두를 위해!

접근성 있는 사이트는 이를 사용하기 원하는 누구나 사용 가능해야 한다. 사이
트에 자바스크립트나 플래시, 실버라이트 기술을 너무 많이 사용했다면, 사용
자가 그런 기술을 사용할 수 없는 상황에서 사이트를 어떻게 다룰 수 있을지 생
각해야 한다. 경쟁 상대가 있는 상황에서 새 애플리케이션을 만들면서, 최소 공
통 분모에서 시작해야 한다고 강박을 가질 필요는 없다. 하지만 어쨌든 가능한
모든 사용자가 접근할 수 있도록 노력은 해야 한다.

이 글을 쓰는 시점에서 가장 즐겨 찾는 사이트 중 하나는 훌루(Hulu)다.[4] 훌
루에서 동영상을 재생하려면 플래시를 사용해야 한다. 불행하게도 아이팟에서
는 아직 플래시를 지원하지 않기 때문에 볼 수가 없다. 반면 동영상 재생에 플래
시를 사용하는 유튜브는 아이폰이 런칭되면서부터 아이팟과 아이폰에서 동영

---

4 http://www.hulu.com/

상을 볼 수 있게 만들었다. 홀루가 플래시를 사용하는 것은 좋은 선택이다. 플래시는 퀵타임이나 윈도 미디어보다 더 많은 기기와 플랫폼에서 사용 가능하다. 하지만 유튜브가 플래시를 사용하지 않는 장치에서 동영상을 볼 수 있게 했다면 홀루도 할 수 있다.[5]

물론 홀루가 아이팟에서 어떻게 동영상을 재생하게 할 것인지에 대해 아직 언급하지 않았지만, 이 사례는 기술의 선택에 따라 사용자가 일부 떠날 수도 있다는 것을 보여준다.[6] 얼마나 호화롭고 새로운 기술을 구현하든지 그것이 사용자의 다양한 환경에 어떻게 영향을 미칠지 고려해야 한다.

내비게이션

웹사이트나 웹 애플리케이션을 망치는 가장 쉬운 방법 중 하나는, 사용자가 사이트를 탐색하는 능력을 아무 생각 없이 제한하는 것이다. 내비게이션은 매우 중요하다. 내비게이션에 풀다운 메뉴를 사용하려고 계획했다면 풀다운 메뉴 내의 목록을 다른 방법으로도 사용할 수 있어야 한다. 구식 브라우저나 스크린 리더의 사용자는 메뉴를 아래로 보이게 할 수 없고 최상위 메뉴 아이템만 볼 수 있을 것이다. 이를 처리할 수 있게 최상위 메뉴 아이템에 대한 랜딩 페이지들을 만들 수 있다. 각 랜딩 페이지는 하위 메뉴에 나타나는 링크를 포함한다. 여분의 페이지들을 준비하는 것이 수고로워 보이지만 접근성을 지원하는 것 외에도 사이트 내에 적절한 키워드와 콘텐츠를 확보할 수 있다.

메뉴 시스템에 플래시를 사용한 사이트를 수없이 봤다. 대부분의 가정용 PC에 플래시가 설치되어 있다고 하더라도 이런 기법은 스크린 리더나 모바일 폰, PDA 브라우저 사용자에게 문제가 생길 수 있다. 웹사이트를 탐색할 때 사용자가 어떤 것도 내려받거나 설치할 필요는 없어야 한다. 내비게이션에 플래시를 사용하지 말라고 이야기하지는 않겠지만 플래시 없이 사이트를 탐색하는 데에도 어려움이 없어야 한다.

---

5 여기에는 법적인 문제도 있다.
6 (옮긴이) 홀루는 2010년 6월부터 홀루 플러스라는 별도의 유료 서비스를 제공해 아이폰과 아이패드에서 동영상 서비스를 제공하고 있다.

> **김대리가
> 묻습니다**
>
> ### 플래시는 접근성을 제공하고 있지 않나요?
>
> 어도비에 문의한다면 제공하고 있다고 할 것이다. 개발 도구에 접근성 기능을 통합시
> 키기 위해 매크로미디어를 합병한 이후 어도비도 접근성에 많은 부분을 투자하고 있
> 다. 하지만 플래시 무비에 접근성을 제공한다는 것은 전적으로 콘텐츠를 만드는 사
> 람이 설정을 해주어야 한다. 게다가 스크린 리딩 소프트웨어가 제대로 동작하지 않을
> 수도 있고 일부 플랫폼에서는 플래시를 지원하지 않을 수도 있다. 플래시를 사용할
> 계획이라면 이를 테스트해 줄 누군가가 필요하다. JAWS나 Window-Eyes의 체험판
> 을 구해서 설치해보고 사이트에서 어떻게 동작하는지 확인해보자. 새로울 것은 없지
> 만 테스트해보고 테스트해보고 테스트해보아야 한다.

오류 처리

애플리케이션에서 오류 메시지를 어떻게 보여주고 있는가? 팝업 상자를 사용한
다면 근육 장애가 있는 사용자가 그것을 클릭해서 사라지게 하는 데 어려움을
겪을 수 있다. 오류를 표기하는 데 빨간색 등으로 글꼴을 꾸민다면 색맹 사용
자가 메시지를 인지하지 못할 수 있다. 사용자의 입력 값을 검증하는 데 Ajax를
사용한다면 일부 스크린 리더 소프트웨어에서 변경된 내용을 확인할 수 없다.
그럼 어떤 대안이 있을까?

루비온레일스에 내장된 스캐폴딩에서 어떻게 폼의 유효성을 적절하게 다루
는지 최고의 예제를 찾아볼 수 있다. 사용자가 잘못된 데이터를 입력하면 폼은
빨간색으로 희미하게 채워져 나타나고, 페이지에는 오류를 포함된 필드 목록
을 보여주는 새로운 영역이 표시된다. 메시지에는 문제에 대한 간략한 설명도
포함된다. 스캐폴딩은 또한 오류가 발생한 폼 필드 각각을 빨간색으로 표시한
다. 색맹 사용자는 빨간색 텍스트는 볼 수 없지만 페이지에 표시된 오류 메시지
영역은 찾을 수 있을 것이다. 그리고 관련된 폼 필드를 둘러싼 두꺼운 경계선도
확인할 수 있다.

이런 방식은 폼 필드 옆에 잘못된 데이터를 표시하는 형식으로 좀더 발전했
다. 문제가 발생했을 때 색만 가지고 표현하지 않기 때문에 여전히 적절한 접근

방식이다.

크로스 브라우저 테스트

15장 「인터넷 익스플로러와 다른 브라우저 다루기」에서 멀티 브라우저에서 사이트가 동작하는 것은 테스트했다. 유사한 맥락에서 19장 「모바일 디바이스를 위한 디자인」에서 모바일 디바이스에서 어떻게 동작하는지를 다룰 것이다. 이번 장에서는 크로스 브라우저 호환성이 일반적인 접근성에 있어서 큰 부분을 차지한다는 사실 외에는 더이상 다루지는 않을 것이다. 궁극적인 목표는 가능한 많은 사람이 참여하게 하는 것이다.

16.4 심각한 비즈니스 문제

경쟁적인 시장에서 사이트를 만들 때는 웹 페이지를 만드는 능력과 애플리케이션에 대한 사용자의 접근성이 충돌하곤 한다. 애플리케이션을 경쟁력있게 만들려면 최첨단의 기술과 혁신적이고 상업적이며 매력적인 요소가 필요하다. 그러다 보면 접근성에 취약한 기술을 사용하기도 한다. 다른 이들과 경쟁도 해야 하고 지금 당장 애플리케이션을 사용할 수 있는 시장의 90퍼센트도 공략해야 한다.

어찌되었든 처음부터 접근성을 고려해야 한다. 물론 클라이언트에게는 사이트를 오픈하고 사용자를 모으는 것이 중요하다는 사실을 이해한다. 하지만 사이트를 먼저 만들고 나중에 접근성을 추가할 수 있다고 생각한다면 큰 오산이다. 일단 사이트의 사용자가 많아지면 새로운 기능을 선보여야 하고, 처리해야 할 새로운 문제를 만나게 된다. 접근성은 테스트 주도 개발과 같다. 처음부터 시작하지 않는다면 하기 싫어지면서 결코 진행할 수 없다. 접근성을 계획에 포함시킬 수 없는 상황이라면 마땅히 해야 할 일이라는 것을 이해관계자가 이해할 수 있도록 수익과 관련된 용어로 표현해 줄 필요가 있다. 이해관계자에게 접근성의 중요성을 수용하지 않는다면 얼마나 많은 목표 시장을 잃어버릴 수 있는지 이야기해 준다. 아마도 이해관계자가 상상했던 수익 이상일 것이다.

> 김대리가
> 묻습니다
>
> ### 접근성이 그렇게 중요하다면
> ### 왜 구현 과정에서 지금까지 다루지 않았는가?
>
> 아주 좋은 질문이다. 지금까지 접근성과 관련된 주제를 다루지 않았던 것은 이 책에서 다루어야 할 내용이 너무 많았고, 이 책이 접근성에 대한 책이 아니기 때문이다. 하지만 이미 많은 부분에서 대체 텍스트, 입력 값 검증, 시맨틱 마크업, 난독증, 색과 관련된 문제를 포함해 접근성과 관련된 주제를 다뤘다. Foodbox 사이트는 처음부터 이런 문제를 고려해 설계되었기 때문에 접근성 기능을 구현하기가 어렵지 않다. 다음 번에 만드는 사이트에서도 이번 장에서 다루었던 내용을 개발 초기의 고려사항에 포함시켜야 할 것이다.

정부 부처나 대학, 공립학교의 프로젝트를 진행한다면 해당 기관이 구매할 수 있는 기술을 명시한 법 조항을 알아두어야 한다. 일부 정부 부처에서는 재활법 508조[7]를 준수하지 않는 애플리케이션을 구매하지 못하게 되어 있다. 목표 시장이 이런 기관을 포함하고 있다면 당신의 제품을 사용할 수 있게 만들어야 한다.

가이드라인과 어떤 영향을 미치는지에 대한 좀더 자세한 정보는 http://www.section508.gov/를 방문해서 확인할 수 있다. 가이드라인을 따르게 되면 접근성이 높은 웹사이트와 애플리케이션을 만들 수 있을 것이다. 실제 장애가 있는 사용자와 같이 작업할 때 W3C의 가이드라인보다 정부의 가이드라인이 좀더 도움이 됐다.[8]

16.5 사이트의 접근성 향상시키기

Foodbox는 구조화되었기 때문에 텍스트 기반 브라우저에서 보더라도 사이트가 적절하게 보일 것이다. 하지만 스크린 리더를 사용하는 시각 장애가 있는 사용자(또는 스타일시트를 지원하지 않는 모바일 사용자)는 사이트 콘텐츠나 회

---

7 (옮긴이) 재활법 508조는 장애가 있는 어떤 사람이라도 정보에 접근할 권리가 있음을 명시한 미국 정부의 가이드라인이다.

8 (옮긴이) 국내에서는 장애인차별금지법이 해당 가이드를 제시하며 웹 콘텐츠 제작에 있어서는 KWCAG 2.0이 국가표준으로 2010년 12월 31일 확정됐다. 다음 링크를 참조하자. http://www.wah.or.kr/Board/brd_view.asp?page=1&brd_sn=4&brd_idx=625

원 가입을 확인하려면 상당히 많이 스크롤을 내려야 한다. 검색 상자와 태그 클라우드도 마찬가지다.

내비게이션을 거치지 않고 바로 이동할 수 있는 링크를 만들면 이런 짜증나는 일을 넘어갈 수 있다. 이런 링크는 main과 print 스타일시트에서는 감추기 때문에 일반적인 사용자는 볼 수 없지만 스크린 리더 소프트웨어는 이를 확인시켜준다.

건너뛰기 링크 추가하기

index.html 파일을 열고 배너 이미지 바로 아래에 굵은 코드 부분을 추가한다.

```
accessibility/index.html
```

```
<div id="header"> <!-- start of header -->
  <img src="images/banner.png" alt="Foodbox">
  <ul id="skiplinks" class="noprint">
    <li><a href="#main_text" accesskey="0">콘텐츠 건너뛰기</a>
  </ul>
</div> <!-- end of header -->
```

콘텐츠 건너뛰기 링크는 페이지 메인 텍스트 영역을 참조한다. 섹션에 id 속성을 추가하면 매우 쉽게 접근성 있는 내비게이션을 만들 수 있다.

단축키

콘텐츠 건너뛰기 링크에 또 다른 속성이 있는 것을 보았을 것이다. accesskey 속성이다.

이 속성은 사용자가 링크나 버튼, 폼 필드를 활성화하는 데 사용할 수 있는 키보드 단축키를 지정할 수 있게 한다. 스크린 리더를 사용하는 사용자에게 중요한 기능일 뿐 아니라, 마우스를 사용할 수 없거나 사용하고 싶지 않은 사용자에게도 도움이 된다. 물론 코드 내에서 이런 목록을 쉽게 찾을 수 없기 때문에 사용자에게 이런 단축키가 있다는 것을 알려주어야 한다.

언뜻 보기에는 0을 선택한 이유가 궁금할 것이다. 콘텐츠 건너뛰기 링크에 0을 지정한 것은 모바일폰(피처폰이나 쿼티 자판을 가진) 사용자가 쉽게 접근할 수 있게 배려한 트위터 개발자와 동일한 이유에서다. 접근성은 장애를 가진 사

용자를 돕는 것 이상의 의미를 지닌다.[9]

스크린 리더와 display:none

14장 「인쇄에 적합한 페이지 만들기」에서 페이지로부터 영역과 요소를 제거하기 위한 CSS 규칙으로 display:none을 사용할 수 있다고 배웠다. 하지만 모든 스크린 리더 소프트웨어 패키지에서 이 속성을 적절하게 대응하지는 않고 있다. 접근성에 대한 많은 기사에서 건너뛰기 링크를 감추기 위한 방법으로 display:none을 권장한다. 하지만 더이상 유효한 해결책이 아니다. 대신 위치와 관련된 트릭을 사용해 링크를 페이지의 바깥쪽으로 밀어낼 수 있다.

단축키는 어떻게 동작하는가

사용자가 단축키를 눌렀을 때 브라우저는 해당 단축키에 연결된 요소에 따라 반응 방식을 결정한다. 링크에 단축키를 지정했다면 사용자가 해당 키를 눌렀을 때 링크가 동작한다.[9] 폼 필드에 연결된 label 태그에 단축키를 지정했다면 사용자의 커서가 폼 필드 내에 위치하게 된다.

단축키는 기본적으로 마우스 클릭을 대체하며 사용자의 작업 흐름을 눈에 띄게 향상시킬 수 있다.

네거티브 포지셔닝으로 건너뛰기 링크 숨기기

콘텐츠를 숨기기 위한 CSS는 단지 몇 줄만 포함하면 된다. 먼저 절대적인 위치 값을 사용해야 한다. CSS를 사용해서 요소의 X와 Y 좌표 값을 지정한다. 절대 위치를 지정할 수 있으면 아이템을 -9999px에 위치시킬 수 있다. 즉 브라우저의 좌측 경계로부터 좌측으로 9999px에 아이템을 위치시킨다.[11]

　stylesheets/layout.css 파일에 해당 CSS 규칙을 추가한다.

---

9 (옮긴이) 개편 전 트위터 사이트에서는 콘텐츠로 바로가기 링크의 단축키에 0을 사용했다. 변경된 트위터는 단축키의 기능을 좀더 확장했다. ? 단축키로 해당 목록을 확인할 수 있다.
10 인터넷 익스플로러의 경우는 링크를 동작시키지 않고 포커스만 이동시킨다.
11 position:relative로 지정된 요소(A) 내에 절대 위치가 지정된 요소(B)가 있다면, A 요소의 왼쪽 상단을 기준으로 B 요소가 위치한다.

```
accessibility/stylesheets/layout.css
```

```
#skiplinks{
  position:absolute;
  left:-9999px;
}
```

class="noprint" 속성에 건너뛰기 링크 목록을 적용하면 인쇄를 위한 스타일 시트에서는 해당 목록을 자동으로 숨길 수 있을 것이다.

폼에 라벨 추가하기

모바일 사용자와 시각 장애자, 근육 장애자의 경우에도 페이지를 탐색하는 데 단축키를 사용할 수 있다면 사용성을 높일 수 있다. 폼 필드에도 단축키를 지정할 수 있다. 이를 위해서는 폼을 약간 수정하고 폼에 라벨을 추가해주어야 한다. 라벨은 텍스트와 폼을 연결해주며 스크린 리더가 폼 필드의 이름을 값과 연결하는 것을 도와주기도 한다.

라벨의 힘

label 태그를 사용하면 일반 사용자를 위해서도 사이트의 폼 사용성을 강화할 수 있다. 예를 들어 라디오 버튼이나 체크박스와 관련된 label 태그를 사용했다면 사용자는 체크박스의 "check" 라벨이나 라디오 버튼의 "click" 라벨을 선택할 수 있다. 이러한 접근 방식은 마우스나 트랙패드 사용이 불편한 사용자에게 큰 도움이 된다.
요소의 ID를 참조해 label을 다음과 같이 연결시킬 수 있다.

```
<input type="checkbox" value="yes" id="user_active"
  name="user_active" />
<label for="user_active">Activate User</label>
```

폼을 만들 때 label 태그의 장점을 활용하면 사용자가 폼을 좀더 쉽게 이용할 수 있다.

라벨은 텍스트를 폼에 연결하는 것을 도와주며 폼에 키보드 단축키를 링크하는 데에도 사용될 수 있다. 폼에 라벨을 추가하고 라벨의 for 속성을 검색 박스의 ID와 연결하면 단축키를 눌렀을 때 사용자의 커서가 검색 필드 안에 위치

하기 될 것이다.

```
accessibility/index.html
```

```
<form id="search_form" method="get" action="/recipes/">
<div>
  <label for="search_keywords" accesskey="s">Keywords</label>
  <input type="text" id="search_keywords" name="keywords">
  <input type="image" alt="Search" src="images/search.png">
</div>
```

위에서 S를 단축키로 사용했는데 실제 키 조합은 사용하는 브라우저나 운영 체제에 따라 다를 것이다. 맥에서 사파리나 파이어폭스는 Ctrl + S를 눌러야 한 다. 하지만 윈도에서는 그렇게 하면 저장하기 대화상자가 나오게 되기 때문에 파이어폭스에서는 Shift + Alt + S 키를 인터넷 익스플로러에서는 Alt + S 키를 눌 러야 한다.

김대리가
묻습니다

**잠깐만요. 브라우저마다 단축키가 다르다면
사용자가 어떻게 그것을 알 수 있죠?**

JAWS와 같은 시각 장애자를 위한 스크린 리더는 단축키가 있다면 사용자에게 이를 알려준다. 이것은 엄청나게 유용한 기능이다. 하지만 대부분의 웹 브라우저에서는 지 정한 단축키가 자동으로 나타나지 않는다.
페이지의 접근성 관련 정보를 사용자에게 알려주는 것도 고려해야 한다. 건너뛰기 링 크에 '접근성에 대한 지침으로 바로가기'를 제공해서 장애가 있는 사용자가 사이트를 기용하는 데 유용한 정보뿐 아니라 단축키에 대한 목록을 얻을 수 있도록 해야 한다.

검색 폼에 라벨 태그로 텍스트 키워드를 추가했다. 하지만 라벨 태그는 보이 지 않아야 하기 때문에 CSS를 사용해 내비게이션 건너뛰기 링크를 감추었듯이 보이지 않게 할 것이다.

```
accessibility/stylesheets/layout.css
```

```
#search_form label{
  position:absolute;
  left:-9999px;
}
```

좀더 깔끔하게 처리하려면 두 규칙을 하나로 합쳐도 된다.

지금까지 페이지에 몇 가지 변화를 주어 접근성을 상당히 증진시켰다. 내비게이션에 추가적인 건너뛰기 링크를 추가해 기능을 보완할 수 있다. 모바일 사용자 편의를 위해서 필요한 기능이다.

16.6. 탭

아직은 폼이 복잡하지 않지만 점점 복잡해질 수 있다. 그런 경우에는 키보드 사용자가 어떻게 폼을 탐색하게 할지 고민해야만 한다. 사용자가 탭 키를 눌렀을 때 커서가 요소에서 요소로 이동해야 한다. 하지만 폼을 제대로 구성하지 않았다면 순서가 멋대로 동작하게 될 것이다. 폼에서 탭이 적절하게 동작하지 않는다는 것을 발견한다면 tabindex 속성을 사용해서 폼 필드를 견고하게 조정할수 있다.

tabindex 속성을 사용하면 화면 흐름상의 탭 순서를 조정할 수 있다. 간단하게 폼의 각 필드에 대한 tabindex 속성을 증가시키면 된다. 링크나 드롭다운 목록, 텍스트 영역, 체크박스, 라디오 버튼과 같은 인터랙티브한 요소나 tabindex를 지정할 수 있다.

적절하고 접근성 있는 폼을 사용해 Foodbox 회원 가입 폼의 목업을 만들어보자.

```
<form id="signup" action="/signup" method="get" >
  <p>
    <label for="account_login" >Login</label><br>
    <input id="account_login"
      name="account[login]"
      size="30" type="text" tabindex="1" >
  </p>
  <p>
    <label for="email" >Email</label><br>
    <input id="account_email"
      name="account[email]"
      size="30" type="text" tabindex="2" >
  </p>
  <p>
```

```
   <label for="password" >Password</label><br>
   <input id="account_password"
     name="account[password]"
     size="30" type="password" tabindex="3" >
 </p>
 <p>
   <label for="password_confirmation" >
   Confirm Password
   </label><br>
   <input id="account_password_confirmation"
     name="account[password_confirmation]"
     size="30" type="password" tabindex="4" >
 </p>
 <p>
   <label>
   <input class="button" name="commit"
     type="submit" value="Sign up"
     tabindex="5" >
   </label>
   or <a href="/" tabindex="6" >Cancel</a>
 </p>
</form>
```

수직바와 기타 특수 문자들

푸터에서 아이템을 구분하기 위해 파이프 문자를 사용한다면 스크린 리더로 테스트하면서 깜짝 놀라게 될 것이다. 실제 스크린 리더에서 푸터를 어떻게 읽는지 써봤다.

"카피라이트 카피라이트 이천팔 푸드박스 엘엘씨. 모든 권리는 저작자에게 있습니다. 링크 이용약관 수직바 링크 개인정보취급방침"

스크린 리더는 카피라이트 심벌을 단어로 읽어주기 때문에 카피라이트를 두 번 읽는다. 그리고 파이프 문자열은 수직바로 인식된다.

적은 규모라면 나쁘지 않겠지만 이렇게 구분된 아이템이 여섯 개라고 생각해보자. 사이트를 개발하면서 콘텐츠와 직접 관계없는 특수 문자가 어떻게 처리될지 한 번 더 생각해보자. 푸터를 개선하는 좀더 좋은 아이디어를 고민해보자.

---

tabindex 피하기

Tabindex를 하나하나 지정하는 것은 매우 귀찮은 일이다. 지극히 당연한 반응이다. 수많은 필드를 가지고 있는 복잡한 폼에서 새로운 필드를 중간에 넣어야 한다면 tabindex 지정이 고통스러운 작업이 될 수 있다. 하지만 폼을 어떻게 설계할지 조금만 신경을 쓴다면 tabindex를 사용하는 것을 피할 수 있다. 자연스럽게 선형으로 흐르도록 폼을 구성했다면 걱정할 필요가 없다. 하지만 폼이 모든 브라우저에서 키보드만으로 동작하는지를 테스트하길 원한다면 직접 확인해봐야 한다.

16.7 접근성 테스트 점검 목록

사이트를 공개하기 전에 모든 페이지를 점검해야 한다. 수용 가능한 기준 목록은 다음과 같다.

- 모든 페이지의 마크업이 유효한지 확인한다.
- 모든 스타일시트가 유효한지 확인한다.
- 모든 image 태그에는 유용하고 명확한 대체 텍스트가 있어야 한다.
- 모든 페이지를 Lynx와 같은 텍스트 기반 브라우저에서 읽을 수 있고 사용할 수 있는지 테스트한다.
- 모든 페이지를 구형 브라우저에서 읽을 수 있는지 확인한다.
- 자바스크립트 기능을 끄고 모든 페이지가 사용가능한지 확인한다.
- 너무 크거나 최적화되지 않은 이미지를 찾아내기 위해 네트워크가 열악한 곳에서 페이지가 얼마나 빨리 로딩되는지 확인해보거나 속도 테스트 도구를 사용한다.
- 이미지를 끄고 모든 페이지에 이미지만으로 중요한 텍스트를 표현한 곳이 없는지 확인한다.
- 파이어폭스 확장 기능인 Fangs를 설치하면 스크린 리더가 페이지를 어떻게 해석하는지 확인해 볼 수 있다.
- JAWS[12]나 Window-Eyes 데모를 구해서 모니터를 끄고 사이트를 탐색해

---

12 (옮긴이) 국내에서는 엑스비전 테크놀로지 자료실에서 센스리더 프로그램의 체험판을 다운받을 수 있다. http://www.xvtech.com

보자.

- 외부 관계자에게 부탁해 사이트 콘텐츠의 맞춤법과 문법에 문제가 없는지 또는 다른 이슈가 있는지 점검한다.
- 모든 사용자가 마우스를 사용하는 것은 아니기 때문에 '여기를 클릭하세요' 같은 문구는 모두 찾아서 삭제한다. 또한 대부분의 사용자는 하이퍼링크가 무엇을 하는 것인지 알기 때문에, 링크를 충분히 눈에 띄게 하지 않았다면 어떻게 동작하는지 설명해야 한다.
- 색맹 웹 페이지 필터나 컬러 오라클 같은 놀라운 크로스 플랫폼 데스크톱 애플리케이션 서비스를 사용하면 색맹 사용자에 대한 다양한 테스트를 해볼 수 있다.
- 간질 증상이 있는 사용자에게 문제가 될 수 있기 때문에 페이지에 빠르게 점멸하는 요소가 있어서는 안된다.
- 스크린 리더 사용자가 반복적인 내비게이션을 건너뛸 수 있도록 사이트에 건너뛰기 내비게이션 옵션을 구현해야 한다.
- 폼 필드 사이에 쉽게 탭을 이동할 수 있어야 한다.
- 청각 장애가 있는 사용자가 이해할 수 있게 사이트 내 어떤 비디오라도 대본이나 자막을 제공해야 한다.

16.8 요약

접근성과 사용성은 무시하기에는 너무 중요한 부분이다. 장애가 있는 사용자를 직접 상대하지 않는다고 할지라도 이러한 사용자가 접근할 수 있는 사이트를 만드는 기술은 모든 이들에게 사용성있는 사이트를 만들게 해준다. 접근성은 단지 시각 장애자의 편의만을 의미하지 않는다는 사실을 기억해야 한다. 어떤 디바이스에서건 누구든지 사이트를 사용할 수 있게 한다는 의미다. 개발 과정어서 이 목표를 달성할 수 있도록 노력해야 한다.

17장

파비콘 만들기

파비콘은 브라우저 주소창 옆에 나타나는 작은 아이콘이다. 사이트의 북마크에 같이 나타나기도 한다. 여러 개의 탭을 지원하는 브라우저에서는 사이트를 표시하는 탭에 파비콘이 나타난다. 파비콘을 지속적으로 노출시키는 것은 사이트의 브랜드를 강화하는 데 도움이 된다. 잘 알려진 사이트들은 파비콘을 사용하고 있으며 Foodbox도 예외는 아니다.

17.1 간단한 아이콘 만들기

파비콘을 효과적으로 만들기 위해서는 브랜드를 잘 표현해주는 무언가가 필요하다. Foodbox 로고에서 네 개의 사각형을 가져와 Foodbox를 위한 간단한 아이콘을 만들어보자. 포토샵을 열어서 새로운 문서를 만들고 높이와 넓이를 64px로 설정한다. 해상도는 72px로 지정하고 RGB color space를 선택한다. 그리고 배경색은 흰색으로 지정한다.

이미 만든 foodbox.ai 로고 파일을 File 〉 Place 메뉴를 선택해 가져온다. 이미지를 가져왔으면 크기 조절 핸들을 사용해 그림 17.1과 같이 사각형 영역이 캔버스에 맞도록 조정한다. Shift 키를 누른 상태로 크기를 조정하면 로고가 훼손되지 않는다.

그림 17.1 FOODBOX 로고의 크기를 조정해 캔버스 안에 사각 영역만 남게 한다.

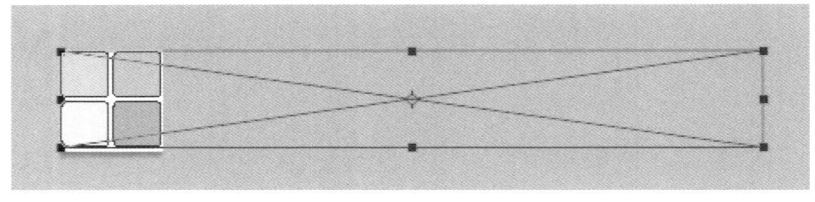

17.2 파비콘 만들기

파비콘은 16px 정사각형 크기의 .ico 파일이며 포토샵에서는 이런 파일 타입을 내보내기 위한 필터를 제공하지 않는다. 하지만 Telegraphics사에서 만든 필터를 가져와 거의 모든 버전의 포토샵에서 사용할 수 있다.[1] 혹은 png2ico라는 명령행 프로그램을 가지고 PNG 파일을 ICO 파일로 바꿀 수 있다.[2] 윈도 사용자는 바이너리 버전을 받을 수 있으며 리눅스나 맥 사용자는 패키지 관리자에서 확인할 수 있다.

포토샵에서 Image 〉 Image Size 메뉴에서 16px로 이미지 크기를 조정한다. Bicubic Sharper 옵션을 선택하면 이미지를 축소시킬 때 최적의 결과를 얻을 수 있다.[3]

이제 파일을 favico.png로 저장한다. 파비콘은 투명도를 지원해야 하기 때문에 transparent PNG로 저장한다.

터미널이나 명령행 창을 열고 저장한 PNG 파일이 포함된 폴더를 찾는다. 그리고 다음과 같은 명령을 입력한다.

```
png2ico favicon.ico favicon.png
```

images 폴더가 아닌 웹사이트의 루트에 favicon.ico 파일을 배치한다. 대부분

---

1 http://www.telegraphics.com.au/sw/
2 http://www.winterdrache.de/freeware/png2ico/index.html
3 (옮긴이) 이미지를 확대할 때 최적의 결과를 얻으려면 Bicubic Smoother 옵션을 사용한다.

의 브라우저는 자동으로 이 파일을 찾는다. 로컬 파일 시스템에서 파비콘을 보려는 것이 아니라면 서버에 파일을 업로드해야 한다. 그리고 주소창에 파비콘을 보이게 하려면 웹 서버를 다시 시작해야 한다. 그러면 그림 17.2와 같은 최종 결과를 볼 수 있을 것이다.

그림 17.2 완성된 파비콘

사파리, 파이어폭스, 인터넷 익스플로러 7은 파비콘을 기본적으로 지원하지만 인터넷 익스플로러 6은 아이콘을 보이게 하는 데 약간의 도움이 필요하다.

파비콘이 보이지 않는다면 홈페이지 head 섹션에 다음과 같은 코드를 추가하자.

```
<link rel="shortcut icon" href="favicon.ico">
<link rel="icon" type="image/ico" href="favicon.ico">
```

17.3 요약

파비콘은 사이트 브랜딩에서 중요한 부분을 차지한다. 일단 사용자들이 여러분 사이트를 기억하는 데 도움이 된다. 왜냐하면 사이트를 둘러보는 동안 주소창에서 항상 파비콘을 볼 수 있고, 사이트를 떠나더라도 북마크바에서 파비콘을 볼 수 있기 때문이다. 기존의 로고나 이미지를 파비콘으로 사용하면 더욱 효과적이다.

18장

W e b   D e s i g n   f o r   D e v e l o p e r s

검색 엔진 최적화

이제 Foodbox를 공개할 준비가 됐다. 작업 결과에 모두가 만족하고 있다. 프로젝트에 지금껏 쏟아 부은 열정은 더 할 수 없을 만큼 최고였다. 하지만 사이트 작업을 마쳤다고 해서 끝난 것은 아니다. 아무도 사이트를 찾을 수 없다면 의미가 없다. 그래서 시각적인 측면을 최적화하는 것 뿐만 아니라 사이트를 사용하기 쉽게 만드는 것에도 관심을 가져야 한다.

18.1 콘텐츠가 왕이다

이미 몇 차례 다루었던 내용이지만 이 시점에서 다시 한 번 강조하고자 한다. 사이트가 얼마나 멋지게 보이는지에 상관없이 콘텐츠가 풍부하지 않다면 사용자는 오래 머무르지 않을 것이다. 플리커를 보자.[1] 플리커의 개발자는 사람들이 사진을 보기 위해 온다는 것을 알기 때문에 사이트 자체는 무척 평범하고 보수적이며 최소한의 색상만 사용한 간결한 디자인으로 구성했다. 사진들이 플리커의 핵심 콘텐츠다.

검색 엔진도 마찬가지로 콘텐츠가 중요하다고 생각한다. 검색 엔진은 선택한 키워드와 관련된 콘텐츠를 가지고 있을 것이라 기대한다.

---

1 http://www.flickr.com/

검색 엔진 속이기

미리 언급할 것은 이번 장을 읽고 순위를 올리기 위해 이런 기법들을 적용하면 되겠구나라고 생각한다면 잘못된 것이다. 검색 엔진은 이미 이런 지저분한 속임수를 알고 있다. 하지만 여기서 이런 기법을 언급하는 것은 이 내용을 이해하고 멀리하라는 것이다. 부도덕한 SEO 업체나 클라이언트의 요청을 받은 개발자들이 구현하는 기술에 비하면 이번 장에서 소개하는 기법은 대단한 것이 아니다. 일시적으로 효과가 있을 수 있지만 거의 대부분 드러나게 되고 제재를 받을 수 있다.

과도한 키워드

과도한 키워드는 간단하게 정의하면 사이트에서 너무 많은 키워드를 날리는 것이다. 사람들은 의도치 않게 이런 일을 하는데 입력한 키워드의 숫자를 세지 않기 때문이다. 어떤 경우에는 외부에 알리기 위해 과도한 키워드를 사용하기도 한다. 일반적으로는 동일한 키워드를 반복하지 않으며 키워드의 숫자를 페이지당 30-45개 정도로 유지해야 한다.

상관없는 키워드

사이트의 주제나 콘텐츠와 전혀 상관없는 키워드를 사용하는 것은 문제가 생길 수 있다. 일부 사이트에서 인기 있는 키워드를 표제로 올리거나 구글에서 인기 검색어를 가져다 사용하는 것은 방문자를 속이려는 의도이다.

Foodbox를 위한 적절한 키워드는 닭고기, 칠면조, 레시피, 디너, 파스타와 같은 것이 될 수 있다. 무료 mp3, 비디오, 아이팟 무료, 패리스 힐튼과 같은 단어는 결코 적절하지 않다.

그냥 웃어넘기기에는 너무 흔하게 볼 수 있으며 이해관계자가 개발자에게 노골적으로 요구하기도 한다. 이런 상황에서 어떻게 대응할지 사전에 준비해야 한다. 이렇게 하고 나면 몇 개월 내에 구글의 블랙리스트에 웹사이트가 올라갈 수 있기 때문에 권장하지는 않는다.

대체 콘텐츠

이 기법은 검색 엔진을 감지하고 사용자에게 보여지는 것과 다른 콘텐츠를 제공하는 기술(일반적으로 서버에 구현된)이다. 검색 엔진은 사이트를 돌아다니며 콘텐츠를 수집하고 키워드와 콘텐츠, 링크에 따라 인덱스를 정리해 데이터베이스에 저장한다. 이때 다른 정보를 제공하는 것은 정직하지 못한 일이며 언젠가는 어떤 이들이 불만을 제기하거나 다른 방법으로 검색 엔진이 오류를 알아챌 것이다. 검색 엔진 역시 사업이라는 것을 기억하자. 그들의 관심사는 정확하게 관련된 정보를 검색 결과로 돌려주는 것이다.

콘텐츠 숨기기

고전적인 속임수 중의 하나지만 이 방법이 초보 개발자들 사이에서 얼마나 많이 사용되고 있는지 깜짝 놀라 공개하고자 한다. 이 방법은 수많은 관련 없는 키워드나 문장을 사이트의 콘텐츠 사이에 배치하며 사이트 사용자에게는 이것이 보이지 않게 숨기는 기법이다. 과거에는 개발자들이 텍스트 색상을 배경 색상과 일치하게 하여 숨기곤 했다. 검색 엔진이 이 기법을 더이상 처리하지 않게 되자 마진 값을 음수로 지정하거나 다양한 레이아웃과 관련된 속임수를 사용해서 콘텐츠의 위치가 페이지를 벗어나도록 CSS를 사용하기 시작했다.

콘텐츠란 무엇인가?

콘텐츠란 사용자가 와서 볼 수 있는 무언가를 의미한다. 텍스트는 명확히 콘텐츠이지만 이미지나 비디오, 음악, 다운로드할 수 있는 파일도 콘텐츠로 분류된다. 일반적으로 검색 엔진은 이런 아이템 모두에 관심을 가지며 아마도 당신은 그들이 콘텐츠를 찾을 수 있도록 도와주길 원할 것이다.

　ing 태그에서 alt 속성을 사용해 모든 이미지에 대체 텍스트를 제공할 수 있다는 사실을 이미 알고 있을 것이다. 하지만 당신이 모르고 있는 것이 있는데 검색 엔진은 이미지를 볼 수 없기 때문에 스크린 리더와 마찬가지로 상세한 정보를 대체 텍스트에 의존한다는 것이다. 따라서 대체 텍스트를 적절하고 서술적으로 만드는 것이 중요하다.

18.2 키워드 선택하기

Foodbox는 분명히 키워드를 필요로 한다. 하지만 사람들이 사이트를 찾기 위해서 어떤 단어를 검색할지를 알아내기란 어려운 일이다. 여기 키워드 목록을 만들기 위해 사용할 수 있는 몇 가지 방법을 제시한다.

그들이 당신을 어떻게 찾을지를 생각해보자.

당신의 사이트를 검색하는 데 사람들이 사용하리라 생각되는 몇 가지 명확한 단어를 써내려 가보자. 이 사이트를 생각해보면 음식이나 요리, 레시피, 퀵 디너, 스낵, 디저트, 요리책을 찾아볼 것이다.

어떤 식으로 찾아지기를 원하는지 결정하자.

다음에는 사람들이 사이트를 찾기 위해 사용하길 바라는 키워드를 나열해본다. 앞에서 발견한 키워드도 출발점으로 좋다. 하지만 몇 개 더 생각해 볼 수 있다. 지역 사업자라면 키워드에 도시나 지명을 넣어서, 사용자가 뉴저지 세카우쿠스에서 재활용 센터를 찾을 때 사이트가 발견되길 바랄 수 있다.

김대리가 묻습니다   **플래시는 어떤가요?**

구글과 어도비가 최근 플래시 무비의 인덱싱을 가능하게 하는 파트너십을 맺었다. 하지만 플래시 무비를 만들 때 어떻게 구성했는지에 크게 의존한다. 예를 들어 플래시 무비에 텍스트와 링크가 포함되어 있다면 구글에서 이를 찾을 수 있으며 HTML 페이지 내에서 플래시가 서비스되고 있다면 키워드와 간단한 설명을 포함한 메타 태그를 제공할 수 있다.[2]
접근성의 관점에서 좀더 발전해서 앞으로 더 많은 검색 결과에 플래시가 노출될 수는 있다. 이런 상황은 계속 변하고 있기 때문에 새로운 소식에 항상 관심을 가지고 있어야 한다.

---

2 http://searchengineland.com/google-now-crawling-and-indexing-flash-content-14299

경쟁사 스파이

당신의 친구나 적이 키워드로 무엇을 사용하는지 찾아볼 수 있다. 웹 페이지의 소스는 쉽게 볼 수 있고 다른 이들이 무엇을 사용하는지 찾을 수 있다. 그래도 그들의 키워드를 훔치거나 사용된 문장을 가로채려고 하지 말아야 한다. 한번은 키워드 목록에 경쟁사의 이름을 사용할 것을 요청하는 클라이언트가 있었다. 이는 명확하게 비윤리적인 일이다. 웹 개발 부분에서 디자인과 콘텐츠 분야에 경력을 쌓은 후에는 클라이언트가 위험한 제안을 하려 할 때 이를 설득할 수 있는 능력을 배워야 할 것이다.

키워드 추가하기

index.html 파일을 열어서 head 섹션에 새로운 메타 태그를 추가한다.

```
<meta name="keywords"
  content="foodbox, recipes, cookbook, desserts, entrees, dinner,
  share, browse, ingredients, mexican, italian, community">
```

김대리가
묻습니다

**키워드는 더이상 중요하지 않은 건가요?
경쟁 업체는 키워드를 사용하지 않는데도 검색이 잘되네요.**

키워드는 정확하게 사용한다면 중요하게 다룰 수 있다. 키워드는 사이트의 콘텐츠와 조화를 이루어야 한다. 수많은 검색 엔진에서 관련 없는 키워드로 검색 엔진을 속이려는 시도로 인해 키워드를 제공하는 것이 오히려 낮은 점수의 원인이 될 수도 있다.

경쟁 업체의 사이트가 키워드 없이도 검색 엔진에서 높은 점수를 받는 데는 여러 가지 요인이 있을 수 있다. 코딩호러(codinghorror) 사이트[3]를 예로 들면 키워드 태그를 가지고 있지 않지만 사이트에서 새로운 글을 지속적으로 발행하고 있으며 트랙백을 통해 엄청난 접속이 이루어지고 있다. 콘텐츠에 대한 링크는 검색 엔진에서 랭킹을 부여하는 데 있어 키워드보다 훨씬 중요한 요인이 된다.

하지만 지금 만드는 사이트는 코딩호러가 아니며 아직 방문자가 많거나 외부로부터 연결된 링크를 거의 가지고 있지 않다. 사이트를 최적화하기 원한다면 키워드를 선택하는 것이 가장 최선의 선택이다. 콘텐츠에 맞는 키워드를 사용한다면 그로 인한 불이익을 당하지는 않을 것이다.

---

3 http://www.codinghorror.com/

name 속성은 메타 태그의 타입을 정의하고 content 속성은 콘텐츠나 값을 지정한다. 키워드나 키워드 절은 쉼표로 구분해서 입력한다.

18.3 콘텐츠 조화시키기

지금까지 몇 가지 키워드를 선택했다. 이제는 메인 콘텐츠에 키워드를 어떻게 배치할지 생각해봐야 한다. 훌륭한 편집자가 있다면 도움이 되겠지만 거의 대부분 스스로 해야 할 것이다. Foodbox 메인 콘텐츠에 몇 가지 키워드를 대입해보자. 작업을 마쳤다면 아래 제시된 교정 기법을 적용해보자.

- 문장의 끝에서부터 시작까지 텍스트를 반대로 읽어본다. 이렇게 하면 단어를 문맥에 따라 읽는 것이 아니기 때문에 맞춤법과 구두법에 관한 실수를 잡을 수 있다.
- 텍스트를 크게 읽는다. 웃지 않고 읽어내려 간다면 어느 정도 괜찮은 수준이라고 할 수 있다. 그리고 다른 이들에게도 소리 내어 읽어주고 그들의 피드백을 받는다.

검색 엔진 내에서 순위를 높이기 위해서는 콘텐츠 뿐 아니라 키워드와 페이지 요소에 대한 일관성을 가지도록 만들어야 한다.

사이트의 각 페이지에는 고유한 제목이 있어야 한다. 그리고 웹사이트의 이름 다음에 현재 페이지의 제목이 나타나야 한다. 이제 가장 중요한 정보인 페이지 제목은 검색 결과에 나타나게 될 것이다. 페이지 타이틀은 대개 검색 결과에 나타난다.

두 번째로 각 페이지의 title 태그 내에는 페이지 제목과 일치하는 h1 태그가 최소한 하나 이상 있어야 한다. 이런 일관성은 검색 엔진이 콘텐츠의 영향력을 결정하는 데 도움을 줄 수 있다. title 태그를 변경하는 것을 잊지 말아야 한다.

세 번째로 키워드는 페이지의 제목이나 적어도 콘텐츠 내의 문장뿐 아니라 페이지의 링크로 사용된 단어를 포함해야 한다.

18.4 사용자들이 떠날 만큼의 최적화는 피하자!

콘텐츠를 검색 엔진에 최적화하는 과정에서 사용자를 잃어버리는 결과가 발생하기도 한다. 따라서 콘텐츠가 가장 중요하다는 사실을 기억하자. 그리고 몇개의 키워드를 더해보려고 콘텐츠를 희생해서는 안 된다는 것도 주의하자. 사용자를 위한 콘텐츠가 먼저이고 검색 로봇은 그 다음이다.

18.5 링크

사이트에서 링크의 숫자는 검색 엔진 순위에 이득이 되기도 하고 악영향을 미치기도 한다. 다른 사이트로 연결된 링크가 너무 많다면, 검색 엔진은 페이지 내에 콘텐츠가 많지 않다고 판단할 수 있다. 검색 엔진은 링크가 외부로만 나가고 있기 때문에 해당 페이지에 낮은 점수를 줄 수 있다.

도한 다른 곳에서 사이트의 링크가 걸려있는지도 주시하게 된다. 일반적으로 검색 엔진은 다른 사이트에서 트래픽을 보내게 되면 해당 사이트가 좀더 적절한 콘텐츠를 가지고 있을 것이라 가정하기 때문에 다른 사이트의 링크를 확보하는 것도 필요하다. 하지만 구글에서 나쁜 이웃으로 판단하고 있는 링크 팜(link farm)이나 링크 교환소와 같은 일부 사이트와 연결되면, 엔진에서 당신의 사이트를 스팸 목적지로 간주해 당신의 검색 순위를 낮출 수 있다.

링크를 무작정 막을 수는 없으며 일부 평판이 좋지 않은 사람들도 링크를 교환하자고 제의해 올 수 있다. 링크를 교환하기 전에, 그들에게 이익이 되는만큼 사이트에도 이익이 될지 확인해야 한다.

18.6 모든 것은 상식으로 귀착된다

이번 장을 읽고 "별로 새로운 내용은 없고 이미 알아서 그런 일들은 하지 않고 있다"고 생각한다면 잘 하고 있는 것이다. SEO와 관련된 환상적인 마술은 존재하지 않는다. 곧바로 구글의 검색 목록 상위에 올라 머무를 수 있는 방법은 없다. 잠깐 동안 시스템을 상대로 게임을 할 수 있을지도 모른다. 하지만 여기서 다루려는 것은 검색 엔진 최적화에 대한 접근이지 검색 엔진 속이기가 아니다.

내용이 좋고 정기적으로 업데이트되는 콘텐츠가 사용자에게 적절하다면 사이트에 대한 링크를 찾을 수 있을 것이다. 이런 링크는 검색 엔진 순위를 높여 준다. 그래서 다음 번에 상사나 클라이언트가 "SEO 전문가"를 채용하려 한다면 그렇게 하는 대신에 좋은 편집자를 고용해서 글의 수준을 높이자고 제안해 보자. 최적화의 나머지는 사람들이 진정으로 관심을 가지고 링크하기를 원하는 무언가를 개발한다면 잘 될 것이다.

18.7 요약

이번 장에서는 간략하게 사용성을 건드리지 않고 검색 엔진에 사이트의 가시성을 높일 수 있는 몇 가지 방법을 다루었다. 검색 엔진 최적화와 관련된 규칙은 계속 변화하기 때문에 자주 챙겨주어야 한다.

19장

W e b   D e s i g n   f o r   D e v e l o p e r s

모바일 디바이스를 위한 디자인

Foodbox 사이트의 이해관계자가 다시 찾아왔다. 요즘 많은 사람들이 블랙베리 디바이스나 아이폰, 윈도 모바일 디바이스와 같은 것을 사용해 웹사이트에 접근한다는 것이다. 그래서 그들도 Foodbox 모바일 버전 사이트를 제공해서 쇼핑하는 동안 식료품 매장에서 레시피를 찾아보게 하고 싶다고 했다.

도바일 디바이스에서 동작하는 디자인을 구현하기 위해서는 모바일 사용자를 이해해야 한다. 일단 서비스를 제공할 사용자를 정했다면, 모바일 플랫폼에 익숙해지고 어떤 플랫폼을 지원할지 결정하는 과정이 필요하다. 이런 단계를 마치고 나면 어떻게 동작할지에 대한 모바일 전략을 구현하기가 수월할 것이다.

19.1 모바일 사용자

모바일 사용자는 데스크톱이나 랩탑 사용자와는 다른 요구사항을 가지고 있다.

먼저 모바일 사용자는 사이트를 이용하는 이유가 다르다. 아마도 사이트에 새로운 레시피를 입력하기 위해 아주 작은 키패드를 사용하려 하지는 않을 것이다. 하지만 식료품 판매점에 방문했을 때 오늘 저녁을 만드는 데 필요한 재료를 찾아보고는 싶을 것이다. 그렇기 때문에 사이트 기능에서 모바일 사용자가 사용할 수 있는 부분 집합을 선택하고 구현하는 데 초점을 맞추어야 한다.

두 번째로 연결 상태가 만족스럽지 않기 때문에 모바일 사용자에게 페이지 로

그림 19.1 아이폰 모바일 사파리에서 본 FOODBOX

딩 속도는 매우 중요하다. 이 글을 쓰는 시점에서 3G 서비스가 북미 지역에서 아직 대중적이지 않으며 다른 모바일 데이터 정책도 만족스럽지 못하다.[1]

세 번째로 사용자가 모바일 디바이스에서 사이트를 사용할 때 고려하는 점은 작은 화면에서도 콘텐츠를 쉽게 읽을 수 있어야 한다는 것이다. Foodbox 사이트의 디자인은 아이폰에서 지원되지만 그림 19.1에서 보이는 것처럼 확대를 하지 않으면 읽기가 어렵다. 또한 그림 19.2에서처럼 오페라 모바일 브라우저에서는 디자인의 일부를 유지하지만 내용은 읽을 수 없다.

마지막으로 사용자는 원하는 정보를 쉽게 찾을 수 있기를 원한다. PC 사용자를 위해 설계된 내비게이션 구조는 휴대폰 키패드를 사용해서 탐색하기에는 너

---

1 (옮긴이) 이 책이 나온 이후 급격하게 모바일 환경의 변화가 나타났지만 모바일 데이터 정책은 여전히 만족스럽지 못하다.

그림 19.2 오페라 모바일 브라우저에서 본 FOODBOX

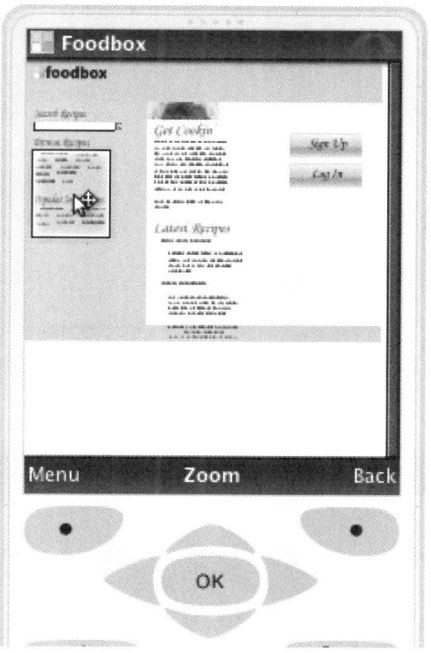

무 크고 무거울지도 모른다.

　이런 문제점은 모바일 사용자를 위한 Foodbox 사이트를 만들 필요가 있다는 것을 이야기해주고 있다.

19.2 (매우) 작은 화면을 생각해보기

모든 사람이 아이폰을 가지고 있다면 웹 개발자들은 사이트가 제대로 동작하는지 그렇게 신경 쓰지 않아도 될 것이다. 아이폰은 자바스크립트 지원은 물론, 페이지를 매우 깔끔하게 표현하는 브라우저를 기본으로 제공한다. 하지만 모든 사람이 아이폰을 가지고 있는 것은 아니다. 2-3인치 정도 크기의 화면에서 스크립트도 지원하지 않는 전용 브라우저에서 웹을 사용할 수도 있다. 화면이 작으면 정보를 표현할 공간도 부족하기 때문에 기존 사이트의 일부 영역은 포기해야 한다.

예를 들어 풀사이즈 브라우저에서는 일반적으로 사이트의 모든 페이지에서 내비게이션 메뉴를 보여준다. 하지만 메뉴가 공간을 너무 많이 차지하기 때문에, 모바일에서는 다른 방법으로 처리해야 한다. 물론 사용자가 사이트를 탐색하려면 필요하겠지만 내비게이션 메뉴를 간단한 링크로 대체할 수도 있다. 페이지를 단순하게 유지하면 페이지를 내려받고 표시하는 시간을 줄일 수 있고 정말 중요한 사이트 나머지 영역에 집중하게 된다.

작은 스크린에서 공간을 얼마나 확보할지 고려할 때 얼마나 많은 공간이 브랜딩에 필요한지를 같이 고려해야 한다. 헤더 영역은 가능한 최소한의 그래픽을 사용해야 한다. 그래픽 대신 텍스트 배너를 사용하거나 앞에서 배운 크기조정에 대한 기술을 활용해서 배너의 크기를 작게 유지해야 한다(17장 「파비콘 만들기」를 참조하자).

일부 모바일 디바이스는 작은 스크린에서 좀더 많은 콘텐츠가 보여지도록 내비게이션 콘트롤을 감추기 때문에, 사용자가 모바일 버전의 사이트를 간편하게 탐색할 수 있도록 페이지에 뒤로 가기 버튼을 추가해야 하는지 고려해야 한다.

마지막으로 글꼴 크기를 읽을 수 있게 유지해야 한다. 대부분의 사용자는 눈을 가늘게 찌푸리기보다 스크롤해서 보는 것을 더 만족스럽게 생각하며 대부분의 디바이스는 아직 줌을 지원하지 않는다.

19.3 자바스크립트

많은 모바일 디바이스가 자바스크립트를 지원하지 않는다. 아이폰에서 지원하고 있긴 하지만 여전히 속도가 느리며 현재 블랙베리 모델의 대부분은 전혀 지원하지 못하고 있다. 하지만 이런 문제보다 더 중요한 점은, 대안을 제공하지 않고서는 사이트의 중요한 부분에 자바스크립트를 사용하지 말아야 한다는 것이다. 그리고 스크린 리더 소프트웨어는 종종 자바스크립트와 충돌을 일으킬 수 있다.

19.4 모바일 콘텐츠 제공하기

모바일에 적합한 콘텐츠를 제공하는 몇 가지 팁을 제시하겠다. 예를 들어 모바일 디바이스를 위한 스타일시트를 사용할 수 있다. 유저 에이전트를 탐지해서 다양한 사용자에게 여러 형식의 콘텐츠를 제공하는 것도 좋은 방법이다. 또는 모바일 콘텐츠를 다른 URL로 제공할 수도 있다.

모바일 스타일시트

CSS 스펙에서는 media type 속성에 handheld라는 옵션을 제공하여, 무선 단말 장치에 최적화된 디자인을 가능하게 지원한다. 14.2절 '인쇄 스타일시트 연결하기'에서 인쇄에 최적화된 스타일시트를 디자인했었다. 유사한 형식으로 모바일 디바이스에 특화된 스타일시트를 디자인할 수 있다. 언뜻 보기에는 콘텐츠를 전달하기 위한 가장 쉽고 최선의 방법인 것처럼 보이지만 거의 사용되지 않는다는 커다란 단점이 있다.

　아이폰, 아이팟 터치, 윈도 모바일 디바이스에서는 '실제' 인터넷 경험을 사용자에게 전달하려고, 전형적인 컴퓨터 스크린에 사용하기 위해 만들어진 스타일시트를 사용한다.

유저 에이전트(User Agent) 탐지

많은 개발자는 사용자가 사용하는 디바이스에 따라 다른 디자인을 제공하려고 서버 측 기술을 사용하거나 웹 서버 설정에서 user agent 탐지를 사용한다. 멋진 아이디어처럼 보이지만 일부 사용자에게는 맞지 않는 방법이다.

　예를 들어 애플의 개발자 가이드라인에서는 아이폰 개발자가 아이폰 사용자에게 다른 페이지를 제공하지 않도록 권고하고 있다. 이런 권고는 사용자가 보기를 원하는 내용과 다른 페이지를 보게 되었을 때 당황하지 않게 하려는 것이다. 대신에 애플은 웹사이트가 아이폰을 탐지하고 최적화된 사이트로의 링크를 제시해야 한다고 권장한다.[2] 이렇게 하면 사용자는 디바이스에 최적화된 사이

---

2 (옮긴이) 관련 가이드는 다음 링크에서 참고할 수 있다. http://developer.apple.com/library/ios/
#DOCUMENTATION/AppleApplications/Reference/SafariWebContent/Introduction/Introduction.html

트와 기본 사이트 중에서 선택할 수 있다. 트위터나 아마존의 경우에도 일반 사이트로 이동할 수 있는 링크를 모바일 버전에서 제공하고 있으며, 사용자가 모바일 디바이스를 사용해 Foodbox 사이트에 방문했을 때 쿠키를 설정해서 다음 번에 사용자가 사이트를 방문했을 때에는 자동으로 사이트의 모바일 버전으로 이동시킬 수 있다.

여러 하위 도메인 사용하기

하위 도메인으로 모바일 페이지를 처리할 수 있다. 이렇게 하려면 사용자가 모바일 사이트의 주소를 알고 있어야 하며 메인 사이트에서 이에 대한 적절한 공지가 필요하다.

파일 중복 없이 이런 작업을 하려면 모바일 주소가 메인 사이트를 향하게 하고 서버 측 스크립트를 사용해 하위 도메인을 탐지하게 한다. 사용자가 모바일 도메인을 요청하면 모바일 사용자에게 최적화된 적절한 스타일시트 혹은 완전히 다른 레이아웃을 제공할 수 있다. 개인적으로 추천하는 방법이다.

19.5 무엇을 지원할지 결정하기

수많은 모바일 브라우저가 서로 다른 방식으로 페이지를 보여준다. 어떤 브라우저를 주로 다루고 나머지는 무시할지를 결정해야 한다. 어떤 데스크톱 웹 브라우저를 지원할지 결정한 과정과 동일한 방식으로 가장 대중적인 것을 선택하기를 권장한다. 상사나 클라이언트가 무엇을 사용하는지 파악하고 그에 대한 지원을 추가하는 것도 필요하다.

애드몹은 가장 대중적인 모바일 플랫폼을 결정하는 데 사용할 수 있는 몇 가지 멋진 통계를 제공한다.[3] 애드몹을 사용하면 개발자는 모바일 소프트웨어와 모바일 사이트에 광고를 삽입할 수 있다. 애드몹이 이런 서비스를 제공하는 유일한 회사는 아니지만 가장 큰 회사 중 하나다. 서드파티 통계를 인용하는 경우

---

3 http://www.admob.com/s/solutions/metrics

모바일 디자인 테스트

실제 모바일 폰이나 디바이스로 직접 사이트를 테스트하는 것이 원칙이지만 애뮬레이
터를 활용할 수도 있다.

- BlackBerry

  http://www.blackberry.com/developers/downloads/simulators/index.shtml[4]

- Google Android

  http://code.google.com/android/reference/emulator.html

- iPhone

  http://marketcircle.com/iphoney/[5]

- Opera Mini

  http://www.opera.com/mini/demo/

- Windows Mobile

  http://www.nsbasic.com/ce/info/technotes/TN23.htm

  http://msdn.microsoft.com/en-us/library/ff402563(v=vs.92).aspx (윈도폰 7)

자주 있는 일이지만 해당 통계는 자체적인 사용 통계를 수집할 때까지만 가이
드로서 사용해야 한다.

애드몹의 통계에 따르면 아이폰 사용자가 매우 큰 비중을 차지하고 있다. 하
지만 최소한 첫 번째 단계에서는 다양한 디바이스에 걸쳐 동작할 수 있는 무언
가를 구현해보자.[6]

대부분의 디바이스에서는 자바스크립트를 지원하지 않으며 스크린이 작다는
점도 알아야 한다. 그리고 콘텐츠는 매우 빠르게 다운로드되어야 한다.

콘텐츠를 복사하지 않고 사이트를 미러링하기

사용자를 잃어버리는 가장 확실한 방법 중 하나는 최신의 정보로 업데이트되지

---

4 블랙베리에서는 다양한 폰을 테스트할 수 있는 시뮬레이터를 제공하고 있지만 어떤 시뮬레이터가 어떤
폰을 지원하는지는 확인하기 어렵다.

5 이 책을 쓰는 시점에 iPhoney는 맥에서만 동작한다. 윈도 사용자라면 http://www.testiphone.com/에서
적절한 시뮬레이션을 해볼 수 있지만 user agent는 제대로 인식하지 못한다.

6 (옮긴이) 애드몹이 구글에 인수되면서 2010년 이후 관련 통계를 제공하지 않고 있다. 결정적인 이유는 애
플에서 더이상 애드몹 광고 플랫폼을 허용하지 않기 때문으로 추측하고 있다.

않는 모바일 사이트를 만드는 것이다. 지금까지는 특정한 서버 측 기술을 사용하지 않고 순수한 HTML로만 디자인을 구현했다. 하지만 이 책을 읽는 독자가 개발자라고 가정했기 때문에 동적인 웹사이트를 구성하려면 어떻게 해야 하는지도 알고 있으리라 생각한다.

이런 점을 염두에 두고 사이트를 위한 새로운 도메인을 설정하고 메인 사이트를 바라보게 한 다음에 사용자가 요청한 URL을 탐지할 수 있는 서버 측 로직을 적용한다. 여기서는 PHP를 사용해 정적인 페이지를 모바일 디바이스에서 사용할 수 있도록 바꾸는 과정을 보여줄 것이다. 사이트 설계에 따라 호스트명 기반으로 만든 템플릿을 교체해주어야 할 것이다.

이 책에서는 시스템 관리 부분까지 다루지 않는다. 다양한 도메인에 대응할 때 사이트를 어떻게 설정해야 하는지는 웹 호스팅 형식에 따라 달라지게 된다. 도메인을 이전 주소와 동일한 IP 주소로 연결하는 새로운 데이터를 만들 수 있다.

```
www.yourfoodbox.com A 12.34.56.78
m.yourfoodbox.com A 12.34.56.78
```

Dreamhost[7]와 같은 일부 웹 호스팅에서는 미러 도메인을 생성하는 쉬운 방법을 제공한다. 웹 호스팅 업체나 시스템 관리자, 웹 서버 문서에서 어떻게 도메인명을 미러링할 수 있는지 도움을 받을 수 있다. 여기서 해야 할 일은 두 도메인이 같은 서버를 바라보게 하는 것이다.

로컬 장비에서 모든 것을 테스트해봐야 한다면 로컬 호스트 파일을 다음과 같이 수정해야 한다.

```
127.0.0.1 localhost www.yourfoodbox.dev m.yourfoodbox.dev
```

윈도에서는 c:\windows\system32\drivers\etc\hosts에서 파일을 찾을 수 있고 대부분의 리눅스나 OS X 시스템에서는 /etc/hosts에서 찾을 수 있다. 이 파일을 변경하려면 관리자 권한이 필요하다.

---

7 http://www.dreamhost.com

콘텐츠 변경

모바일 디바이스 대상으로 콘텐츠의 형식을 바꾸어보는 방법도 선택할 수 있다. 하지만 이런 방법은 상세히 들어가보면 혼란스러워진다. 대부분의 브라우저가 옵션을 무시하고 기본 스타일시트를 가져오게 되어, 무선 단말기용 스타일시트를 사용하지 못할 수 있다. 모바일 사용자가 콘텐츠에 관심을 두고 있으며 느린 네트워크 환경(북미 지역에서는)에서 접속할 수도 있다는 사실은 이미 논의했었다. 따라서 전송하는 데이터의 양을 최소화해서 사이트가 빠르게 표시되도록 해야 한다. 불필요한 것들을 제거하고 기본적인 페이지를 보여줄 수 있는 방법이 필요하다.

스타일시트를 비활성화하면 사이트는 놀라울 만큼 모바일 사용자에게 유용하게 만들어진다. 또한 이미지 사용을 제한하고 링크가 있는 이미지는 일반 링크로 대체할 수 있다. 이미 2005년도에 마이크 데이비슨(Mike Davidson)이라는 개발자가 필요한 것들을 매우 현명하게 해결한 방법을 공개했다.[8]

마이크의 해결책은 모바일 도메인이 사용될 때만 모든 HTML 페이지를 사전 처리하고, 콘텐츠만 뽑아내기 위해 PHP를 사용하는 방법을 선택하고 있다. 이 방법을 적용하면 약간의 수정만으로 우리에게 필요한 모바일 버전 사이트를 만들 수 있다. 이렇게 하려면 아파치를 사용해 PHP 설정을 확인해야 한다. 여기부터는 호스팅 서비스를 받고 있다고 가정하겠다.[9]

이 방법을 사용하려면 PHP 페이지를 처리하기 위한 아파치 PHP 모듈을 사용할 수 있어야 한다. 그리고 PHP가 적절하게 동작하는지 확인해야 한다. 이 방법은 PHP가 일반적인 CGI 프로그램처럼 동작한다면 적용할 수 없다. info.php라는 파일을 만들어 설정을 테스트해보자.

---

8 http://www.mikeindustries.com/blog/archive/2005/07/make-your-site-mobile-friendly
9 이 책에서 설명한 내용을 스스로 설정하기 어렵다면 드림호스트에서 저렴한 호스팅 서비스를 찾아볼 수 있다. WDFD 코드로 할인을 받을 수 있다.

```
mobile/info.php
```

```php
<?php phpinfo(); ?>
```

그림 19.3과 비슷한 결과를 볼 수 있을 것이다. 서버 API 값은 아파치 2.0 모듈이 되어야 한다.[10]

그림 19.3 아파치 모듈을 사용해 PHP 설정

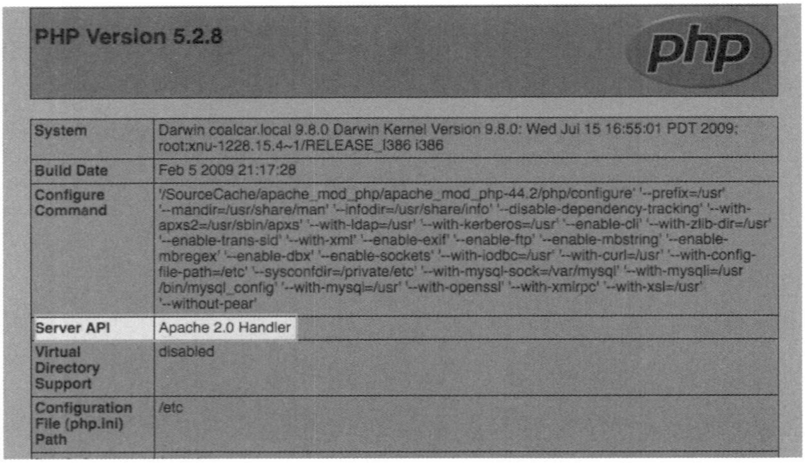

아파치 서버에서 모든 HTML 파일이 적절한 필터를 적용할 수 있게 PHP 인터프린터를 거치도록 하려면 특별한 지시를 추가해야 한다. 웹사이트 루트 디렉터리에 있는 .htaccess 파일을 수정해서 이를 처리할 수 있다. 파일에 다음과 같은 항목을 추가한다.

```
mobile/.htaccess
```

```
AddType application/x-httpd-php .html .htm
```

---

10 PHP를 다룰줄 모른다면 배워야 한다. 개인적으로 흥미로운 언어는 아니지만 웹 애플리케이션을 개발한다면 매우 다양한 분야에서 활용할 수 있고, 강력하며 널리 사용되고 있기 때문에 적어도 익숙해져야 하는 언어라고 생각한다.

이제 PHP 인터프린터에서 모든 HTML 파일을 읽을 것이다.

핸들러 작성하기

autoprepend와 autoappend라고 불리는 매우 유용한 기능을 사용할 것이다. 이 기능은 각 페이지 요청 전과 요청 후에 스크립트를 실행시키는 역할을 한다. 이 기법을 사용해 로그를 남기거나 나중에 사용할 변수를 설정할 수 있다. 또한 서버의 응답을 버퍼에 담아 분석하는 기능으로도 사용할 수 있다.

마이크 데이비슨이 제공하는 예제 코드를 기반으로 prepend 스크립트를 작성하는 것부터 시작해보자.

global_prepend.php라는 이름으로 파일을 만들고 다음 코드를 추가한다.

mobile/global_prepend.php

```
Line 1  <?php
    -   function callback($b) {
    -
    -       $mobile_domain = "m.yourfoodbox.com";
    5       $web_domain = "www.yourfoodbox.com";
    -
    -       if ($_SERVER['SERVER_NAME' ] == $mobile_domain) {
    -
    -           // replace www.yourfoodbox.com with m.yourfoodb.com
   10           $b = str_replace($web_domain, $mobile_domain, $b);
    -
    -           // replace all hyperlinked images with regular links, using the alt text
    -           $b = preg_replace('/(<a[^>]*>)(<img[^>]+alt=")([^"]*)("[^>]*>)(<\/a>)/i',
    -             '<p class="link">$1$3$5</p>' , $b);
   15
    -           // replace images with paragraph tags
    -           $b = preg_replace('/(<img[^>]+alt=")([^"]*)("[^>]*>)/',
    -             '<p class="image">[$2]</p>' , $b);
    -
   20           // strip out stylesheet calls
    -           $b = preg_replace('/(<link[^>]+rel="[^"]*stylesheet"[^>]*>|style="[^"]*")/i',
    -             '' , $b);
    -
    -           //remove scripts
    -           $b = preg_replace('/<script[^>]*>.*?<\/script>/i' , '' , $b);
    -
    -           // remove style tags and comments
    -           $b = preg_replace('/<style[^>]*>.*?<\/style>|<!--.*?-->/i' '' , $b);
```

```
30       // add robots nofollow directive to keep the search engines out!
  -      $b = preg_replace('/<\/head>/i' ,
  -        '<meta name="robots" content="noindex, nofollow"></head>' , $b);
  -
  -      }
35    return $b;
  -
  -   }
  -   ob_start("callback");
  -   ?>
```

2행부터 HTML 페이지의 콘텐츠를 문자열로 가져오는 함수를 정의하고 있다. 4, 5행에서는 기존 도메인과 모바일 도메인 변수를 지정하고 있으며 7행에서는 사용자 요청이 들어온 도메인과 모바일 도메인을 비교해 같으면 콘텐츠를 정제하기 시작한다.

10행에서는 기존 도메인 값을 모바일 도메인으로 모두 대체한다. 이렇게 하면 직접 작성된 링크라도 모바일 도메인으로 연결하게 되고, 의도치 않게 사용자를 잘못된 도메인으로 보내는 일을 사전에 예방할 수 있다. 12행에서는 회원 가입이나 로그인 이미지와 같은 모든 이미지 링크를 이미지의 alt 텍스트를 사용해 일반 링크로 대체한다. 16행에서는 나머지 이미지를 alt 텍스트로 대체하고 대괄호로 감싼다.

20행부터는 스크립트를 호출하는 스타일시트 링크와 인라인 스타일, 주석을 벗겨내기 시작한다. 이렇게 하면 디바이스가 내려받는 데이터의 양을 감소시켜 명백하게 모바일 디바이스에서의 성능을 향상시킬 수 있다. 또한 내려받거나 전송하는 데이터의 양에 따라 과금되는 요금제를 선택한 사용자를 만족시킬 수 있다.

30행에서 마지막 작업이 이루어진다. 페이지 헤더에 해당 페이지나 어떤 링크도 검색 엔진에서 인덱싱하는 것을 중단하게 하는 지시문이 추가된다. 검색엔진 목록에 두 가지 버전의 사이트가 따로 올라가는 것을 원하지는 않을 것이다.

페이지 변경 작업을 마치면 다시 문자열을 되돌려준다. 38행에서 ob_start 함수를 호출하면 출력 버퍼를 가동시키고 콜백 함수를 버퍼로 넘겨서 응답이 종료될 때 실행되도록 한다. 콘텐츠를 표현하기 위해 global_append.php라는 파일을 만들어서 응답의 마지막에 붙여야 한다.

```php
<?php
  ob_end_flush();
?>
```

이 파일은 콘텐츠 버퍼에서 변경된 콘텐츠를 내보내어 페이지를 표시하게 된다. 이 단계를 빠뜨리면 사용자는 아무것도 볼 수 없다. 이제 남은 일은 필터를 활성화시키는 것이다. 두 줄만 .htaccess 파일에 추가시켜 주면 된다.

```
php_value auto_prepend_file
    /home/yourfoodbox/yourfoodbox.com/global_prepend.php
php_value auto_append_file
    /home/yourfoodbox/yourfoodbox.com/global_append.php
```

서버상에서 각 스크립트에 대한 전체 경로가 필요하다. 이 파일을 서버에 올려놓으면 모바일을 위한 준비가 끝난다.

개선할 점

이 시점에서 사이트의 모바일 버전이 좋아 보이긴 하지만 사용성을 좀더 향상시킬 수도 있다. 최상단에 건너뛰기 링크를 배치하면 콘텐츠로 바로 이동하게 할 수 있으며 회원을 위해서는 로그인과 회원 가입 링크를 건너뛰기 링크 영역에 배치할 수 있다. 이렇게 하는 것은 스크린 리더 사용자를 위한 성능 향상에 좋은 방안이기도 하다.

FastCGI로 PHP 운영하기

만약 서버에서 PHP 페이지를 서비스하는 데 아파치 모듈을 사용할 수 없다면 이 방법을 사용해도 무관하다. .htaccess 파일에서 auto_prepend 설정을 사용할 수 없지만 서버의 php.ini 파일을 다음과 같이 수정해서 해당 설정을 지정할 수 있다.

```
auto_prepend_file =
    /home/yourfoodbox/yourfoodbox.com/global_prepend.php
```

```
auto_append_file =
    /home/yourfoodbox/yourfoodbox.com/global_append.php
```

마지막으로 HTML 페이지가 FastCGI를 거치도록 .htaccess.file에 다음 코드를 추가 해야 한다.

```
AddType php5-cgi .html .htm
```

AddType 설정은 웹 서버가 어떻게 설정되어 있는지에 따라 달라질 수 있기 때문에 문제가 생긴다면 관련 문서를 확인해보거나 시스템 담당자, 웹 호스팅 업체에 문의해 보기 바란다.

19.6 모바일 사용자를 위한 구조 개선

이번 장에서 제시한 해결책은 응급조치 수준이었기 때문에 복잡한 사이트라면 충분하지 못했을 것이다. 모바일 사용자가 어떻게 다르고 웹사이트의 모바일 버전이 따로 필요한 것은 아니라는 내용도 논의했다. user agent에 따라 최종 사용자에게 다른 형식의 화면을 제공하는 서버 측 기술을 알아두면 좋을 것이 다. 사이트에서 콘텐츠 관리 시스템을 사용하고 있거나 최소한 데이터베이스를 기반으로 하고 있다면 그렇게 어렵지는 않을 것이다.

19.7 요약

모바일 사용자는 데스크톱 사용자와 요구사항이 완전히 다르며 이런 차이는 급속하게 커져갈 것이다. 아이폰이나 안드로이드 같은 모바일 기술은 점점 대 중화되며 이런 사용자를 위해 좀더 풍부하고 인터랙티브한 솔루션을 제공해야 할 것이다. 이는 모바일 사용자가 자신들이 사용하는 모바일 디바이스에 상관 없이 사용할 수 있는 유용한 모바일 사이트를 만드는 데 필요한 도구나 지식을 지금 당장 익혀야 한다는 이야기다.

20장

테스트와 성능 향상

훌륭한 디자인도 낮은 완성도를 극복하지는 못한다. 건고한 사이트를 만들기 위해 많은 시간을 투자했지만 사이트를 보기 위해 최종 사용자가 오래 기다려야 한다면 부끄러운 일이다. 잠재적인 문제 영역을 인식할 수 있다면 성능을 개선할 수 있다.

20.1 성능 향상을 위한 전략

성능 향상을 이야기할 때는 주로 사용자를 위해 페이지 로드를 빠르게 만드는 방법을 이야기한다. 서버 측에서 동적으로 만들어진 페이지를 캐싱하는 것과 같은 기술을 사용할 수 있다. 하지만 일단 웹 서버로부터 최대한의 성능을 끌어 냈다면, 클라이언트에서 성능에 영향을 미칠 수 있는 사이트 디자인과 관련된 몇 가지를 조사해볼 수 있다. 다행스럽게도 이를 확인하고 수정하기란 어렵지 않다.

먼저 HTML, CSS, 자바스크립트 파일의 전체 크기를 살펴보자. 문서에 포함된 글자 수는 최종 사용자에게 전달되는 데 걸리는 시간에 영향을 미친다. 크기를 최소화하는 것이 대단하지 않다고 생각할 수 있지만 매일 수천 번의 요청을 서비스한다고 할 때 계속 누적되는 양을 고려하면 무시할 수 없다.

다음으로는 페이지에서 불러오는 이미지 크기를 살펴보자. 앞에서 이미지 최적화를 이야기했는데, 웹사이트에 추가하기 전에 파일의 크기를 줄이고 압축하는 것을 잊어버릴 수도 있다. 또한 일부 타입의 이미지는 포토샵에서 제공하는 압축보다 더 압축시킬 수 있다.

사용자의 브라우저에서 요청하게 될 파일의 숫자를 조사해야 한다. 웹페이지 하나에 스타일시트 세 개, 자바스크립트 파일 두 개, 이미지 다섯 개가 링크되었다면 서버 요청은 총 열한 번 하게 된다. 사용자의 브라우저는 HTML 파일을 내려 받고 나서 필요한 다른 파일을 얻기 위해 추가적인 요청을 시작한다.

이미지와 스크립트는 단말기에 캐시를 남겨놓을 수 있기 때문에 아마도 매번 요청을 반복하지는 않을 것이다. 하지만 자원이 너무 많아서 느려지는 사이트를 만나기도 하며, 일부 브라우저에서는 HTTP 1.1 스펙에 따라 한 번에 두 번의 요청만 가능하게 제약을 걸기도 한다.[1]

마지막으로 자주 변경되지 않는 파일을 확인해서 사용자의 브라우저에서 계속해서 새로운 버전이 있는지 확인하려는 것을 막는 전략을 활용할 필요도 있다. 재구성을 마치고 나면 로고나 스타일시트, 스크립트를 오래도록 캐시로 담을 수 있도록 안전하게 지시할 수 있다.

Foodbox를 살펴보고 어떻게 적용할지 고민해보자.

20.2 결정적인 성능 이슈

너무 이른 최적화는 결코 좋은 생각이 아니다. 하지만 닥쳐올 잠재적인 성능 문제를 두려워하지 않는 것도 어리석은 일이다. 외부적인 관점에서 잠재적인 이슈를 점검하는 몇 가지 방법을 사용할 수 있다.

여기서 제안하는 방법은 인터넷으로 접속 가능한 서버에 페이지가 올라가 있다는 것을 가정하고 있다.

---

1 http://www.w3.org/Protocols/rfc2616/rfc2616-sec8.html#sec8.1.4

속도 테스트

Web:SiteOptimization.com은 어떤 URL이든 크기, 다운로드되는 페이지와 개별적인 파일의 횟수를 확인할 수 있으므로 어떤 자원부터 최적화할지 도움을 얻을 수 있다. 파이어폭스로 사이트에 방문했다면 웹 개발자 툴바에서 Tools 〉 Speed Test에서 속도를 확인할 수 있다.

속도 테스트를 해보면 사이트 이미지의 크기가 59KB라는 것을 볼 수 있다. 마이크로소프트의 홈페이지를 측정해보면 이미지 크기가 61KB인 반면 어도비 홈페이지는 156KB다. 이것만 비교해보면 우리의 사이트는 꽤 괜찮은 편이다.

속도 테스트에서는 CSS 파일과 자바스크립트 파일을 압축하면 얼마만큼의 공간을 절약할 수 있는지 알 수 있다. 그리고 이미지 중 일부의 높이와 넓이를 지정하지 않았다는 것도 보여준다. 이런 것들은 콘텐츠 문서에서 수정해야 한다. 이미지 속성을 지정하는 것은 그렇게 중요한 문제는 아니다. (대다수 이미지는 스타일시트에서 삽입했기 때문이다.) 하지만 브라우저에서 이미지의 면적을 별도로 판단하지 않아도 되기 때문에 더 빠르게 사이트를 처리할 수 있다. HTML 문서 내에서 모든 이미지의 높이와 넓이를 지정하면 이미지를 불러오는 동안에도 브라우저에서 텍스트를 표현할 수 있다. 이미지의 면적을 명시하는 데는 img 태그의 height와 width 속성을 사용한다.

모뎀 사용자들이 전체 페이지를 열어보기 위해 얼마나 오랫동안 기다려야 하는지 알면 깜짝 놀랄 것이다. 보고서를 보면 홈페이지의 모든 이미지, 스타일, 콘텐츠를 열기 위해 56Kbps 모뎀 사용자는 15.59초를 기다려야 한다. 이 시간이 길어 보이지만 모뎀 사용자들이 56초 이상을 기다려야 하는 마이크로소프트의 홈페이지와 비교해보면 그렇지도 않다.[2]

YSlow

속도 테스트는 수많은 좋은 정보를 제공해주지만 발견된 문제를 수정하기 위

---

2 주변에 이런 사람이 없다고만 생각하지 말자. 저소득 계층과 도시 외곽 지역은 아직도 초고속 인터넷을 사용하기가 쉽지 않다.

그림 20.1 YSLOW에서 지적받을 만한 몇 가지 문제점을 찾아냈다.

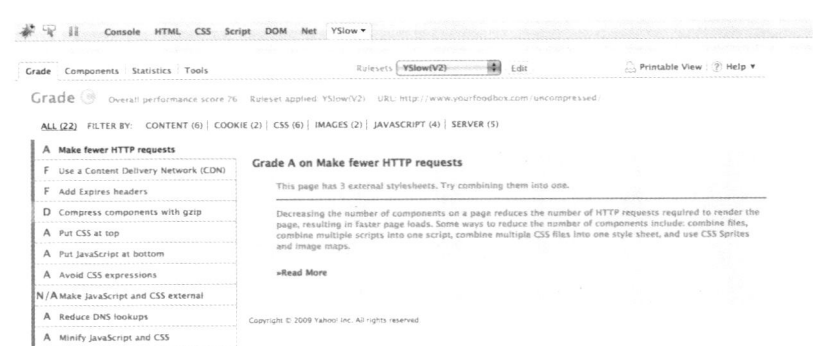

한 방법은 제시하지 못한다. 야후에서 제공하는 YSlow는 파이어버그 확장 기능 중 하나로 페이지의 등급을 매겨주고 무엇 때문에 느려지는지에 대한 팁을 제공한다.

YSlow 확장 기능은 페이지의 등급을 매기고 성능을 향상시키기 위한 팁을 제시한다. YSlow에서 지적하는 모든 팁을 다룰 수는 없겠지만 커다란 차이를 만들 수 있는 몇몇 공통적인 문제는 대응해주어야 한다.

Foodbox 사이트의 보고서에서는 ETag 설정과 압축 기능의 사용, 스크립트 줄이기, 캐시 만료 정책에 대한 검토를 해야 한다고 제안하고 있다(그림 20.1 참고). 해당 문제를 좀더 상세히 다루어볼 것이다.

20.3 성능 바로잡기

보고서를 읽었다면 이제는 잠재적인 문제에 어떻게 접근할지 결정해야 한다. 상황에 따라 얻을 수 있는 이익 대비 비용의 균형을 맞추어야 한다. 여기서 소개하는 각 해결책은 장점과 단점을 가지고 있다.

헤더에 만료 기간 설정하기

콘텐츠가 거의 변하지 않는다면 콘텐츠의 만료 기간을 아주 먼 미래로 설정하거나 적어도 몇 시간 이후로 설정해야 한다.

아파치 서버에서 mod_expires 모듈을 사용한다면 모든 JPEG, GIF, PNG 파일에 대해 최종 수정된 날로부터 한 시간 동안 유효한 캐시를 만들도록 다음 코드를 사용할 수 있다.

```
ExpiresActive On
ExpiresDefault A0
<FilesMatch "\.(jpg|png|gif)$" >
  ExpiresDefault A3600
</FilesMatch>
```

ExpiresDefault 속성은 캐시에 대한 기본적인 만료값을 0으로 설정한다. A가 의미하는 것은 첫 번째 접속이라는 뜻이다. ExpiresDefault 값은 초단위로 설정된다. 예제에서는 파일의 최종 수정 일자로부터 3600초 이후에 만료되도록 설정했다. 이 규칙은 서버에서 매시간마다 이미지가 바뀌는 것이 아니라면 쓸모가 없다는 사실을 짐작할 수 있다.

좀더 자세하게 문장으로 설정할 수도 있다.

```
ExpiresActive On
ExpiresByType text/html "access plus 30 seconds"
ExpiresByType text/css "access plus 1 hour"
ExpiresByType text/javascript "access plus 1 hour"
ExpiresByType image/png "access plus 1 day"
ExpiresByType image/jpg "access plus 2 months"
ExpiresByType image/gif "access plus 1 year"
```

이 방법은 확장자 대신 헤더에 지정된 MIME 타입을 기반으로 처리된다. 파일을 전송하는 데 서버 측 스크립트를 사용하는 경우에 유용한 방법이다.

헤더에서 만료일을 머나먼 미래로 설정하는 것이 좀더 현명하다. 다음은 헤더에 만료일을 먼 미래의 언젠가로 설정하는 코드다.

```
<FilesMatch "\.(jpg|png|gif|css|js)$" >
  Expires A31536000
</FilesMatch>
```

이렇게 하면 사이트에 있는 이미지나 스타일시트, 자바스크립트에 브라우저가 처음 접근하고 나서 1년간 유효하게 만료일이 설정된다. 이렇게 설정된 규칙은 서버에 대한 요청을 현저하게 감소시킬 수 있다.

만료 일자를 먼 미래로 설정했을 때의 문제점은 파일을 변경하더라도 사용자의 캐시를 강제로 지울 수 없기 때문에 파일명이나 파일에 대한 쿼리문을 수정해야 한다는 것이다. 그런데 고정적인 웹사이트라면 파일명을 자주 변경해야 하기 때문에 이 경우엔 헤더에 먼 미래를 설정하는 방법은 권장하지 않는다. 다행스럽게도 많은 웹 애플리케이션 프레임워크에서는 먼 미래로 만료일을 설정하면, 배포를 하거나 화면에 표시하는 시점에서 파일명을 바꾸어 적절하게 처리해준다. 사용하고 있는 프레임워크에서 만료일을 처리해주지 않는다면 새로운 버전으로 파일을 바꿀 때 파일명을 바꾸어주어야 한다. 사용자의 캐시를 무효화시킬 수 없다.

캐시 성능을 높이기 위해 ETag 살펴보기

최근에 사용되는 웹 서버에서는 Entity 태그라는 요청 헤더를 지원한다. 일반적으로 ETag라고 불린다. 브라우저에서 요청을 할 때 URL에 대한 ETag를 기록에 남긴다. 사용자가 동일한 URL을 두 번째 요청하면 새로운 요청에 대한 ETag의 해쉬값을 브라우저가 이미 알고 있는 값과 비교한다. ETag 값이 동일하다면 페이지 콘텐츠는 다운로드되지 않으며 브라우저는 캐시된 복사본을 사용하라고 지시한다. 이런 방식은 대역폭을 줄일 수 있고 사용자 경험을 증가시킨다.

파일 크기와 최종 수정 일자, 체크섬 등 다양한 형식을 사용해 ETag를 산정할 수 있다. ETag의 구현은 생성 주체인 웹 서버가 결정할 일이다. 서버 측 프레임워크를 사용한다면 자신만의 ETag를 만들어서 최종 수정 일자를 적용할 수 없는 RSS 피드나 동적인 CSS, 자바스크립트도 관리할 수 있다.

적절하지 않게 생성된 ETag는 사용자가 방문할 때마다 전체 페이지를 다시 요청하게 한다. 이를 부적절하게 사용하면 심한 경우에는 사용자가 새로운 콘텐츠를 볼 수 없게 가로막기도 한다. 페이지를 서비스하는 데 로드밸런싱 서버를 사용하고 있다면 각 백엔드 서버에서 ETag를 따로 생성하게 할 수 있다.

아파치와 IIS에서는 동일한 페이지에서 완전히 다른 ETag를 생성한다. 그래서 ETag를 올바르게 설정하지 않았다면 각 서버에 요청이 분산되는 것을 피해야 할 것이다.

아파치 서버에서 페이지를 서비스하고 있다면 웹사이트의 .htaccess 파일에 다음과 같은 내용을 추가해서 ETag 헤더를 설정할 수 있다.

```
FileETag MTime Size
```

이렇게 하면 파일의 최종 수정일자와 파일 크기를 가지고 ETag를 생성한다.

ETag를 사용할 때

RSS 피드나 웹 서비스, 블로그 콘텐츠의 경우에는 디스크에 파일로 저장하지 않아야 하며 사용 가능한 수정일을 적용할 수 없다. 이런 경우에는 스크립트에서 ETag 헤더를 설정해야 한다. 파일을 제공하는 데 클러스터링을 사용한다면 최종 수정일이 달라질 수 있으며 양쪽의 서버가 동일한 콘텐츠를 동일한 ETag로 생성하지 않기 때문에 파일이 캐시되지 않는다고 생각할 수 있다.

최종 수정일이 정확하다고 신뢰할 수 없거나 최종 수정일이 설정되지 않은 경우에는 콘텐츠의 해시를 만들거나 다른 독특한 메커니즘으로 자신만의 ETag를 만들어야 할 수도 있다.

ETag는 웹사이트의 앞 단에 캐시 메커니즘이 있는 경우에 유용하다. 프론트엔드 서버는 백엔드로부터 콘텐츠를 가져와야 하는지 자체적으로 캐시된 콘텐츠를 제공해야 하는지를 판단하는 데 ETag를 사용할 수 있다.

ETag 사용하지 않기

만료일을 지정한 정적인 사이트의 경우에는 ETag가 필요치 않으며 오히려 화면에 표기되는 시간을 지연시키기만 한다. ETag를 사용하더라도 여전히 클라이언트에서 서버로의 요청은 필요하다. 서버에서 전체 응답 데이터를 보내지 않는다고 할지라도 여전히 트래픽은 발생한다.

이제부터 사이트에서 완전히 ETag를 사용하지 않게 할 것이다. 그리고 설정된 만료 헤더값에 전적으로 의존할 것이다. .htaccess 파일에 다음 코드를 집어

넣는다.

```
FileETag None
```

YSlow는 ETag를 무시하더라도 적절한 설정값을 지정했다면 좋은 점수를 부여한다. 결국에는 홈페이지와 기타 페이지는 데이터베이스로부터 만들어지는데 매 요청마다 페이지를 다시 만들어서 제공하기를 원하지는 않을 것이다. 그렇다면 자신만의 ETag를 만들거나 서버 측 코드로부터 만료일자 헤더를 설정할 수 있으며 새로운 콘텐츠를 보낼지 결정하는 데 ETag를 사용할 수 있다.

자원 서버로 요청을 분배하기

이미지, 스타일시트, 스크립트와 관련된 링크를 상대 경로로 지정하는 것은 대형 웹사이트에서 최선의 접근이 아닐 수 있다. 많은 브라우저가 주어진 웹 서버에 대한 동시 접속수를 제한하고 있다. 페이지에 포함된 외부 자원 링크가 스무 개라면 인터넷 익스플로러 7에서는 서버와 20번의 연결을 시도하지만, 한 번에 두 개의 연결만 성공한다.[3] 이렇게 되면 사이트가 매우 느리게 보일 수 있다. 일부 브라우저는 동시 접속수를 늘릴 수 있지만 서버에 대한 동시 요청이 많아지면 서버에 대한 부하가 높아진다. 콘텐츠를 가능한 빠르게 제공하고자 할 때 해야 할 일 중 하나는 자원을 여러 서버에 분산시키는 것이다. 예를 들어보면 다음과 같은 형식을 비교해 볼 수 있다.

```
<img src="images/banner.jpg"/>
<script src="scripts/prototype.js"></script>
```

다음과 같은 형식으로 구성한다면 더 나은 환경을 구현할 수 있다.

```
<img src="http://images.foodbox.com/banner.jpg"/>
<script src="http://scripts.foodbox.com/js/prototype.js"></script>
```

---

3 (옮긴이) 동시 접속에 대한 HTTP 1.1 스펙은 http://www.w3.org/Protocols/rfc2616/rfc2616-sec8.html에서 참고할 수 있다.

ㅎ-지만 후자의 접근에도 몇 가지 단점이 있다. 먼저 좀더 많은 서버를 관리해야 하며 외부 의존성도 발생한다. 그리고 프로토콜을 포함한 절대 링크가 HTTP인지 HTTPS인지 확인해야 한다. 사이트에서 상거래 활동을 해야 한다면 사용자에게 페이지 정보를 제공할 때 SSL이 필요할 수 있으며 다른 외부 자원도 SSL을 통해야 한다. 즉 자원 서버에서 SSL을 지원해야 하며 절대 링크에서 http://를 https://로 바꾸어야 한다. 이를 잊어버리면 최종 사용자에게 보안 경고창이 보여지고 페이지가 적절히 표시되지 않을 수 있다.

또한 이것이 최선의 방법인지 결정해야 한다. 외부 서버는 논외로 하고(자원을 여러 장비에 배포해야 하는 추가적인 작업은 언급하지 않겠다) 자원은 일반적으로 최종 사용자의 브라우저에 캐시된다. 그래서 매번 동일한 스타일시트와 이미지를 다운로드하지 않는다. 캐시를 활용하는 것은 트래픽이 많은 사이트인 경우에 처음 사이트에 방문한 사용자의 경험에 현저한 차이를 만들 수 있기 때문에 최적의 선택일 수 있다. 또한 정적인 이미지와 스크립트를 특화된 웹 서버에 위임할 수 있기 때문에 애플리케이션 서버의 중압감을 풀어주는 데에도 좋은 접근 방법이다.

자원을 아마존 S3과 같은 클라우드 서비스에 올려놓는 것도 최근에는 일반적이다. 일정 수준 이상의 배포 트래픽이 필요하다면 이런 서비스를 살펴보기를 권장한다.

파일 압축

최신의 웹 서버들은 콘텐츠를 압축해서 다운로드 시간을 줄일 수 있는 기능을 제공한다. 아파치 서버를 사용하고 있다면 mod_deflate를 활성화시키고 .htaccess 파일에 몇 가지 코드를 추가해서 압축을 지원할 수 있다.

```
AddOutputFilterByType DEFlATE text/html text/css \
    application/x-javascript
ErowserMatch ^Mozilla/4 gzip-only-text/html
ErowserMatch ^Mozilla/4\.0[678] no-gzip
ErowserMatch \bMSIE !no-gzip !gzip-only-text/html
```

예제 앞 부분의 두 Browsermatch 규칙은 넷스케이프 구 버전에서 압축된 파일을 제공하지 않게 하는 것이고 나머지 규칙은 인터넷 익스플로러를 넷스케이프로 인식하게 될 때 압축을 다시 활성화시키라는 규칙이다.

스크립트를 축소하기

자바스크립트와 CSS 라이브러리의 크기가 커질 수 있는데 이런 경우에는 코멘트, 줄바꿈, 공백을 제거해서 스크립트를 축소하거나 파일 크기를 줄여야 한다. 하지만 변수명이나 함수명의 글자수를 줄이는 것은 자바스크립트 코드를 혼란스럽게 만들 수 있다.

최소화는 웹 서버에서 파일을 압축해 사용하고 있다면 불필요한 단계다. 하지만 최소화를 지원하면 개발자가 주석을 표시하거나 여백을 남기는 것을 신경 쓰지 않을 수 있다. 압축에서 모든 글자를 압축하는 것은 아니기 때문에 최소화 프로세스로 가능한 것을 삭제하고 파일 크기를 최소화할 수 있다.

야후에서는 YUI 압축 도구[4]를 제공한다. 이 명령행 도구로 CSS와 자바스크립트를 최소화할 수 있다. 다음과 같이 사용하면 된다.[5]

```
java -jar yuicompressor-2.4.2.jar \
    --type js prototype.js > prototype.min.js
```

멋지게 정렬된 스타일과 스크립트를 작업 폴더에 그대로 유지하며 사이트에 최소화된 파일을 배포할 수 있다. CSS와 JS 파일의 사본을 만들어서 YUI 압축 도구에서는 사본의 크기를 줄여준다. 그리고 최소화된 파일을 원본 대신 사이트에 올리게 된다.

최소화와 자동화 배포

전문적인 웹 개발자라면 웹사이트의 배포를 자동화한다. 직접 업로드하기란 매우 지루한 일이고 자주 반복된다면 더욱 힘들다. 배포 자동화는 워크플로를 한 번 지정하고 나면 컴퓨터가 동작을 제어하게 된다. 프로세스를 자동화하면 특정 단계나 파일을 빠뜨리지 않을 수 있다.

---

4 http://developer.yahoo.com/yui/compressor/
5 (옮긴이) 최신 버전은 2.4.6이다.

자동화된 배포 시스템을 이미 준비하고 있다면 최소화 단계를 프로세스에 쉽게 추가할 수 있다. 복잡한 배포 프레임워크를 가지고 있지 않아도 괜찮다. 예를 들어 다음에 소개할 루비 스크립트는 CSS와 자바스크립트 파일을 최소화하고 웹 호스트에 전체 사이트를 업로드해준다. 스크립트를 처리하려면 net-scp gem[6]이 필요하다. 준비가 됐다면 원격 서버를 설정하고 스크립트에 YUI 압축 도구의 위치를 지정해준다. 프로젝트 폴더에 bin 폴더 안에 YUI 압축 도구와 관련된 JAR 파일을 배치할 것을 권장한다.

performance/deploy.rb

```
# 프로젝트에서 CSS 파일과 JS 파일을 찾아서
# 야후 압축 도구를 적용하고
# SCP 명령으로 전체 사이트를 웹 서버에 업로드 한다.

# 아래 설정에서 야후 압축 도구의 경로를 적절하게 설정한다.
# 압축을 하지 않는다면 COMPRESS 속성을 false로 지정한다.

COMPRESS = true
WORKING_DIR = "working"
REMOTE_USER = "homer"
REMOTE_HOST = "yourfoodbox.com"
REMOTE_PORT = 22

REMOTE_DIR = "/home/#{REMOTE_USER}/yourfoodbox.com/"

FILES = ["index.html" ,
  ".htaccess" ,
  "global_append.php" ,
  "global_prepend.php" ,
  "favicon.ico" ,
  "stylesheets" ,
  "images"
]

COMPRESSOR_CMD = 'java -jar bin/yuicompressor-2.4.2.jar'
# 설정 완료

require 'rubygems'
require 'net/scp'
require 'fileutils'
```

---

6 다음과 같이 gem을 설치한다. sudo gem install net-scp

```ruby
@errors = []

FileUtils.rm_rf WORKING_DIR
FileUtils.mkdir WORKING_DIR
FILES.each do |f|
  if File.directory?(f)
    FileUtils.cp_r f, WORKING_DIR
  else
    FileUtils.cp f, WORKING_DIR
  end
end

# 서버 작업 폴더에 파일 업로드
def upload(files)
  Net::SCP.start(REMOTE_HOST, REMOTE_USER, :port => REMOTE_PORT)
do |scp|
    files.each do |file|
      puts "uploading #{file}"
      if File.directory?(file)
        scp.upload! "working/#{file}" , REMOTE_DIR, :recursive =>
true
      else
        scp.upload! "working/#{file}" , REMOTE_DIR
      end
    end
  end
end

# 작업 폴더 내에 모든 CSS파일과 JS파일을 찾아서 최소화하기
def minify(working_dir)
  files = Dir.glob("#{working_dir}/**/*.{css, js}" )
    files.each do |file|
      type = File.extname(file) == ".css" ? "css" : "js"
      newfile = file.gsub(".#{type}" , ".new.#{type}" )
      puts "minifying #{file}"
      `#{COMPRESSOR_CMD} --type #{type} #{file} > #{newfile}`

      if File.size(newfile) > 0
        FileUtils.cp newfile, file
      else
        @errors << "Unable to process #{file}."
    end
  end
end

minify(WORKING_DIR) if COMPRESS

if @errors.length == 0
```

```
  puts "Deploying"
  upload(FILES)
else
  puts "Unable to deploy."
  @errors.each{|e| puts e}
end
```

이제 한 단계 더 나아가 모든 CSS 스크립트를 새로운 파일에 합칠 수도 있다. 그리고 모든 HTML 문서에 있는 스타일시트 호출 부분을 새롭게 만든 스타일시트 호출로 대체할 수 있다. 하나의 압축된 파일로 만들어지면 사이트에 대한 요청 횟수도 줄일 수 있다.

20.4 이미지 최적화

10장 「목업에서 이미지 만들기」에서는 포토샵에서 이미지를 어떻게 최적화하는지를 배웠다. 하지만 일부 경우 이미지를 좀더 압축할 수 있다. 예를 들어 야후의 Smush-It! 서비스는 몇 개의 오픈 소스 도구로 이미지를 최적화시켜주는 서비

그림 20.2 SMUSH-IT!를 사용하면 이미지를 13% 줄일 수 있지만 그래봐야 2KB 남짓이다.

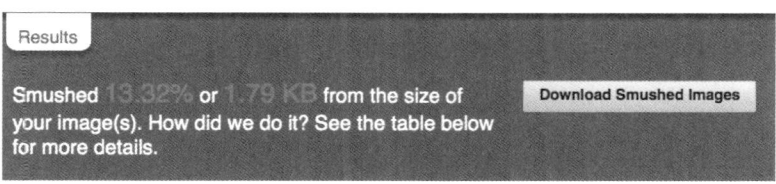

스다. 또한 YSlow 확장 기능을 활용하면 자동으로 모든 이미지를 최적화한다. Foodbox 사이트에는 Smush-It! 서비스를 적용해봤다. 그림 20.2에서 결과를 볼 수 있다.

결과에 따르면 Smush-It!은 이미지의 크기를 13퍼센트 줄일 수 있다. 얼핏 보아서는 대단해 보인다. 하지만 자세히 들여다보면 2KB도 채 안 되게 줄였을 뿐이다. 더 나쁜 점은 일부 파일이 GIF에서 PNG로 바뀌도록 요청되기 때문에 해당 이미지를 사용하는 스타일시트와 마크업을 수정해주어야 한다는 것이다. 이 경우에는 건드리지 않는 것이 나아 보인다.

스스로 해보기

Smush-It에서는 PNG 파일 최적화를 위해 Pngcrush를 사용하며 이미지 타입을 인식하고 GIF를 PNG로 바꾸기 위해서는 ImageMagick을 사용한다. 그리고 JPEG 파일의 메타데이터를 지우기 위해 JPEGTran을 사용한다.

간단한 실험으로 get_cookin.gif 파일을 PNG 파일로 변환하고 Pngcrush로 최적화해 보자.

```
convert get_cookin.gif tmp.png
pngcrush -rem alla -reduce --brute tmp.png get_cookin.png
```

두 파일을 비교해보면 파일 크기는 동일하다. 이런 경우에는 추가적인 단계가 효과가 없으며 포토샵 필터면 충분하다.

하지만 회원 가입 버튼을 최적화했을 때에는 다른 결과를 얻었다.

```
pngcrush -rem alla -reduce --brute btn_signup.png btn_signup2.
png
```

원래 파일이 2.4KB였고 새로운 파일은 2.3KB였다. 크기가 같지는 않지만 차이가 크지도 않다.

결국 이 경우에는 이미지 최적화가 성능을 향상시키는 데 필요하지 않다. 하지만 사이트 개발에 있어 알아놓아야 하는 것들이다. 이런 기법이 도움이 된다면 관련 항목을 스크립트에 추가해 개발 프로세스에서 쉽게 확인할 수 있게 해야 한다.

그림 20.3 최적화를 거치면서 사이트 방문자들이 서버를 반복적으로 접속하는 것을 예방할 수 있게 됐다.

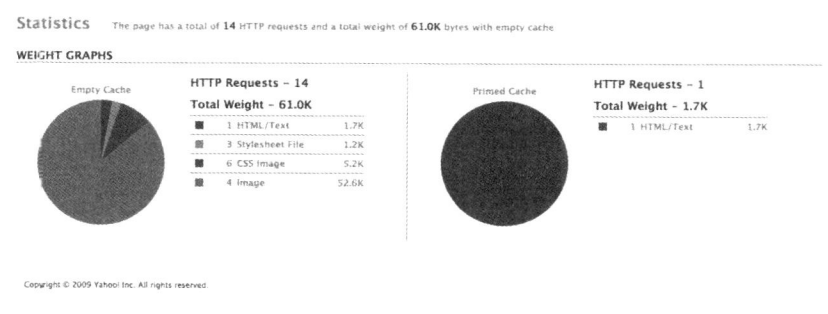

20.5 요약

이번 장에서 논의된 기술을 구현하면 처음 방문 이후에 좀더 빠르게 페이지를 볼 수 있게 된다(그림 20.3 참조). 여기서는 성능 최적화를 살짝 맛보기만 했을 뿐이며, 문제가 생겼을 때 사이트의 반응을 어떻게 향상시킬 수 있을지는 좀더 깊은 내용을 알아야 한다. ETag, 압축, 최소화, 만료일 지정을 적절히 사용하면 지속적으로 요청을 감소시키고 사이트에서 사용하는 대역폭의 양도 줄일 수 있다.

21장

앞으로 해야 할 일

Foodbox 사이트 작업은 이제 끝났다. 완료된 결과를 검토하고 다음 번에 어떻게 하면 좀더 발전된 구조를 만들 수 있을지 생각해보자. 이번 장에서는 향후 개발 프로세스를 향상시키기 위해 연구해 볼 만한 몇 가지 아이디어를 살펴볼 것이다.

21.1 추가적인 페이지와 템플릿

책 전체에 걸쳐 사이트를 디자인하는 데 많은 자원을 투자했다. 하지만 우리는 한 페이지만을 만들었을 뿐이다. 일반적인 사이트는 한 페이지 이상으로 구성되어 있고 내부 페이지는 아마도 홈페이지 구성과는 같지 않을 것이다.

두 번째 레벨 페이지

일반적인 사이트의 두 번째 레벨은 디자인도 다르다. 홈페이지는 보통 눈에 띄게 만들며, 나머지 페이지들도 홈페이지와 스타일은 비슷하지만 배너 크기가 작아지고 내비게이션도 수정되며 콘텐츠 사이드바 영역도 바뀐다. 두 번째 레벨 템플릿은 일반적으로 콘텐츠를 담기 위한 프레임으로 설계된다. 간단하게 두 번째 레벨 템플릿을 빠르게 만들어보고 적용해보자.

두 번째 레벨 템플릿 만들기

index.html 파일을 복사해서 level2.html이라는 새로운 파일을 만들고 콘텐츠 부분을 모두 삭제한다.

```
<div id="middle" >
  ...
</div>
```

이제 해당 영역을 다음과 같이 수정한다.

final/level2.html

```
<div id="middle">
  <div id="leftcol">
  </div>

  <div id="rightcol">
  </div>
</div> <!-- end of middle container -->
```

그러고 나서 class="level2"를 body 태그에 적용해야 한다. 새로운 클래스는 두 번째 레벨 템플릿에 특화된 CSS 선택자를 적용하게 한다.

레이아웃에 있어서는 heading 부분의 높이를 54px로 만든다. 그러고 나서 이전에 사용했던 floating 기술을 사용해서 2단을 정의한다.

final/stylesheets/layout.css

```
.level2 #header{height:54px;}
#middle {width:100%;}
#leftcol, #rightcol{
  margin:18px;
  float:left;
  display:inline;
}
#leftcol{width:558px;}
#rightcol{width:270px;}
```

헤더의 크기를 줄이고 나면 배경과 로고를 위한 새로운 이미지를 만들어야 한다. 포토샵에서 작업해도 되지만 ImageMagick을 사용해서 **빠르게** 이미지를 만들 것이다.[1] 윈도 터미널이나 명령행에서 이미지 폴더를 찾는다.

새로운 배너의 높이는 36px이다.

```
convert -geometry x36 banner.png banner_small.png
```

이제 level2.html 템플릿에서 사용할 이미지 이름이 banner.png에서 banner_small.png로 바뀌었다.

헤더 높이는 54px로 맞추고 나서 배경도 동일한 높이로 만들기를 원한다. ImageMagick의 잘라내기 명령을 사용해 높이를 조정할 수 있다.

```
convert -crop 1x54+0+0 background.gif background_level2.gif
```

crop 옵션의 인자 값에는 만들고자 하는 새로운 이미지의 넓이와 높이와 함께, 기준이 되는 X, Y 좌표나 원래 이미지 쪽에서 좌측 상단이 되는 좌표를 표시한다.

페이지 스타일 처리에 대한 부분은 middle 영역의 배경 색과 배경 이미지의 파일명을 바꿀 것이다.

final/stylesheets/style.css

```
.level2 #middle{background-color:#fff8e4 }
body.level2 {
  background: #fff url('../images/background_level2.gif')
repeat-x;
}
```

몇 개의 단계만으로 추가적인 페이지를 만들기 위해 사용할 간단한 템플릿을 만들었다.

템플릿으로 로그인 페이지 만들기

level2.html 템플릿을 사용해서 로그인 페이지를 만들 수 있다. 방금 만든 level2.html 페이지를 복사해서 login.html 파일을 만든다. 다음 코드를 login.

---

1 다음 링크에서 설치 파일을 다운받을 수 있다.
  http://www.imagemagick.org/script/index.php
  맥 사용자라면 MacPorts에서 다운받을 수 있고, 리눅스 사용자는 해당 배포판의 패키지 매니저에서 찾을 수 있을 것이다.

html 파일에 추가한다.

`final/login.html`

```
<div id="leftcol">
<h2>Log in</h2>
<form id="login" method="post" action="/user_sessions">
  <table>
    <tr>
      <th><label for="username">Username</label></th>
      <td>
        <input type="text" name="username"
          id="username" class="text" >
      </td>
    </tr>
    <tr>
      <th><label for="password">Password</label></th>
      <td>
        <input type="password" name="password"
          id="password" class="password" >
      </td>
    </tr>
    <tr>
      <th> </th>
      <td>
        <input type="checkbox" name="remember" id="remember"
          class="checkbox">
        <label for="remember">Remember me</label></td>
    </tr>
    <tr>
      <th> </th>
      <td><input type="submit" value="Log in"></td>
    </tr>
  </table>
</form>

</div>
<div id="rightcol">
  <h2>Already have an account?</h2>
  <a href="/signup/">
    <img src="images/btn_signup.png" alt="Sign up">
  </a>
</div>
```

layout.css에 다음 코드도 추가해주어야 한다.

final/stylesheets/layout.css

```
form {margin-left:36px;}
form table{border:0px;}
form table tr{height:36px;}
```

작업을 마치고 나면 그림 21.1과 같은 모습이 만들어졌을 것이다. 작업은 잘
진행됐지만 수백 페이지를 수정해야 한다면 너무 엄청난 작업이 될 수 있다.

21.2 좀더 향상된 템플릿

템플릿의 복사본을 만들고 페이지를 만들었다면 심각한 관리상의 문제를 초래
할 수 있다. 색상과 글꼴이 변경되면 CSS에서 이를 수정해주면 되지만 푸터에 포
함된 링크가 변경되어야 한다면 어떻게 할 것인가? 템플릿을 복사해서 20페이지
를 만들었다면 각 링크와 콘텐츠를 하나하나 수정해주어야 한다. 또한 다른 문
서로의 링크는 더욱 관리하기 힘들다. 특히 계층 관계의 링크를 만들었다면 좀
더 복잡해질 수 있다.

정적인 웹사이트를 만든다면 템플릿을 처리하는 데 어도비 드림위버를 사용
할 수 있다. 페이지를 템플릿에 연결해주면 템플릿이 변경될 때 드림위버가 자
동으로 관련된 페이지를 변경해준다. 드림위버는 콜드퓨전이나 PHP와 같이 작
업할 때 페이지와 이미지에 대한 링크를 추적할 수 있기 때문에 엄청난 강점이

있다. 예를 들어 페이지를 새로운 폴더로 옮기면 드림위버에서는 스타일시트, 이미지, 다른 파일에 대한 모든 관련 링크를 업데이트해 준다. 하지만 그만큼 제품 가격이 비싸며 우리에게 필요한 이상의 기능을 가지고 있다. 물론 드림위버가 정적인 페이지를 만들기 위한 유일한 해결책은 아니다.

StaticMatic[2]과 Nanoc[3]는 정적인 사이트를 위한 유연하고 간결한 웹사이트 관리 도구다. 루비로 만들었고 매우 사용하기 쉬우며 잘 설명된 문서를 제공한다. 무엇보다도 무료로 사용할 수 있다.

물론 오늘날 대부분의 사이트는 정적이지 않을 것이다. 하지만 개발된 템플릿을 다른 프레임워크나 언어를 사용할 수 있도록 바꾸는 것에는 문제가 없다. PHP나 콜드퓨전, 루비온레일스, 장고, 펄, 닷넷, 웹기반 프레임워크의 어떤 형태든지 상관없다.

대부분의 웹 프레임워크는 템플릿 메커니즘이 내장되어 있다. 디자인 작업은 힘들지만 사용 가능한 템플릿으로 바꾸는 데에는 별로 시간이 들지 않을 것이다.

21.3 그리드 시스템과 CSS 프레임워크

지금까지는 일부터 일반적인 CSS 프레임워크를 사용하지 않고 우리만의 그리드를 만들어보았다. 이제 그리드 시스템이 어떻게 동작하는지 이해했을 테니 몇 가지 오픈 소스 프레임워크를 살펴보는 것도 괜찮을 것이다.

YUI 그리드

야후! 사용자 인터페이스 라이브러리(YUI)에는 매우 쉽게 그리드를 설정할 수 있게 해주는 YUI Grid라고 하는 그리드 빌더가 포함되어 있다. 그리드 빌더[4]로 간단하게 만든 Foodbox 템플릿을 아래에서 확인할 수 있다.

---

2 http://staticmatic.rubyforge.org
3 http://nanoc.stoneship.org/
4 http://developer.yahoo.com/yui/grids/builder/

final/yui_foodbox.html

```
<!DOCTYPE HTML PUBLIC "-//W3C//DTD HTML 4.01//EN"
"http://www.w3.org/TR/html4/strict.dtd" >
<html>
  <head>
    <title>YUI Base Page</title>
    <link rel="stylesheet"
      href="http://yui.yahooapis.com/2.7.0/build/reset-fonts-
grids/reset-fonts-grids.css"
      type="text/css" >
  </head>

  <body>
    <div id="doc2" class="yui-t3">
      <div id="hd" role="banner"><h1>Foodbox</h1></div>
      <div id="bd" role="main">
        <div id="yui-main">
          <div class="yui-b">
            <div role="main" class="yui-g">
              <p>Lorem ipsum dolor sit amet, consectetur
                adipisicing elit, sed do eiusmod tempor incididunt ut
                labore et dolore magna aliqua. Ut enim ad minim
                veniam, quis nostrud exercitation ullamco laboris
                nisi ut aliquip ex ea commodo consequat. Duis aute
                irure dolor in reprehenderit in voluptate velit esse
                cillum dolore eu fugiat nulla pariatur.
              </p>
            </div>
          </div>
        </div>
        <div role="search" class="yui-b">
          <p>Lorem ipsum dolor sit amet, consectetur adipisicing elit,
            sed do eiusmod tempor incididunt ut labore et dolore
            magna aliqua. Ut enim ad minim veniam, quis nostrud
            exercitation ullamco laboris nisi ut aliquip ex ea commodo
            consequat. Duis aute irure dolor in reprehenderit in
            voluptate velit esse cillum dolore eu fugiat nulla
            pariatur.
          </p>
          <p>
            Excepteur sint occaecat cupidatat non proident,
            sunt in culpa qui officia deserunt mollit anim id est
            laborum.
          </p>
        </div>
      </div>
      <div id="ft" role="contentinfo">
```

그림 21.2 YUI 그리드 레이아웃만 사용해서 만든 FOODBOX 페이지

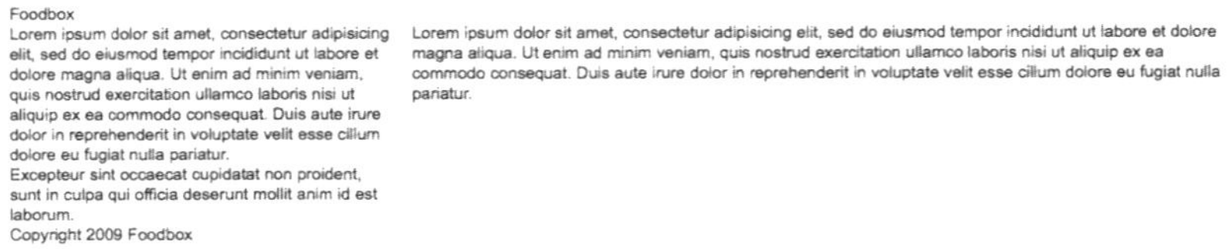

Foodbox
Lorem ipsum dolor sit amet, consectetur adipisicing elit, sed do eiusmod tempor incididunt ut labore et dolore magna aliqua. Ut enim ad minim veniam, quis nostrud exercitation ullamco laboris nisi ut aliquip ex ea commodo consequat. Duis aute irure dolor in reprehenderit in voluptate velit esse cillum dolore eu fugiat nulla pariatur.
Excepteur sint occaecat cupidatat non proident, sunt in culpa qui officia deserunt mollit anim id est laborum.
Copyright 2009 Foodbox

Lorem ipsum dolor sit amet, consectetur adipisicing elit, sed do eiusmod tempor incididunt ut labore et dolore magna aliqua. Ut enim ad minim veniam, quis nostrud exercitation ullamco laboris nisi ut aliquip ex ea commodo consequat. Duis aute irure dolor in reprehenderit in voluptate velit esse cillum dolore eu fugiat nulla pariatur.

```
        <p>Copyright 2010 Foodbox</p>
      </div>
    </div>
  </body>
</html>
```

그리드 빌더에서는 여기에 적절한 스타일을 적용한다. 프레임워크를 사용하면 근본적인 YUI의 인터페이스에 집중할 수 있게 된다. 올바른 ID와 클래스를 사용하면 모든 것이 잘 동작한다. 예를 들어 가장 바깥쪽 div의 ID인 doc2는 넓이가 960px로 지정되었고, yuit3 클래스는 왼쪽 컬럼의 넓이가 300px이어야 한다. 이 도구는 수많은 설정 가능한 옵션을 포함하고 있다. 관련 문서에서 좀더 많은 내용을 찾아볼 수 있다.[5]

특정한 버전에서는 그림 21.2처럼 모든 요소를 초기화시킬 수 있다. 예를 들어 Foodbox 헤딩이 얼마나 작아졌는지 주목하자. YUI의 스타일이 헤딩의 크기를 조정하고 나면 자신만의 스타일시트를 추가해주어야 한다.

960 그리드 시스템

잘 알려진 960 그리드 시스템[6]은 YUI 그리드를 간결하게 대체할 수 있다. 960 그리드 시스템은 사전에 정의된 960px를 페이지 넓이로 사용하고 12개나 16개의 컬럼으로 나누어준다. 그리드에서 레이아웃을 작성할 때 얼마나 많은 컬럼을 각 영역에 포함할지 결정하는 데 클래스를 사용할 수 있다.

---

5 http://developer.yahoo.com/yui/grids/
6 http://960.gs/

12-컬럼 그리드를 선택했다면 헤더와 푸터를 12컬럼으로 정의하고 사이드바에는 4개의 컬럼을 메인 컨텐츠에는 8개의 컬럼을 지정할 수 있다. 컬럼 사이의 여백은 자동으로 조정되어 따로 신경 쓸 필요가 없다.

마크업을 잠시 살펴보자.

final/960_foodbox.html

```
< DOCTYPE html>
<html lang="en">
  <head>
    <meta http-equiv="content-type"
      content="text/html; charset=utf-8" />
    <title>960 Grid System &mdash; Demo</title>
    <link rel="stylesheet" href="http://960.gs/css/reset.css" />
    <link rel="stylesheet" href="http://960.gs/css/text.css" />
    <link rel="stylesheet" href="http://960.gs/css/960.css" />
  </head>

  <body>
    <div class="container_12">

      <div id="header" class="grid_12">
        <h1>Foodbox</h1>
      </div>

      <div id="sidebar" class="grid_4">
        <p>Lorem ipsum dolor sit amet, consectetur adipisicing elit
        sed do eiusmod tempor incididunt ut labore et dolore magna
        aliqua. Ut enim ad minim veniam, quis nostrud exercitation
        ullamco laboris nisi ut aliquip ex ea commodo consequat. Duis
        aute irure dolor in reprehenderit in voluptate velit esse
        cillum dolore eu fugiat nulla pariatur.
        </p>
        <p>Excepteur sint occaecat cupidatat non proident, sunt
        in culpa qui officia deserunt mollit anim id est laborum.
        </p>
      </div>

      <div id="main" class="grid_8">
        <p>Lorem ipsum dolor sit amet, consectetur adipisicing elit
        sed do eiusmod tempor incididunt ut labore et dolore magna
        aliqua. Ut enim ad minim veniam, quis nostrud exercitation
        ullamco laboris nisi ut aliquip ex ea commodo consequat. Duis
        aute irure dolor in reprehenderit in voluptate velit esse
        cillum dolore eu fugiat nulla pariatur.
```

```
      </p>
      <p>Excepteur sint occaecat cupidatat non proident, sunt
      in culpa qui officia deserunt mollit anim id est laborum.
      </p>
    </div>

    <div id="footer" class="grid_12">
      <p>Copyright &copy; 2010 Foodbox</p>
    </div>
  </div>
  </body>
</html>
```

이렇게 만든 그리드는 그림 21.3과 같이 단 몇 줄의 코드로 간단한 레이아웃을 만들 수 있게 해준다. 960 그리드 시스템은 기본 글꼴 크기로 13px을 사용하고 줄높이는 1.5를 사용하는데, 이는 글꼴 크기의 1.5배를 의미하는 상대적인 수치이다. 그래서 실제적으로 줄높이는 19.5px이 되는데 이렇게 되면 잘라낸 이미지를 가지고 작업하기가 어렵다. 이럴 땐 별도의 스타일시트를 추가해서 각 요소의 줄높이와 글꼴 크기를 수정해준다.

960 그리드 시스템을 워크플로에 통합하고자 한다면 960 그리드 시스템 웹사이트에서 인쇄할 수 있는 스케치 용지와 사이트 디자인에 필요한 포토샵 템플릿을 얻을 수 있다.

그림 21.3 960 그리드 시스템 레이아웃만으로 만든 FOODBOX 페이지

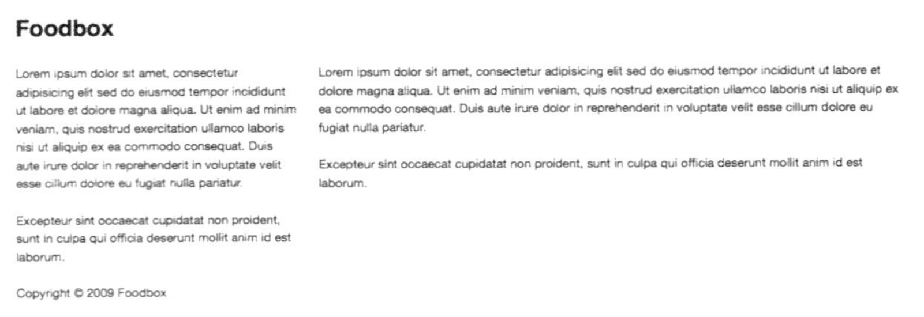

Foodbox

Lorem ipsum dolor sit amet, consectetur adipisicing elit sed do eiusmod tempor incididunt ut labore et dolore magna aliqua. Ut enim ad minim veniam, quis nostrud exercitation ullamco laboris nisi ut aliquip ex ea commodo consequat. Duis aute irure dolor in reprehenderit in voluptate velit esse cillum dolore eu fugiat nulla pariatur.

Excepteur sint occaecat cupidatat non proident, sunt in culpa qui officia deserunt mollit anim id est laborum.

Lorem ipsum dolor sit amet, consectetur adipisicing elit sed do eiusmod tempor incididunt ut labore et dolore magna aliqua. Ut enim ad minim veniam, quis nostrud exercitation ullamco laboris nisi ut aliquip ex ea commodo consequat. Duis aute irure dolor in reprehenderit in voluptate velit esse cillum dolore eu fugiat nulla pariatur.

Excepteur sint occaecat cupidatat non proident, sunt in culpa qui officia deserunt mollit anim id est laborum.

Copyright © 2009 Foodbox

프레임워크가 모든 문제를 해결해주지는 않는다!

프레임워크를 사용하는 것은 그리드 기반의 레이아웃 작업을 매우 쉽게 해결해 준다. 하지만 글꼴과 여백을 선택하고 이미지를 배치할 때는 여전히 베이스라인 그리드에 대한 지식이 필요하다. 또한 프레임워크에 의존하는 시스템에는 필요 이상의 CSS 코드가 너무 많이 추가된다는 것도 알 수 있다. 또한 960 그리드 시스템은 성능을 저하시킬 수 있는 여러 개의 파일이 필요하다. 그래서 프레임워크를 사용해야 한다면 최소화 기법이나 캐싱을 적절하게 사용해야 한다.

CSS 프레임워크는 어떻게 코드가 동작하는지 이해할 수 있다면 극대화된 효과를 끌어낼 수 있다.

21.4 CSS 대체하기

개발자에게 CSS 문법은 아마도 체계가 없어 보이고 불필요해 보일 수 있다. CSS 에서는 상속이나 변수 개념이 없어 동일한 코드를 여러 번 반복해서 입력해야 한다.

이런 코드는 정말 관리하기 어렵다.

```
#latest_recipes{
  clear:both;
  margin: 18px 18px 0 18px;
}
#latest_recipes h3{
  margin-left:18px;
}
#latest_recipes p{
  margin-left:36px;
}
```

latest_recipes 선택자가 범위를 지정하려고 반복되는 것은 좋아 보이지 않는다.

CSS 생성을 위한 몇 가지 오픈 소스 프로젝트가 있으며, 이를 사용하면 특별한 마크업을 정적인 CSS 파일로 바꾸어주어 애플리케이션에 적용할 수 있다. 여기에서는 Less를 다룰 것이다. 간단하지만 강력한 CSS 전처리기를 루비로 구현했다.[7]

Less CSS

루비와 기존 CSS 문법에 대한 지식을 밑바탕으로 CSS 스타일시트를 쉽게 만드는 데 Less[8]를 사용할 수 있다.

논리적인 방식으로 선언문을 중첩시킬 수 있어 앞에서 본 예제를 다음과 같이 만들 수 있다.

```
final/less_examples.less
```

```
#latest_recipes{
  clear:both;
  margin: 18px 18px 0 18px;

  h3{
    margin-left:18px;
  }

  p{
    margin-left:36px;
  }
}
```

Less 파일이 CSS 파일로 바뀌면서 h3과 p 선택자가 적절하게 범위를 설정한다.

Less를 사용하면서 얻을 수 있는 최대의 장점은 변수와 표현식의 지원이다. 다음과 같이 사용할 수 있다.

```
final/less_examples.less
```

```
@text_color: #fff;
@width: 900px;
@font_size: 12px;
@line_height: @font_size * 1.5;
@margin: @line_height;
@sidebar: @width / 3;
@main: @width - @sidebar - @margin;

body {color: @text_color; }
#page { width: @width; margin: 0 auto; }
#middle { width: @width; }
```

---

7 Sass도 관심있게 볼만한 언어이다. Less와 유사하지만 문법적으로 차이가 난다.
8 http://lesscss.org/

```
#main { width: @main; }
#sidebar { width: @sidebar; }
```

물론 브라우저에서는 이 양식의 스타일시트를 이해하지 못한다. Less 전처리기에서 파일을 표준 CSS 스타일로 바꾸는 과정이 필요하다.

```
less source/style.less stylesheets/style.css --watch
```

--watch 옵션은 변환 과정에서 소스 파일을 모니터링 할 수 있게 해준다. 저장을 하면 CSS 파일을 다시 만들어준다. 테스트 과정도 간단하게 만들어주고 스타일시트도 쉽게 관리할 수 있다. 또한 별다른 수고 없이도 자동 배포 워크플로어 통합시킬 수 있다.

21.5 상업용 이미지를 구매하는 것을 잊지 말자!

이 책에서 우리가 사용한 파스타 로고는 iStockphoto[9]에서 가져온 상업용 이미지이다. 예제에서는 워터마크가 있는 버전을 사용했지만 실제 운영하는 시점에서는 최종 버전에 대한 비용을 지불해야 한다.[10] 당연한 생각인 것처럼 보이지만 Photoshop Disasters blog[11]에 가보면 얼마나 많은 사람들이 실제 공개된 사이트뿐 아니라 출판물에도 워터마크가 달린 상업용 이미지를 사용하는지 볼 수 있다. 따라서 반드시 애플리케이션에서 사용되는 상업적인 이미지나 다른 자원에 대한 권리를 확보했는지 확인해야 한다. 구글 이미지 검색에서 찾았다고 해서 이미지를 무료로 사용할 수 있는 것은 아니라는 사실을 기억하자.

21.6 시각적 효과

과거에는 페이드나 애니메이션과 같은 시각적 효과를 사용하려면 플래시가 필요했다. 하지만 이제는 jQuery, 프로토타입, 스크립타큘러스와 같은 자바스크

---

9 http://www.istockphoto.com
10 이 책에 사용된 이미지는 재사용 가능한 권리까지 구매한 것이라서 예제에 사용할 수 있다.
11 http://www.photoshopdisasters.com/

립트 라이브러리를 사용해서 다양한 효과를 구현할 수 있다. 이런 도구는 간단하게 요소를 관리해주며 애니메이션, 효과, Ajax를 지원하는 오픈 소스 자바스크립트 프레임워크이다. jQuery를 사용하면 크로스페이딩 효과로 페이지에서 파스타 이미지를 다른 이미지로 전환할 수 있다.

먼저 크로스페이딩을 위해 몇 개의 이미지를 모으고 크기를 조정해야 한다. 페이지에 맞게 이미지를 594px×144px로 맞추어야 한다. 여기에서는 플리커에서 크리에이티브 커먼즈 저작자표시 라이선스로 명시된 세 이미지를 사용할 것이다. 이미지를 표시할 때 저작자에 대한 명시를 해주어야 한다. 다음 세 개의 이미지를 선택했다.

- http://www.flickr.com/photos/pencapchew/3018612635/[12]
- http://www.flickr.com/photos/stevendepolo/3523644703/
- http://www.flickr.com/photos/denniswong/3486409564/

이미지 크기 조정

모든 이미지의 넓이를 594px로 조정해야 한다. 이렇게 하면 파스타 이미지와 동일한 공간에 딱 맞게 적용할 수 있다. ImageMagick의 Geometry 옵션에서 width 파라미터를 지정해서 사용할 수 있다. 이렇게 하면 넓이와 높이의 비율이 함께 조정되어 이미지가 훼손되지 않는다.

```
$ convert -geometry 594x originals/tacosalad.jpg tacosalad.jpg
$ convert -geometry 594x originals/phadthai.jpg phadthai.jpg
$ convert -geometry 594x originals/chickenmac.jpg chickenmac.jpg
```

다음에는 이미지를 중앙에 오도록 잘라내야 한다. 이미지의 높이를 확인해보자.

```
$ identify tacosalad.jpg
tacosalad.jpg JPEG 594x394 594x394+0+0 8-bit DirectClass 146kb
```

---

12 아래 URL에서 이미지를 찾지 못한다면 예제 소스 코드 내에 포함된 것을 사용하면 된다.
- http://www.flickr.com/photos/stevendepolo/3523644703/
- http://www.flickr.com/photos/denniswong/3486409564/

조회 결과 높이는 394px이다. 이미지에 필요한 높이인 144로 맞추기 위해 빼야 할 수치를 얻을 수 있다. 그러고 나서 이 결과를 둘로 나눈다. 이 경우에는 9px에서 125px까지 잘라주면 된다.

```
$ convert -crop 594x144+0+125 tacosalad.jpg tacosalad.jpg
$ convert -crop 594x144+0+125 phadthai.jpg phadthai.jpg
$ convert -crop 594x144+0+125 chickenmac.jpg chickenmac.jpg
```

스크립트 만들기

이미지에 크로스페이드 효과를 주려면 다음 이미지를 가져오는 동안 이전 이미지가 사라지게 만들어야 한다. 플래시와 같은 프로그램을 사용하면 효과를 타임라인에서 적용할 수 있다. 각 이미지가 레이어에 올려져 있고 타임라인에서 크로스페이드가 일어나는 동안 레이어를 겹치게 하면 된다. 자바스크립트에는 타임라인이라는 개념이 없지만 페이드인과 페이드아웃을 만들 수 있는 기능은 제공한다.

이미지에 대한 배열부터 시작한다. 이번 예제는 그리 어렵지 않으며 크로스페이드 효과를 주면서 대체 텍스트를 수정하지 않아도 된다.

final/javascripts/crossfade.js

```
images = [
  "images/pasta.jpg",
  "images/tacosalad.jpg",
  "images/phadthai.jpg",
  "images/chickenmac.jpg"
]
```

배열에서 아이템의 순서는 크로스페이드 효과가 적용될 이미지의 순서를 결정하기 때문에 중요하다.

다음으로 페이지에 이미지를 올려놓고 차례로 쌓아주어야 한다. 크로스페이드 스크립트는 최상위의 이미지에서 시작해서 페이드아웃시켜주면서 다음 이미지를 보여준다. 5초 후에는 다음 이미지에서 같은 작업이 반복된다. 마지막에 가면 다시 처음부터 과정이 반복된다.

배너 내에서 페이지 위에 이미지를 쌓기 위해 CSS와 자바스크립트를 다음과 같이 조합했다.

```
final/javascripts/crossfade.js
```

```javascript
var image_box = $("#main_image" );

image_box.css({'position' : 'relative' , 'height' : '144px' } );
var image_html = "";
for(var i = 0; i < images.length; i++) {
  image_html += '<img style="position:absolute;top:0; z-index:' +
    (images.length - i) + '" src="' + images[i] +
    '" id="image_' + i + '"/>';
};

image_box.html(image_html);
```

이미지를 담을 컨테이너를 설정하는 것에서 시작한다. 그러고 나서 자바스크립트를 사용해서 요소의 position를 relative로 설정하고 높이를 강제로 설정하여 이미지가 깨지지 않게 한다. 다음에는 쌓을 이미지를 처리할 HTML을 담을 문자열 변수를 만든다. 이미지의 배열만큼 반복시키면서 각 이미지의 마크업을 만들어준다. 각 이미지는 아래쪽에 있는 이미지 위에 인라인 스타일로 붙인 top, left, z-index 속성을 사용해 절대적인 좌표를 가지도록 한다.[13] top과 left 속성은 모두 0으로 설정하고 z-index나 스택 순서는 배열에서 이전 이미지의 아래에 쌓이도록 한다.

이미지 스택에서 각 요소에 ID를 image_i 형식으로 부여해준다. i는 배열에서 이미지의 위치를 의미한다. 이 값은 나중에 페이드아웃하는 요소를 인식하는 데 필요하다.

일단 이미지를 위한 HTML이 만들어지면 10행처럼 HTML 문자열을 컨테이너의 html() 메서드로 넘긴다.

스택에서 이미지의 반복을 처리하려면 counter 변수를 초기화해야 한다. 이

---

13 앞에서 인라인 스타일은 나쁘다라고 했다. 하지만 꼭 필요한 경우도 있다. Position, top, left 속성이 CSS 파일 내에 설정되어있고 클래스명으로 이미지에 적용하더라도 z-index는 각 이미지마다 유일하게 적용되어야 한다. 그래서 여기에서는 모든 스타일을 style 속성으로 정의했다.

상대적인 영역에서 절대 위치 적용

길반적으로 위치를 잡기 위한 기준점으로 브라우저 창의 좌측 상단을 사용한다. 그래서 top에서 100px, left에서 18px과 같이 표현할 수 있는 것이다.

```
.box{
  position:absolute;
  top:100px;
  left:18px;
}
```

요소를 상대 위치로 지정할 때 해당 요소를 상대 위치로 지정된 요소에 포함된 절대적인 좌표를 가지는 요소로 사용할 수 있다. 이렇게 하면 컨테이너에 상대위치 지정 시 top, left를 0으로 지정해서 배너 이미지를 상단에 차곡차곡 쌓이도록 쉽게 표기할 수 있다.

미지가 5초마다 바뀌어야 하기 때문에 주어진 간격마다 메서드를 실행하는 setInterval() 메서드를 사용할 것이다.

final/javascripts/crossfade.js

```
var i = 0;
var delay_in_miliseconds = 5000;

setInterval(function(){
  $("#image_" + i).animate({ opacity: 0}, 3000);
  i++;
  if(i == images.length) i = 0;
  $("#image_" + i).animate({ opacity: 1}, 3000);
},delay_in_miliseconds);
```

4행에서 익명 함수를 setInterval( )에 넘겼는데 counter 변수가 이미지를 사라지게 하는 데 사용된다. 이미지가 사라지고 나면 counter 변수를 증가시켜 다음 이미지가 나타나게 한다. 다음 이미지를 활성화하기 전에 다음 이미지가 있는지 확인해야 한다. 이미지가 없다면 counter 변수를 다시 0으로 초기화시켜야 한다. 근본적으로 이미지를 한 벌의 카드처럼 순환시켜 다음으로 페이드시킬 수 있다.

홈페이지에 적용하기

크로스페이드 스크립트를 홈페이지에서 호출하지 않는다면 아무 변화가 없을
것이다. 스크립트를 적용하려면 jQuery 라이브러리와 스크립트를 함께 불러와
야 한다. index 페이지를 열어서 body 태그가 끝나기 전에 다음 코드를 적절한
곳에 추가한다.

final/index.html

```
<script type="text/javascript"
  charset="utf-8"
  src="http://ajax.googleapis.com/ajax/libs/jquery/1.3.2/jquery.
min.js" >
</script>
<script type="text/javascript" charset="utf-8"
  src="javascripts/crossfade.js" >
</script>
```

여기에서 jQuery 라이브러리와 커스텀 크로스페이드 스크립트를 불러온다.
가끔, jQuery 같이 자주 사용되는 라이브러리를 특정 URL로 제공하고, 모든 사
용자의 브라우저가 이를 캐시해두면 우리 사이트의 성능도 향상되리라는 생각
을 했었다. 이렇게 되면, 다른 사이트에서 우리 사이트로 넘어오더라도, 캐시해
둔 라이브러리 파일을 사용하게 된다. 구글은 이러한 서비스를 Ajax 라이브러리
API[14]라는 이름으로 제공한다. jQuery 라이브러리를 구글에서 불러올 수 있으며
방문자는 로컬 캐시에 jQuery를 가지고 있어 여러 사이트에서 공유할 수 있다.

마지막으로 메인 이미지 마크업을 약간 수정해야 한다. 스크립트에서 몇 개의
스택 이미지를 ID가 main_image인 컨테이너에 삽입했다. 하지만 index 페이지
에서 main_image는 파스타 이미지의 ID로 이미 지정되어 있다. 파스타 이미지
에서 ID를 제거하고 div로 이를 감싼 다음 새로운 div의 ID를 main_image로 설
정한다.

---

14 http://code.google.com/apis/ajaxlibs/documentation/

```
final/index.html
<div id="main_image">
  <img src="images/pasta.jpg" alt="Pasta and marinara sauce">
</div>
```

이제 작업이 끝났다. 어렵지 않게 매우 간단한 이미지 크로스페이더를 만들게 됐다. 브라우저 설정에서 자바스크립트가 꺼져 있다면 원래의 파스타 이미지가 보일 것이다. 자바스크립트를 사용할 때는 콘텐츠 문서와 별도로 자바스크립트를 관리해야 한다. 페이지를 제어할 수 있는 이벤트 옵저버나 다른 기술을 사용하자. 또한 onclick나 onmouseover와 같은 것은 화면상의 인터랙션에 혼란을 줄 수 있으며 거의 필요치 않기 때문에 사용하지 않는 것이 좋다. 그리고 자바스크립트를 대체할 방안을 제공하지 않는다면 접근성 문제와 충돌할 수 있다.

자바스크립트는 페이지를 생기 있게 만들어주고 올바르게만 사용한다면 모

주제넘지 않는 자바스크립트[15]

주제넘지 않는(unobtrusive) 자바스크립트는 콘텐츠와 완전히 분리된 자바스크립트를 이야기한다. 이렇게 접근하는 방식은 자바스크립트를 사용하지 않는 사용자에게 기능을 제공하면서 사이트에 강력한 기능을 부여할 수 있다.
일반적으로 새로운 창을 띄우는 링크는 다음과 같이 만든다.

```
<a href="#" onclick="window.open('help.html');" >Help</a>
```

하지만 이런 식의 접근은 자바스크립트를 사용하지 않는 경우에는 동작하지 않는다. 의도했던 대로 동작하게 하는 좀더 나은 방법은 링크의 href 속성에 URL을 담고 나서 자바스크립트가 링크 값을 사용하게 하는 것이다. 이렇게 하면 링크를 클릭했을 때 스크립트에서 href 속성값을 가져와서 새로운 창을 열어준다.
주제넘지 않는 자바스크립트는 재사용이라는 장점을 제공해준다. 모든 페이지의 링크가 새로운 창으로 열리기를 원한다고 해보자. jQuery 코드 약간만으로 이 기능을 구현할 수 있다.

---

15 (옮긴이) 해당 용어는 『프로토타입과 스크립타큘러스』 번역서에 사용된 것을 가져왔다. 자세한 내용은 http://blog.insightbook.co.kr/84를 참고하자.

```
$(document).ready(function(){
  var links = $("a.popup" );
  links.click(function(event){
    event.preventDefault();
    window.open($(this).attr('href' ));
  });
});
```

주제넘지 않는 자바스크립트를 좀더 알고 싶다면 http://onlinetools.org/articles/
unobtrusivejavascript/를 방문해보자.

든 이들의 사용자 경험을 증진시킬 수 있다. 화려한 코드가 없이도 충분히 가능
한 일이다. 그리고 스크립트를 최소화해야 한다는 것을 잊지 말자.

21.7 도전하고 연습하자!

이 책에서는 보수적인 색상 계획과 디자인을 사용했다. 하지만 다시 앞으로 돌
아가 자신만의 아이디어를 가지고 사이트를 다시 구현해볼 수 있다. 자신만의
스케치를 그려보고 로고를 만들고 자신만의 색상과 글꼴로 사이트에 맞는 그
리드 시스템을 사용해보자. 영감을 얻기 위해 다른 사이트를 방문해보고 어떻
게 구성이 되어 있는지 파이어버그를 사용해서 살펴볼 수 있다. 다른 경험에서
배우고 끊임없이 연습하자. 프로그래밍과 마찬가지로 웹 디자인을 마스터하는
것은 끝이 없는 일이다.

이제 새로운 것을 배우고 찾아보고 도전해보자. 새로운 경험에서 즐거움을
찾아보자.

22장

참고자료

개발자가 수련할 때 책을 많이 읽는 것과 다양한 웹사이트를 경험하는 것 이상의 비결은 없다. 이번 장에서는 이 책에서 다루지 못한 디자인 요소를 탐험하는 데 도움이 될만한 정보를 공유하고자 한다.

22.1 색상

색상은 복합적인 주제이며 정확하게 이해하고 있으면 메시지를 전달하는 데 도움이 되며 사용자의 마음을 사로잡을 수 있다. 아마 일부는 지역 도서관에서 찾아볼 수 있을 것이다.

- 『The Interaction of Color』 (Josef Albers) - 『실험에 의한 색채 구성』 (1978, 일지사)
- 『The Elements of Color』 (Johannes Itten) - 『요하네스 잇텐의 색채론』 (1976, 상미사)
- 『The Art of Colour』 (Johannes Itten) - 『색채의 예술』 (2008, 지구문화사)
- 『A Guide to Color Symbolism』 (Jill Morton)

22.2 글꼴과 타이포그래피

글꼴과 타이포그래피를 이해하는 것은 성숙한 웹 개발자가 되기 위해 중요한 부분이다. 그래서 좀더 많은 학습이 필요할 것이다. 아래 두 권의 책은 디자인에 있어서 어떻게 효과적인 형태와 그리드 시스템을 사용해야 하는지 보여주는 멋진 자료가 될 것이다.

- 『Typography』 (Emil Ruder) - 『타이포그래피』 (2001, 안그라픽스)
- 『Grid Systems in Graphic Design』 (Josef Muller-Brockmann)

22.3 기술 서적

웹 개발을 마스터하는 과정에서 이 책이 시작점은 될 수 있지만 다음 단계로 나아가고자 한다면 아래에 소개된 책들이 매우 유용한 자원이 될 것이다.

- 『Landing Pate Optimization The Definitive Guide to Testing and Tuning for Conversions』 (Tim Ash)
- 『Advanced Web Metrics with Google Analytics』 (Brian Clifton) - 『구글 애널리틱스』 (2010, 에이콘)
- 『Web ReDesign 2.0』 (Kelly Goto, Emily Cotler) - 『Web ReDesign』 (2002, 안그라픽스)
- 『Don' t Make Me Think!』 (Steve Krug) - 『상식이 통하는 웹사이트가 성공한다』 (2006, 대웅출판사)
- 『Cascading Style Sheets: The Definitive Guide』 (Eric A. Meyer) - 『CSS 완벽 가이드』 (2009, 위키북스)
- 『Design Accessible Web Sites』 (Jeremy Sydik)
- 『The Art & Science of Web Design』 (Jeffery Veen) - 『Professional 웹 디자인 마인드』 (2001, 안그라픽스)
- 『Desiging With Web Standards』 (Jeffery Zeldman) - 『제프리 젤드만의 웹

표준 가이드』(2008, 위키북스)

22.4 웹사이트

인터킷은 웹사이트를 구축하는 데 도움이 되는 풍부한 가이드이자 튜토리얼이
다. 이 책에서 다룬 주제와 관련해서 몇 가지 최고의 리소스를 소개하고자 한다.

About Hearing Loss
http://www.miracle-ear.com/abouthearingloss.aspx
미라클 이어 웹사이트는 난청의 유형과 원인을 비롯한 좋은 정보를 제공한다.

A List Apart: CSS @ Ten: The Next Big Thing
http://www.alistapart.com/articles/cssatten
오페라 CTO인 호콘 비움 리에가 스타일시트에 @font-face를 어떻게 적용하
는지 설명한다.

A List Apart: Going to Print
http://alistapart.com/articles/goingtoprint
인쇄에 적합한 스타일시트를 제공하는 데 CSS를 사용하는 것에 대한 이야기
이다.

Brandcurve: "Color Meanings Around the World"
http://www.brandcurve.com/color-meanings-around-the-world/
색상 목록과 지역별 의미

Lighthouse International - "Making Text Legible Designing for People with Partial Sight"
http://www.lighthouse.org/accessibility/legible/
거의 모든 사람들이 읽기 수월한 가독성을 만들기 위한 기본적인 가이드라인

Safalra: "The Myth of Web-Safe Fonts"

http://safalra.com/web-design/typography/web-safe-fonts-myth/

글꼴과 CSS에 대한 배경 지식을 제공한다.

Unit Interactive: "Better CSS Font Stacks"

http://unitinteractive.com/blog/2008/06/26/better-css-font-stacks/

글꼴 스택에 대한 논의와 멋진 예제

WebAim: "CSS in Action: Invisible Content Just for Screen Reader Users"

http://www.webaim.org/techniques/css/invisiblecontent/

내비게이션 건너뛰기 링크와 같이 스크린 리더에 추가적인 정보 콘텐츠를 제
공하는 방법과 예제를 소개

찾아보기